Wolfgang Helbig

Analysis 0

Ein logischer Einstieg in die Analysis

Wolfgang Helbig

ANALYSIS 0

Ein logischer Einstieg in die Analysis

ibidem-Verlag
Stuttgart

Bibliografische Information der Deutschen Nationalbibliothek
Die Deutsche Nationalbibliothek verzeichnet diese Publikation in der
Deutschen Nationalbibliografie; detaillierte bibliografische Daten sind im
Internet über http://dnb.d-nb.de abrufbar.

Bibliographic information published by the Deutsche Nationalbibliothek
Die Deutsche Nationalbibliothek lists this publication in the Deutsche Nationalbibliografie;
detailed bibliographic data are available in the Internet at http://dnb.d-nb.de.

Gestaltung und Satz: Wolfgang Helbig
Schriften: Computer Modern und doublestrouke
Software: T$_E$X-GPC mit xdvi und dvips, pdfT$_E$X, Mac OS X

∞

Gedruckt auf alterungsbeständigem, säurefreien Papier
Printed on acid-free paper

ISBN-13: 978-3-8382-0301-0

© *ibidem*-Verlag
Stuttgart 2011

Alle Rechte vorbehalten

Das Werk einschließlich aller seiner Teile ist urheberrechtlich geschützt. Jede Verwertung
außerhalb der engen Grenzen des Urheberrechtsgesetzes ist ohne Zustimmung des Verlages
unzulässig und strafbar. Dies gilt insbesondere für Vervielfältigungen,
Übersetzungen, Mikroverfilmungen und elektronische Speicherformen sowie die
Einspeicherung und Verarbeitung in elektronischen Systemen.

All rights reserved. No part of this publication may be reproduced, stored in or introduced into a retrieval
system, or transmitted, in any form, or by any means (electronical, mechanical, photocopying, recording or
otherwise) without the prior written permission of the publisher. Any person who does any unauthorized act
in relation to this publication may be liable to criminal prosecution and civil claims for damages.

Printed in Germany

Vorwort

> *Was beweisbar ist, soll in der Wissenschaft*
> *nicht ohne Beweis geglaubt werden*
> RICHARD DEDEKIND

Beweise in Vorlesungen und Lehrbüchern zur Analysis 1 stützen sich gelegentlich auf unbewiesene oder unausgesprochene Eigenschaften der Zahlen. Es wird überredet und mit den Händen gewedelt – wo es doch in unserem Fach nicht um Rhetorik, sondern um Logik geht. So lernt man weder, was einen mathematischen Beweis ausmacht, noch, wie man etwa $a \cdot 0 = 0$ für alle Zahlen a beweisen könnte.

Analysis 0 definiert Axiome fünf abstrakter Zahlbereiche und ermöglicht so, Beweislücken zu schließen, wann immer sie beim Studium der Analysis auftreten. Die Spanne der so begründeten Aussagen reicht vom „Offensichtlichem", wie $1 \neq 0$, bis zu „Tiefliegendem", wie der Rechtfertigung rekursiver Definitionen von Funktionen natürlicher Zahlen.

Durch Konstruktion von Beispielen der Zahlbereiche weisen wir nach, daß deren Axiome tatsächlich erfüllbar sind – wobei wir allerdings die Widerspruchsfreiheit der PEANO-Axiome annehmen.

Aufbauend auf dem Begriff der endlichen Menge entwickeln wir eine Theorie endlicher Summen und Produkte und wenden sie auf Formeln an, deren Beweise in allen mir bekannten Analysisbüchern offen bleiben.

Wir studieren die für die Analysis wichtigen Eigenschaften der ganzen und rationalen Zahlen, wie etwa die ganzzahlige Division. Hier zeigen wir auch die Irrationalität von Quadratwurzeln im Rahmen einer etwas allgemeineren Teilbarkeitstheorie.

Schließlich betrachten wir den allgemeinen metrischen Raum. Dabei werden wir uns auf Sätze konzentrieren, die wir für die Erweiterung der Potenzen auf rationale, reelle und komplexe Exponenten im metrischen Raum der reellen bzw. der komplexen Zahlen benötigen.

Bei alledem setzen wir nur die Mengenlehre als bekannt voraus. Wer nicht weiß, was eine injektive Funktion oder eine Äquivalenzklasse ist, wird wenig Freude an Analysis 0 haben. Wir führen weitere, allgemein übliche Begriffe und Symbole ein, aber nur, wenn sie helfen, Axiome eleganter zu formulieren oder Beweise durchsichtiger zu gestalten. Hierzu gehören die Gruppe und der Körper.

Wir scheuen uns nicht, ebenso überflüssige wie dunkle Begriffe als solche zu brandmarken. Ein prominentes Beispiel ist die „Identifikation", die einen beim Studium der in Vorlesungen und Lehrbüchern üblichen Konstruktion der komplexen Zahlen zu fruchtlosen Grübeleien nach dem Warum und Wozu verleitet.

Viele Sätze sind aus der Schule bekannt und werden als einfach und anschaulich empfunden. Dies trifft nun keineswegs auf Analysis 0 zu, schließlich stellen wir sechs miteinander zusammenhängende Axiomensysteme vor und ziehen aus ihnen Folgerungen – unabhängig von unserer Anschauung der Zahlengeraden oder unseres Schulwissens über Zahlen. Pädagogik muß und kann hier in den Hintergrund treten, vor allem, wenn sie auf Anschauung statt Klarheit setzt. Analysis 0 wendet sich an Studenten, nicht an Schüler, so daß wir uns an WILHELM VON HUMBOLDT orientieren können:

> *Wenn also der Elementarunterricht den Lehrer erst möglich macht, so wird er durch den Schulunterricht entbehrlich.*

Die Aufgaben gehören zur Kür. Man muß keine Aufgabe lösen, um den Rest zu verstehen, und man kann den Rest verstanden haben, auch wenn man nicht jede Aufgabe lösen könnte.

Waiblingen, 14. 3. 2011   Wolfgang Helbig

Inhalt

Kapitel 1. *Zählen, Rechnen, Vergleichen* 1
§ 1. Zählen 2
§ 2. Rechnen und Vergleichen 17

Kapitel 2. *Konstruktionen* 29
§ 1. Konstruktion eines N-Bereichs 29
§ 2. Eigenschaften eines N-Bereichs 36
§ 3. Definition und Konstruktion eines Q_0-Bereichs 40
§ 4. Eigenschaften eines Q_0-Bereichs 46
§ 5. Definition und Konstruktion eines R_0-Bereichs 49
§ 6. Eigenschaften eines R_0-Bereichs 58
§ 7. Konstruktion eines R-Bereichs 61
§ 8. Isomorphiesatz für R-Bereiche 72
§ 9. Konstruktion eines C-Bereichs 73
§ 10. Die Fünferkette 77

Kapitel 3. *Endliche Mengen und Tupel* 79
§ 1. Die endliche Menge und ihre Größe 79
§ 2. Endliche Folgen und Tupel 84

Kapitel 4. *Endliche Summen und Produkte* 89
§ 1. Definition endlicher Summen und Produkte 89
§ 2. Rechengesetze für endliche Summen und Produkte 94
§ 3. Größenformeln 104
§ 4. Summen- und Produktformeln 111

Kapitel 5. *Ganze und rationale Zahlen* 115
§ 1. Die Symmetrie der Ordnungsrelation 115
§ 2. Primzahlen und Teilbarkeit 119
§ 3. Potenzen mit ganzzahligen Exponenten 121

Kapitel 6. *Reelle Zahlen* 129
§ 1. Der metrische Raum 129
§ 2. Stetige Funktionen 137
§ 3. Der metrische Raum der reellen Zahlen 140
§ 4. Stetige reelle Funktionen 145
§ 5. Wurzeln reeller Zahlen 147
§ 6. Potenzen mit rationalen Exponenten 150
§ 7. Potenzen mit reellen Exponenten 153

Kapitel 7. *Komplexe Zahlen* 157
§ 1. Der metrische Raum der komplexen Zahlen 157
§ 2. Konvergenz in metrischen Räumen 163
§ 3. Konvergenz von Zahlenfolgen 166
§ 4. Kompakte Mengen in metrischen Räumen 178
§ 5. Kompakte Zahlenmengen 182
§ 6. Potenzen mit komplexen Exponenten 187

Literatur 195

Kapitel 1. Zählen, Rechnen, Vergleichen

*Der Denkende benützt kein Licht zuviel, kein
Stück Brot zuviel, keinen Gedanken zuviel*

BERTOLT BRECHT

Einleitung. Seit der Jungsteinzeit denkt sich der Mensch die Gesetze des Zählens, Rechnens und Vergleichens aus, um mit ihrer Hilfe etwa die günstigste Zeit der Aussaat zu bestimmen, die Getreidevorräte Babylons zu verwalten, die Sonnenfinsternis in Milet vorherzusagen, mit Brennspiegeln römische Kriegsschiffe vor Syrakus zu versenken, die Statik des Stuttgarter Fernsehturms zu berechnen, die Saturnrakete zum Mond zu lenken, das iPhone^{TM} zu konstruieren, mit Credit Default Swaps zu handeln, die M-Theorie zu entwickeln.

Zahlen können alles Mögliche sein, wie die Zahl der Tage im Jahr, ein Punkt auf einer Geraden, ein Verhältnis physikalischer Größen, die Nummer eines Buchstabens im Alphabet. Das Gemeinsame dieser Zahlen sind ihre Eigenschaften, wie die aus Erfahrung und Schule bekannten Gesetze des Zählens, Rechnens und Größenvergleichs. Diese Gesetze machen Zahlen zu Zahlen. Wir sagen nicht, was Zahlen sind, sondern leiten nur Aussagen über Zahlen ab. Was haben wir davon? Aussagen über Zahlen lassen sich auf Aussagen über das Gezählte, Numerierte und Gemessene übertragen, und es ist diese Übertragung, die der Mathematik ihre Bedeutung verleiht.

Um uns zu vergewissern, daß die Aussagen stimmen, begründen wir sie. Da man ohne Voraussetzungen nichts beweisen kann, fußen alle Aussagen letzlich auf unbewiesenen Voraussetzungen, und um die geht es in diesem Kapitel. Wir nennen sie im ersten Paragraphen *Axiome*, im zweiten *Postulate*. Warum? In seinen Elementen unterscheidet EUKLID beide Begriffe. Der Satz „was demselben gleich ist, ist auch einander gleich" ist bei ihm ein Axiom, dagegen nennt er die Forderung, durch zwei Punkte könne man stets eine Gerade ziehen, ein Postulat. Ein Axiom ist seiner ursprünglichen Bedeutung nach eine „unbezweifelbare Wahrheit", ein Postulat dagegen eine unbewiesene Voraussetzung, an die man glauben kann oder auch nicht.

Wenn wir von irgendwelchen Dingen unserer Erfahrungswelt wissen, daß auf sie dieselben Postulate zutreffen, wissen wir auch, daß auf sie alle aus den Postulaten abgeleiteten Aussagen zutreffen. Um diese auf möglichst viele Dinge übertragen zu können, verlangen unsere Postulate möglichst wenig. Zu ihnen gehören neben einigen Regeln der Addition, der Multiplikation, des Größenvergleichs auch das ganz kleine Einmaleins, nämlich $1 \cdot 1 = 1$, oder die Existenz einer Zahl i mit $i \cdot i + 1 = 0$. Einige Postulate, namentlich der negativen oder komplexen Zahlen, sind durchaus bezweifelbar, und ich verweigere ihnen den Rang eines Axioms. Dagegen halte ich die unbewiesenen Voraussetzungen, die wir dem Zählen zugrunde legen, für unbezweifelbare Wahrheiten. Aber dies ist Privatsache und der Leser hat keinen Nachteil zu befürchten, wenn er sich meiner Auffassung nicht anschließt. Dies ist keine Kirche. In der Mathematik geht es weder um Glauben noch um Wahrheit, sondern ausschließlich um die Ableitung von Aussagen aus anderen Aussagen.

Meine Auswahl der Postulate ist willkürlich und von praktischen Gesichtspunkten geleitet. Zum einen strebte ich an, mit möglichst wenigen, einfachen Voraussetzungen auszukommen. So sollte keines der Postulate aus den anderen folgen. Bei einigen habe ich Zweifel und diese, auf Klärung aus dem Leserkreis hoffend, als Aufgaben formuliert. Zum anderen sollen es die Postulate möglichst leicht machen, Beweislücken aus dem Analysisunterricht zu schließen.

Ich verhehle nicht, daß die Postulate darüber hinaus einem Gleichgewicht entsprechen, das sich aufgrund meines Strebens nach Einfachem während der Arbeit an diesem und dem nächsten Kapitel eingependelt hat: In Kapitel 2 beweise ich Postulate, und dies ist umso einfacher, je weniger sie aussagen, aber ich begründe mit ihnen auch weitere Sätze, und dies ist umso einfacher, je mehr die Postulate aussagen.

§ 1. Zählen

1. Formales. Unter *Formeln* verstehen wir nichts anderes als symbolisch geschriebene Aussagen über Objekte der Mathematik, wie etwa $a + b = b + a$ oder $0 \neq 1$. Hier sind die Symbole $a + b$, $b + a$, 0 und 1 Namen von Zahlen. Solche Namen mathematischer Objekte nennen wir *Terme*. Alles mit Symbolen Ausgedrückte kann man auch auf deutsch sagen, und man könnte meinen, die Mathematiker führten ihre Geheimsprache nur ein, um zu beeindrucken. Dies stimmt nicht immer, denn ganz so, wie das Dezimalsystem hilft, vierstellige Zahlen zu multiplizieren, erleichtert die symbolische Schreibweise, Aufgaben zu lösen oder Sätze zu beweisen. Es kommt in der Mathematik darauf an, Schreibweisen zu entwickeln, die sowohl das Argumentieren als auch das Verständnis unterstützen, ohne Fehlschlüsse zu provozieren.

Die einfachste Formel ist die Gleichung. Sie bedeutet, daß die beiden Namen links und rechts des Gleichheitszeichens auf ein und dasselbe Objekt verweisen. Gleichungen nutzt man, um Formeln zu manipulieren, indem man in ihnen den einen Namen durch den anderen ersetzt. Dabei ändert sich nicht die Gültigkeit der Formel. Dies ist auch im Deutschen so: Die Gültigkeit der Aussage „Oettinger spricht fließend englisch" bleibt invariant, wenn ich in ihr „Oettinger" durch „Der Ministerpräsident Baden-Württembergs" ersetze und Oettinger der Ministerpräsident Baden-Württembergs ist. (Letzteres ist nicht der Fall.) Mit diesem *Ersetzungsprinzip* können wir nun tatsächlich EUKLIDs Axiom zeigen.

Satz 1. *Ist $a = b$ und $b = c$, so ist auch $a = c$.*
Beweis. Wegen der ersten Gleichung kann man in der zweiten Gleichung b durch a ersetzen und erhält so die dritte Gleichung.   ◊

Die beiden Voraussetzungen von Satz 1 schreiben sich kürzer als *Gleichungskette*, $a = b = c$. Wir wenden Satz 1 auf Gleichungsketten an, um zu begründen, daß alle Namen der Kette auf ein und dasselbe Objekt verweisen.

Satz 1 hat die grammatische Form eines Bedingungssatzes. Solche schreiben wir mit dem „$\Rightarrow$"-Symbol, links davon steht die Voraussetzung, rechts die Behauptung. Damit lautet Satz 1

$$a = b = c \quad \Rightarrow \quad a = c\,.$$

In Beweisen verwendet man Bedingungssätze zum logischen Schließen, indem man aus der Gültigkeit der Voraussetzungen auf die Gültigkeit der Behauptung schließt. Man verwendet einen Bedingungssatz im *Umkehrschluß*, wenn man aus der Ungültigkeit der Behauptung auf die Ungültigkeit der Voraussetzung schließt.

Wenn wir das Ersetzungsprinzip nur auf Gleichungen anwenden, können wir nicht viel mehr als die Transitivität nachweisen – eine etwas magere Ausbeute. Es gilt aber auch für Terme und Formeln – das heißt, wir lassen nur Terme und Formeln zu, die invariant bleiben, wenn in ihnen ein Name eines Objekts durch einen anderen Namen desselben Objekts ersetzt wird. Man erhält so Folgerungen wie:

$$\begin{aligned}
a = b &\quad \Rightarrow \quad a + c = b + c \\
a \cdot b = 1 &\quad \Rightarrow \quad c \cdot (a \cdot b) = c \cdot 1 \\
M = N &\quad \Rightarrow \quad a \in M \Leftrightarrow a \in N \\
\mathcal{A} \Leftrightarrow \mathcal{B} &\quad \Rightarrow \quad \mathcal{A} \text{ und } \mathcal{C} \Leftrightarrow \mathcal{B} \text{ und } \mathcal{C}\,.
\end{aligned}$$

Um, wie in den letzten beiden Beispielen, die Gleichheit zweier Formeln auszudrücken, benutzen wir das „$\Leftrightarrow$"-Symbol statt des Gleichheitszeichens, und sagen dann, die Aussagen seien *äquivalent*. Zwei Aussagen sind demnach äquivalent, wenn beide gültig oder beide ungültig sind.

2. Mengenlehre. Wir stellen im folgenden Begriffe und Symbole der Mengenlehre vor, so wie wir sie in Analysis 0 verwenden.

Die Formel $a \in M$ bedeutet, daß a ein Element der Menge M ist. Bezeichnen M und N dieselbe Menge, so gilt nach dem Ersetzungsprinzip

$$a \in M \quad \Leftrightarrow \quad a \in N.$$

Wir sagen umgekehrt, M und N seien einander gleich, wenn für jedes Objekt a gilt:

$$a \in M \quad \Leftrightarrow \quad a \in N.$$

Eine Menge kann man angeben, indem man ihre Elemente aufschreibt. So ist $\{a, b\}$ die Menge, die die Elemente a und b enthält. Obwohl wir „Elemente" im Plural verwendet haben, soll dies nicht ausschließen, daß a und b nur zwei Namen desselben Objekts sind. In dem Fall enthält $\{a, b\}$ nur ein Element. Es gilt also

$$\{a, b\} = \{a\} \quad \Leftrightarrow \quad a = b \quad \Leftrightarrow \quad \{a, b\} = \{b\}.$$

Wir definieren eine Menge auch, indem wir eine Eigenschaft angeben, die auf jedes Element der Menge zutrifft aber auf kein mathematisches Objekt, das nicht in der Menge liegt. So ist

$$M = \{\, a \mid a < b \,\}$$

die Menge aller a, die kleiner als b sind. Wir verzichten gerne auf die Mengenklammern und geben die definierende Eigenschaft direkt an:

$$a \in M \quad \Leftrightarrow \quad a < b.$$

Ist jedes Element von M auch ein Element von N, so nennt man M eine *Teilmenge* von N, als Formel schreiben wir

$$M \subseteq N \quad \Leftrightarrow \quad a \in M \Rightarrow a \in N.$$

Die leere Menge bezeichnen wir mit „$\emptyset$".

Die *Differenz* $M \setminus N$ ist definiert durch

$$a \in M \setminus N \quad \Leftrightarrow \quad a \in M \text{ und } a \notin N \,.$$

Ist $N \subseteq M$, so nennt man $M \setminus N$ auch das *Komplement* von N in M. Die Menge aller Teilmengen von M, ihre *Potenzmenge*, bezeichnen wir mit $\mathcal{P}(M)$. Es gilt also

$$N \in \mathcal{P}(M) \quad \Leftrightarrow \quad N \subseteq M \,.$$

Ist $\mathcal{M}$ eine nichtleere Menge von Mengen, so ist der *Durchschnitt* ihrer Elemente definiert durch

$$a \in \bigcap \mathcal{M} \quad \Leftrightarrow \quad \text{Für jedes } M \in \mathcal{M} \text{ gilt } a \in M \,.$$

Ist $\mathcal{M}$ eine Menge von Mengen, so ist die *Vereinigung* ihrer Elemente definiert durch

$$a \in \bigcup \mathcal{M} \quad \Leftrightarrow \quad \text{Für ein } M \in \mathcal{M} \text{ gilt } a \in M \,.$$

Demnach ist die Vereinigung der leeren Menge die leere Menge und ihr Durchschnitt nicht definiert. Die Definition des Durchschnitts dehnen wir nicht auf leeres $\mathcal{M}$ aus, denn dann wäre jedes denkbare Ding ein Element des Durchschnitts, weil die Bedingung „Für jedes $M \in \mathcal{M}$ ist $a \in M$" für jedes a erfüllt ist.

Das *kartesisches Produkt* schreiben wir als $M \times N$. Dies ist die Menge aller *Paare* (a, b) mit $a \in M$ und $b \in N$. Nach dem Ersetzungsprinzip gilt für a, c in M und b, d in N:

$$a = c \text{ und } b = d \quad \Rightarrow \quad (a, b) = (c, d) \,.$$

Umgekehrt sei $(a, b) = (c, d)$, wenn $a = c$ und $b = d$ ist, so daß wir insgesamt

$$a = c \text{ und } b = d \quad \Leftrightarrow \quad (a, b) = (c, d)$$

erhalten.

Eine Teilmenge eines kartesischen Produkts $M \times N$ ist eine *Relation* zwischen M und N. Eine Teilmenge eines kartesischen Produkts $M \times M$ nennt man auch eine Relation *auf* M.

Eine *Funktion* f mit der *Definitionsmenge* D, der *Zielmenge* Z und dem *Graphen*

$$\{\,(a, f(a)) \mid a \in D\,\}$$

schreiben wir als

$$f\colon D \to Z,\ a \mapsto f(a)\,.$$

Wir nennen $f(a)$ den *Funktionswert von f an der Stelle a*. Ein Term $\mathcal{T}$, der für jedes Element der Definitionsmenge ein Element der Zielmenge bezeichnet, definiert die Funktion $f\colon D \to Z$, $x \mapsto \mathcal{T}$. Umgekehrt definiert die Funktion $f\colon D \to Z$, $x \mapsto f(x)$ einen Term $f(x)$ des Funktionswertes an der Stelle x. Wir können also mit Termen Funktionen definieren oder mit Funktionen Terme. Aber wir können $f(x)$ nicht bei der Definition einer Funktion f verwenden, denn $f(x)$ hat ja erst einen Sinn *nachdem* wir f einen gegeben haben. Gelegentlich verzichten wir auch auf „$f\colon$", wenn wir keinen Namen der Funktion brauchen. So bezeichnen wir die Addition von b mit

$$A \to A,\ a \mapsto a + b$$

und haben damit den Term $a + b$ als Namen des Funktionswertes eingeführt, ohne der Funktion selbst einen symbolischen Namen gegeben zu haben.

Die Funktionen f und g bezeichnen dieselbe Funktion, d.h. $f = g$, wenn sie dieselbe Definitionsmenge, dieselbe Zielmenge und denselben Graphen haben. Nach dem Ersetzungsprinzip gilt für alle $a \in D$:

$$f = g \quad \Rightarrow \quad f(a) = g(a)$$

und für alle $a, b \in D$

$$a = b \quad \Rightarrow \quad f(a) = f(b)\,.$$

Gilt umgekehrt für alle a, b in der Definitionsmenge auch

$$f(a) = f(b) \quad \Rightarrow \quad a = b\,,$$

so sagen wir, f sei *injektiv*.

Gibt es zu jedem $a \in Z$ ein $b \in D$ mit $f(b) = a$, so sagen wir, f sei *surjektiv*.

Ist f sowohl surjektiv als auch injektiv, so sagen wir, f sei *bijektiv*. Ist f bijektiv, so ist für $b \in Z$ durch $f(a) = b$ das $a \in D$ eindeutig bestimmt. Wir bezeichnen es mit $f^{-1}(b)$ und nennen

$$f^{-1}\colon Z \to D,\ b \mapsto f^{-1}(b)$$

die *Umkehrfunktion* von f.

Für eine Teilmenge G von D ist das *Bild von G* die Menge $f(G)$:

$$x \in f(G) \quad \Leftrightarrow \quad \text{Es gibt ein } a \in G \text{ mit } f(a) = x \,.$$

Für eine Menge U ist das *Urbild von U* die Menge $f^{-1}(U)$:

$$a \in f^{-1}(U) \quad \Leftrightarrow \quad \text{Es gibt ein } x \in U \text{ mit } f(a) = x \,.$$

Es hilft, die nächsten acht Formeln auswendig zu lernen. Klappt das nicht, so sollte man sich einen Spickzettel in die oberste Schreibtischschublade legen. Für die Bilder der Teilmengen G und H von D gilt:

$$G \subseteq H \Rightarrow f(G) \subseteq f(H)$$
$$f(G \cup H) = f(G) \cup f(H)$$
$$f(G \cap H) \subseteq f(G) \cap f(H)$$
$$f(G) \setminus f(H) \subseteq f(G \setminus H) \,.$$

Für die Mengen U und V gilt:

$$U \subseteq V \Rightarrow f^{-1}(U) \subseteq f^{-1}(V)$$
$$f^{-1}(U \cup V) = f^{-1}(U) \cup f^{-1}(V)$$
$$f^{-1}(U \cap V) = f^{-1}(U) \cap f^{-1}(V)$$
$$f^{-1}(U \setminus V) = f^{-1}(U) \setminus f^{-1}(V) \,.$$

Wenn $\mathcal{T}$ eine Teilmenge der Definitionsmenge bezeichnet, so bezeichnet $f(\mathcal{T})$ das Bild von $\mathcal{T}$, wenn dagegen $\mathcal{T}$ ein Element der Definitionsmenge bezeichnet, so bezeichnet $f(\mathcal{T})$ den Funktionswert von f an der Stelle $\mathcal{T}$. Der Name $f(\mathcal{T})$ ist also mehrdeutig, wenn $\mathcal{T}$ sowohl ein Element als auch eine Teilmenge der Definitionsmenge ist. So etwas kommt bei uns aber nicht vor.

Auch für die Bezeichnung des Urbilds als $f^{-1}(\mathcal{T})$ droht Zweideutiges. Benennt $\mathcal{T}$ eine Menge, so ist $f^{-1}(\mathcal{T})$ auch sinnvoll, wenn f nicht umkehrbar ist, also die Funktion f^{-1} gar nicht existiert. Existiert dagegen f^{-1}, so bedeutet für eine Teilmenge U der Zielmenge von f die Menge $f^{-1}(U)$ einmal das Bild von U bzgl. der Funktion f^{-1} und zum andern das Urbild von U bzgl. der Funktion f. Es sieht so aus, als hätten wir einen Namen für zwei Objekte. Dies ist glücklicherweise nicht so. Wir haben lediglich zwei Definitionen ein und derselben Menge. Sei nämlich V das Bild von U bezüglich der Funktion f^{-1} und W das Urbild von U bezüglich der Funktion f. Dann gilt

$$a \in V \quad \Leftrightarrow \quad \text{Es gibt ein } x \in U \text{ mit } f^{-1}(x) = a$$
$$ \quad \Leftrightarrow \quad \text{Es gibt ein } x \in U \text{ mit } x = f(a)$$
$$ \quad \Leftrightarrow \quad a \in W \,.$$

Sind $f\colon A \to B$ und $g\colon B \to C$ Funktionen, so schreiben wir die *Verkettung* von g nach f als
$$g \circ f\colon A \to C,\ a \mapsto g\bigl(f(a)\bigr)\,.$$
Die *Identität* auf einer Menge X schreiben wir als
$$\mathrm{id}_X\colon X \to X,\ x \mapsto x\,.$$

3. Unveränderliches. Terme und Formeln bleiben während eines Beweises invariant. Jeder Name bezeichnet stets ein und dasselbe Objekt, etwa die Zahl a oder die Aussage $a = 0$, und diese Zahl ändert sich genauso wenig wie die Gültigkeit der Aussage. Man käme auch nicht weit, wäre eine gerade Zahl unvermittelt ungerade. Diese Invarianz mathematischer Objekte widerspricht den sich ändernden Dingen unserer Erfahrung, in der etwa nach HERAKLIT derselbe Mensch nicht zweimal in denselben Fluß steigen kann. Diesen Widerspruch zwischen Denken und Wahrnehmung löste PARMENIDES kurzerhand, indem er Veränderung als Illusion abtat. Logik und Anschauung versöhnte die Analysis erst im 19. Jahrhundert, als sie lernte, etwa die Bewegungsgesetze der Physik mit invarianten mathematischen Objekten auszudrücken. Seither „variieren" Variablen nicht.

Die Invarianz wird durch „mehrwertige" Funktionen oder Terme verletzt, die einem gelegentlich – nicht nur in älteren Büchern – begegnen. Dort ist etwa $\sqrt{4}$ eine Zahl, deren Quadrat vier ergibt. Davon gibt es bekanntlich zwei. Gewohnt, Terme als Namen zu verstehen, hätten wir dann einen Namen für zwei Zahlen. Das ist aber Unsinn und lädt zu Fehlschlüssen ein. Wir verbannen Mehrwertiges. So ist $G = \{\,(a,b) \mid a \in D\,\}$ Graph einer Funktion $D \to Z$ nur dann, wenn es zu jedem $a \in D$ höchstens ein $b \in Z$ gibt mit $(a,b) \in G$. Als Formel liest sich das so:
$$(a,b) \in G \text{ und } (a,c) \in G \quad \Rightarrow \quad b = c\,.$$

Anders als in der Mathematik wurden Variablen in Programmiersprachen eingeführt, damit man etwas hat, das im Laufe einer „Berechnung" verschiedene Werte annehmen kann. In Algol 60 weist man etwa mit „$a := 3$" der Variablen a die Zahl drei zu und liest dies als „a wird drei", nicht als „a gleich drei". Nach der Zuweisung gilt dann aber tatsächlich $a = 3$. Dies haben Mathematiker nun als „Definitionssymbol" übernommen. Wir übernehmen diese Konvention nicht. Entscheidend ist für uns einzig und allein, daß die beiden Namen links und rechts des Definitionssymbols dasselbe mathematische Objekt benennen. Und dafür haben wir ja schon das Gleichheitszeichen. Das Definitiossymbol ist überflüssig.

Um uns auf das Wesentliche in Sätzen und Beweisen zu konzentrieren, vermeiden wir sprachlichen Ballast. Wenn wir eine Gleichung wie $a + b = b + a$ aufschreiben, so meinen wir tatsächlich: „Für jedes $a \in M$ und jedes $b \in M$ ist $a + b = b + a$", wobei immer aus dem Zusammenhang hervorgeht, in welcher Menge M die Elemente a und b liegen. Genauso schreiben wir „es gibt ein a mit $\mathcal{E}$", meinen aber, „es gibt ein $a \in M$ mit der Eigenschaft $\mathcal{E}$". Dieses „Es gibt ein" schließt übrigens nicht aus, daß es auch mehrere geben könnte. Wollen wir dies ausschließen, so sagen wir „Es gibt genau ein".

Anders als im Deutschen benutzen wir das Wort „oder" niemals ausschließend. Demnach stimmt die Aussage „$\mathcal{A}$ oder $\mathcal{B}$" auch, wenn beide Aussagen $\mathcal{A}$ und $\mathcal{B}$ stimmen und sie ist nur dann falsch, wenn keine der beiden Aussagen stimmt.

4. Die PEANO-Axiome. Die fünf Axiome des Zählens lauten:

(I)   0 ist eine Zahl.

(II)   Jede Zahl hat genau einen Nachfolger.

(III)   0 ist nicht Nachfolger einer Zahl.

(IV)   Eine Eigenschaft, die auf 0 zutrifft und mit jeder
        Zahl auch auf deren Nachfolger, trifft auf alle Zahlen zu.

(V)   Die Nachfolger ungleicher Zahlen sind ungleich.

PEANO fängt beim Zählen mit 1 an, wir dagegen mit 0; bei uns ist 1 der Nachfolger von 0. „0 und 1" – dies ist keine Anbiederung an die Generation der „digital natives", sondern eine Verbeugung vor dem „digital pioneer" EDSGER W. DIJKSTRA, der rät, mit dem Zählen bei 0 zu beginnen [DIJ1990].

Um diese Axiome einzusehen, stelle man sich etwa einen Lattenzaun vor, der eine erste Latte hat und damit (I) und (III) erfüllt, aber keine letzte (Existenz aus II). Der Lattenzaun spaltet sich nicht an einer Latte auf (Eindeutigkeit aus II), und läuft auch nicht in einer Latte zusammen (V). Die Latten sollen nun gestrichen werden. Hierzu gibt man dem Maler den Auftrag, die erste Latte zu streichen und, wenn immer er mit einer Latte fertig ist, die nächste zu streichen. Wenn der Maler den Auftrag ausführt, wird offensichtlich jede Latte irgendwann gestrichen. Dieses „offensichtlich" ist eine Anerkennung des vierten Axioms.

Man beachte, daß in diesem Schluß nur Eigenschaften der Latten vorkommen, nicht aber der Zaun. Wir schließen nicht, irgendwann sei der Zaun gestrichen, denn das wäre ja falsch, vielmehr sagen wir, irgendwann sei jede Latte gestrichen. Hier kommt die Mengenlehre ins Spiel, indem von der „Menge" natürlicher Zahlen gesprochen wird, die Latten also gedanklich zum Zaun zusammengefaßt werden. Obwohl wir alle wissen, daß es so einen Zaun nicht gibt, machen wir ihn, bzw. die Menge der natürlichen Zahlen, zu einem Gegenstand unseres Denkens. Daß wir dabei keinen Widerspruch riskieren, nehmen wir ebenfalls als Axiom an. RICHARD DEDEKIND, GUISEPPE PEANO und GOTTLOB FREGE versuchten, die Gesetze der natürlichen Zahlen rein logisch, also voraussetzungslos, zu begründen. Alle drei scheiterten. Sie verwendeten Schlußweisen, mit deren Hilfe man eine Menge M so definieren kann, daß für jede Menge N gilt:

$$N \in M \quad \Leftrightarrow \quad N \notin N.$$

Für $M = N$ ergibt sich nach dem Ersetzungsprinzip Absurdes:

$$M \in M \quad \Leftrightarrow \quad M \notin M.$$

Dies ging als RUSSELsche Antinomie in die Geschichte der Mathematik ein und löste die Grundlagenkrise im zwanzigsten Jahrhundert aus.

Allmählich sah DEDEKIND seinen Irrtum ein. Er meinte im Vorwort zur ersten Auflage seiner Schrift „Was sind und was sollen die Zahlen?" [DED1887], die Eigenschaften der Zahlen unabhängig von Anschauung oder Axiomen hergeleitet zu haben:

> ... daß ich den Zahlbegriff ... für einen unmittelbaren Ausfluß der reinen Denkgesetze halte.

In der zweiten Auflage 1893 glaubte er noch, Kritik ignorieren zu können:

> Der vorliegenden Schrift ... sind arge Fehler vorgeworfen. Ich habe mich von der Richtigkeit dieser Vorwürfe nicht überzeugen können und lasse jetzt die seit kurzem vergriffene Schrift, zu deren öffentlicher Verteidigung es mir an Zeit fehlt, ohne jede Änderung wieder abdrucken.

In der dritten Auflage 1911 hißte er die weiße Fahne:

> ... weil inzwischen sich Zweifel an der Sicherheit wichtiger Grundlagen meiner Auffassung geltend gemacht hatten. Die Bedeutung und teilweise Berechtigung dieser Zweifel verkenne ich auch heute nicht.

Wie DEDEKIND leiten wir Eigenschaften der Zahlen unabhängig von ihrem Bezug zur Wirklichkeit oder unserer Anschauung ab, aber, anders als er, versuchen wir nicht, ohne Axiome auszukommen, und hoffen im übrigen, daß unsere Mengenkonstruktionen und Schlußweisen keine Grundlagenkrise des 21. Jahrhunderts auslösen.

5. DEDEKINDs Axiome. Nach KLAUS MAINZER [MAI1992] bezog sich
PEANO bei der Aufstellung seiner Axiome auf DEDEKINDs Arbeiten, der eigens
zur Grundlegung der natürlichen Zahlen das einführte, was wir Menge, Teilmenge, Funktion, injektiv nennen. In den Begriffen der Mengenlehre lauten die
Axiome:

Eine Menge N, eine *Nachfolgerfunktion* $\nu\colon N \to N$ und ein *erstes Element*
$e \in N$ bilden eine PEANO-Struktur, wenn für sie gilt:

(P1) ν ist injektiv.

(P2) $e \notin \nu(N)$.

(P3) Ist M eine Teilmenge von N, so daß $e \in M$ und mit jedem $n \in M$
auch $\nu(n) \in M$ ist, so ist $M = N$.

Ich halte die Phrase „genau dann, wenn" bei Begriffsdefinitionen für gestelzt
und denke, ohne „genau dann" ebenso gut verstanden zu werden.

In diesem Paragraphen sei vorausgesetzt, daß N mit ν und e die PEANO-Axiome
erfüllt. Die Tripelschreibweise drückt dies kürzer aus: „(N, ν, e) sei eine PEANO-Struktur". Im folgenden bezeichnen a, b und c Elemente in N.

Der Zweisatz. *Das erste Element und sein Nachfolger sind zwei Elemente.*
Beweis. Es ist $\nu(e)$ ein Nachfolger, aber e ist nach (P2) kein Nachfolger. ◇

Der Beweis des Zweisatzes gibt Gelegenheit, sich die Bedeutung von „ungleich"
bewußt zu machen: Um zu zeigen, daß a und b verschiedene Dinge bezeichnen,
gibt man eine Eigenschaft an, die zwar a zukommt aber nicht b.

Wenn wir sagen, a und b seien zwei Zahlen, so meinen wir zwei *verschiedene*
Zahlen. Der Satz „Die zwei Zahlen a und b sind gleich." widerspricht demnach
sich selbst. Dies ist allgemeiner Sprachgebrauch, keiner würde sagen, „Die zwei
Männer Karl Ratzinger und Benedikt XVI sind gleich". Wir folgen hier DAVID
HILBERT. In seinen „Grundlagen der Geometrie" [HIL1956], Seite 3, steht:

> *Hier wie im Folgenden sind unter zwei, drei, ... Punkten bzw. Geraden, Ebenen stets verschiedene Punkte, bzw. Geraden, Ebenen zu verstehen.*

1. Zählen, Rechnen, Vergleichen

6. Induktionsbeweise. Wir wollen mit Hilfe des vierten PEANO-Axioms den Satz „Für jedes a gilt: $\mathcal{E}(a)$" beweisen, oder, wie DEDEKIND schreiben würde, wir wollen mit (P3) den Satz „$\{\, a \in N \mid \mathcal{E}(a) \,\} = N$" beweisen. Dabei ist $\mathcal{E}(a)$ eine Abkürzung für „die Eigenschaft $\mathcal{E}$ trifft auf a zu". Ein Beweis nach (P3) hat zwei Abschnitte, den *Induktionsanfang*, in dem $\mathcal{E}(e)$ zu zeigen ist, und den *Induktionsschluß*, in dem $\mathcal{E}\bigl(\nu(a)\bigr)$, die *Induktionsbehauptung*, zu zeigen ist. Hierbei kann $\mathcal{E}(a)$, die *Induktionsvoraussetzung*, benutzt werden. Im Induktionsschluß ist damit „$\mathcal{E}(a) \Rightarrow \mathcal{E}\bigl(\nu(a)\bigr)$" zu zeigen. Verweise auf die Induktionsvoraussetzung sind als „I.V" abgekürzt und Längliches wie „Wir führen einen Induktionsbeweis, um für jede Latte ℓ zu zeigen, daß ℓ gestrichen wird" kürzen wir zu „Mit Induktion nach ℓ zeigen wir: ℓ wird gestrichen". Oft lassen wir das „nach ℓ" auch noch weg, aber nur wenn klar ist, daß ℓ die *Induktionsvariable* ist.

Beachte den Unterschied zwischen der Aussage des Satzes und der Induktionsvoraussetzung. Unterdrücken wir die Floskel „für jedes a gilt", lauten beide $\mathcal{E}(a)$. Sind verschiedene Dinge gleich bezeichnet, ist es wie immer am Leser zu erkennen, welches wohl gemeint sei.

7. Die Vorgängerfunktion.

Vorgängersatz. *Ist $a \neq e$, so gibt es ein b mit $\nu(b) = a$.*
Beweis. Dies zeigen wir mit Induktion nach a.

$\mathcal{E}(e)$: Hier ist nichts zu zeigen, da die Voraussetzung nicht erfüllt ist.

$\mathcal{E}(a) \Rightarrow \mathcal{E}\bigl(\nu(a)\bigr)$: Sei $b = a$. Dann ist $\nu(b) = \nu(a)$. $\Diamond$

So, das war der erste Induktionsbeweis. Im Induktionsschluß wurde die Induktionsvoraussetzung gar nicht benutzt! Dies ist also auch möglich.

Wegen (P1) ist zu jedem $a \in \nu(N)$ der *Vorgänger* b durch $\nu(b) = a$ eindeutig bestimmt. Existenz und Eindeutigkeit des Vorgängers erlaubt uns, die *Vorgängerfunktion*

$$\mu\colon \nu(N) \to N,\ a \mapsto b\,,\ \text{so daß}\ \nu(b) = a$$

zu definieren. Für die Nachfolgerfunktion ν und die Vorgängerfunktion μ gilt:

(V1) $\mu\bigl(\nu(a)\bigr) = a$ für jedes a
(V2) $\nu\bigl(\mu(a)\bigr) = a$ für jedes $a \neq 0$.

Mit Verkettungen und Identitäten ausgedrückt lauten diese Gleichungen

(V1) $\qquad\qquad\qquad\mu \circ \nu = \mathrm{id}_N$
(V2) $\qquad\qquad\qquad\nu \circ \mu = \mathrm{id}_{\nu(N)}\,.$

8. Rekursionssatz. Ein Beweis dieses Satzes fehlt in den meisten Lehrbüchern der Analysis. Wir brauchen den Satz im nächsten Kapitel zur Definition der Addition und der Multiplikation natürlicher Zahlen.

Satz. *Ist X eine Menge, $x \in X$ und $\varphi\colon X \to X$ eine Funktion, so gibt es genau eine Funktion $f\colon N \to X$ mit:*

(R1) $\qquad\qquad\qquad f(e) = x\,,$
(R2) $\qquad\qquad\qquad f(\nu(a)) = \varphi(f(a))\,.$

Beweis. Zur Eindeutigkeit: Es seien f und g Funktionen von N nach X, die (R1) und (R2) erfüllen. Wir zeigen per Induktion $f(a) = g(a)$.

$\mathcal{E}(e)$: Wegen (R1) ist $f(e) = x = g(e)$.

$\mathcal{E}(a) \Rightarrow \mathcal{E}(\nu(a))$: Es ist

$$f(\nu(a)) = \varphi(f(a)) \qquad\qquad (\text{R2})$$
$$= \varphi(g(a)) \qquad\qquad (\text{I.V})$$
$$= g(\nu(a))\,. \qquad\qquad (\text{R2})$$

Zur Existenz: Eine Teilmenge M von $N \times X$ sei eine *R-Menge*, wenn

(i) $(e, x) \in M$ und
(ii) mit jedem (a, y) auch $(\nu(a), \varphi(y)) \in M$ ist.

Es gibt eine R-Menge, nämlich $N \times X$, so daß man den Durchschnitt D aller R-Mengen bilden kann. D ist auch eine R-Menge. Wir wollen nachweisen, daß D Graph einer Funktion von N nach X ist. Hierzu zeigen wir durch Induktion nach a, daß zu a genau ein $y \in X$ existiert mit $(a, y) \in D$.

$\mathcal{E}(e)$: Wegen (i) ist $(e, x) \in D$. Angenommen, es gäbe ein weiteres $y \in X$ mit $(e, y) \in D$. Dann ist $D' = D \setminus \{(e, y)\}$ eine echte Teilmenge von D. Wegen $(e, x) \in D'$ hat D' die Eigenschaft (i). Wegen (P2) ist $(e, y) \neq (\nu(b), z)$ für jedes $b \in N$, $z \in X$. Daher erbt D' von D die Eigenschaft (ii). D' ist also ebenfalls eine R-Menge – im Widerspruch zur Konstruktion von D als kleinster R-Menge.

14 1. Zählen, Rechnen, Vergleichen

$\mathcal{E}(a) \Rightarrow \mathcal{E}(\nu(a))$: Nach Induktionsvoraussetzung gibt es zu a ein $y \in X$ mit $(a, y) \in D$ und wegen (ii) ist $(\nu(a), \varphi(y)) \in D$. Angenommen, es gäbe ein $z \in X$, $z \neq \varphi(y)$, mit $(\nu(a), z) \in D$. Dann ist $D' = D \setminus \{(\nu(a), z)\}$ eine echte Teilmenge von D. Wegen (P2) ist $(\nu(a), z) \neq (e, x)$, also $(e, x) \in D'$ und damit hat D' die Eigenschaft (i). Wegen (P1) ist $(\nu(a), z) \neq (\nu(b), t)$ für $b \neq a$ und jedes $t \in X$. Daher erbt D' von D die Eigenschaft (ii). D' ist also ebenfalls eine R-Menge – derselbe Widerspruch wie im Induktionsanfang.

Damit erweist sich D als Graph einer Funktion $f \colon N \to X$. Weil D die Eigenschaften (i) und (ii) hat, hat f die Eigenschaften (R1) und (R2). $\diamondsuit$

Nach MAINZER stammt dieser Beweis von PAUL LORENZEN, der ihn wohl 1938 veröffentlichte. Der Satz wurde 1887 von R. DEDEKIND aufgestellt und bewiesen [DED1887].

Der Rekursionssatz ist noch nicht leistungsfähig genug. Mit Hilfe des nächsten Satzes werden wir die Ordnung natürlicher Zahlen festlegen oder Terme wie $\sum_{i=1}^{n} a_i$ einführen.

Erweiterter Rekursionssatz. *Ist X eine Menge, $x \in X$, und $\varphi \colon X \times N \to X$ eine Funktion, so gibt es genau eine Funktion $f \colon N \to X$ mit:*

(ER1) $\qquad\qquad\qquad f(e) = x$,

(ER2) $\qquad\qquad\qquad f(\nu(a)) = \varphi(f(a), a)$.

Beweis. Definiere die drei Funktionen

$$p_1 \colon X \times N \to X, \ (y, a) \mapsto y ,$$
$$p_2 \colon X \times N \to N, \ (y, a) \mapsto a ,$$
$$\psi \colon X \times N \to X \times N, \ (y, a) \mapsto (\varphi(y, a), \nu(a)) .$$

Für $z \in X \times N$ ist also $\psi(z) = \big(\varphi(p_1(z), p_2(z)), \nu(p_2(z))\big)$. Nach dem Rekursionssatz gibt es genau eine Funktion $g \colon N \to X \times N$ mit

(R1) $\qquad\qquad\qquad g(e) = (x, e)$

(R2) $\qquad\qquad\qquad g(\nu(a)) = \psi(g(a))$.

Mit Induktion nach a zeigen wir zunächst

(*) $\qquad\qquad\qquad p_2(g(a)) = a$.

$\mathcal{E}(e)$: Nach (R1) ist $(p_2 \circ g)(e) = p_2(x, e) = e$.

$\mathcal{E}(a) \Rightarrow \mathcal{E}(\nu(a))$: Es ist

$$p_2\big(g(\nu(a))\big) = p_2\big(\psi(g(a))\big) \qquad (R2)$$
$$= \nu\big(p_2(g(a))\big) \qquad (\text{siehe } \psi)$$
$$= \nu(a) . \qquad (I.V)$$

Wir zeigen nun, daß für $p_1 \circ g$ die Bedingungen (ER1) und (ER2) gelten.

(ER1) ist erfüllt, denn nach (R1) ist $(p_1 \circ g)(e) = p_1(x,e) = x$.

(ER2) ist erfüllt, denn es ist

$$(p_1 \circ g)(\nu(a)) = p_1\big(\psi(g(a))\big) \qquad (R2)$$
$$= \varphi\big(p_1(g(a)), p_2(g(a))\big) \qquad (\text{siehe } \psi)$$
$$= \varphi((p_1 \circ g)(a), a) . \qquad (*)$$

Damit ist die Existenz einer Funktion, die (ER1) und (ER2) erfüllt, nachgewiesen, und uns bleibt noch, die Eindeutigkeit zu zeigen. Sei hierzu eine Funktion $f: N \to X$ gegeben, die die Eigenschaften (ER1) und (ER2) hat. Dann gilt für

$$g': N \to X \times N, a \mapsto \big(f(a), a\big)$$

sowohl die Bedingung (R1), denn es ist $g'(e) = \big(f(e), e\big) = (x, e)$, als auch die Bedingung (R2), denn es ist

$$g'\big(\nu(a)\big) = \big(f(\nu(a)), \nu(a)\big) = \big(\varphi(f(a),a), \nu(a)\big) = \psi(g'(a)) .$$

Mit der Eindeutigkeitsaussage des Rekursionssatzes folgt $g = g'$ und damit $f = p_1 \circ g$. $\quad \diamondsuit$

9. Isomorphiesatz für Peano-Strukturen. Um den Isomorphiesatz griffiger formulieren zu können, führen wir einige Begriffe ein. Ein „PEANO-Tripel" (X, f, x) besteht aus einer Menge X, einer Funktion $f: X \to X$ und einem Element $x \in X$. Sind jetzt (M, μ, e) und (N, ν, f) PEANO-Tripel, so ist eine Funktion $\varphi: M \to N$ ein „PEANO-Isomorphismus", wenn sie folgende Eigenschaften aufweist:

(PI1) φ ist bijektiv.
(PI2)   Für jedes $a \in M$ ist $\varphi\big(\mu(a)\big) = \nu\big(\varphi(a)\big)$.
(PI3) $\varphi(e) = f$.

Liegt ein PEANO-Isomorphismus von M nach N vor, so sagen wir, „(M,μ,e) sei *isomorph* zu (N,ν,f)".

Satz. *Ist (M,μ,e) eine PEANO-Struktur, die zum PEANO-Tripel (N,ν,f) isomorph ist, so ist (N,ν,f) ebenfalls eine PEANO-Struktur.*
Beweis. Nach (PI1) gibt es eine Umkehrfunktion ψ von φ.

Zu (P1): Wegen (P1) ist μ injektiv, wegen (PI2) ist $\nu = \varphi \circ \mu \circ \psi$, so daß ν als Verkettung injektiver Funktionen injektiv ist.

Zu (P2): Sei $b \in N$ und $a = \psi(b)$. Wegen (P2) ist $\mu(a) \neq e$. Mit (PI3), (PI1) und (PI2) folgt der Reihe nach:

$$f = \varphi(e) \neq \varphi\bigl(\mu(a)\bigr) = \nu\bigl(\varphi(a)\bigr) = \nu(b) \,.$$

Zu (P3): Sei $N' \subseteq N$, so daß $f \in N'$ und mit jedem b auch $\nu(b)$ in N' liegt. Sei $M' = \psi(N')$. Wegen (P3) sind Induktionsbeweise für M gültig, und so zeigen wir mit Induktion nach a, daß $a \in M'$ gilt.

$\mathcal{E}(e)$: Aus $f \in N'$ folgt $\psi(f) \in M'$ und damit $e \in M'$, denn wegen (PI3) ist $\psi(f) = e$.

$\mathcal{E}(a) \Rightarrow \mathcal{E}\bigl(\mu(a)\bigr)$: Nach (I.V) ist $a \in M'$, und es gibt $b \in N'$ mit $\psi(b) = a$. Nach Voraussetzung ist $\nu(b) \in N'$, also $\psi(\nu(b)) \in M'$ und damit $\mu(a) \in M'$, denn nach (PI2) ist $\psi\bigl(\nu(b)\bigr) = \mu\bigl(\psi(b)\bigr) = \mu(a)$.

Es ist also $M' = M$ und mit (PI1) folgt $N = \varphi(M) = \varphi(M') = N'$. $\diamond$

Isomorphiesätze wie dieser sind hilfreich bei unseren Konstruktionen von Beispielen der Zahlbereiche im nächsten Kapitel. Traditionell verwendet man isomorphe Funktionen um zu zeigen, daß zwei Strukturen „im Wesentlichen" gleich sind, und geht dann stillschweigend davon aus, daß „im Wesentlichen" alle Sätze, die man in der einen Struktur bewiesen hat, auch in der anderen gelten. Dies ist etwas unbefriedigend, denn es wird weder gesagt, was „im Wesentlichen" bedeutet, noch warum diese Sätze auch in der anderen Struktur gelten sollten.

Daher verfahren wir in Analysis 0 anders. Wir nutzen Isomorphiesätze, um nachzuweisen, daß bestimmte Postulate in einer gegebenen Struktur erfüllt sind, und schließen dann zu recht, daß alle aus den Postulaten ableitbaren Sätze in der Struktur erfüllt sind.

Aufgaben

1. Folgt (P2) aus dem Zweisatz?

2. EDMUND LANDAU berichtet in [LAN1930], ihm sei bei der Definition der Addition natürlicher Zahlen ein Fehler unterlaufen: Er definiert

   (A1) $\qquad\qquad x + 0 = x \qquad$ und

   (A2) $\qquad\qquad x + \nu(y) = \nu(x + y)$,

   und argumentiert mit einer Induktion nach y, daß er so $x + y$ für alle y definiert habe: Wegen (A1) sei $x + 0$ definiert und wegen (A2) sei $x + \nu(y)$ definiert, denn nach Induktionsvoraussetzung sei ja $x + y$ definiert.
   Liest sich überzeugend, wenn auch auffällt, daß LANDAU weder (P1) noch (P2) benutzte. Aber das muß ja nicht falsch sein, oder?

§ 2. Rechnen und Vergleichen

1. Die Rechenpostulate (RP).

Im folgenden sei A eine Menge, deren Elemente a, b, c wir *Zahlen* nennen. Jede Zahl b definiere eine Funktion

$$A \to A, \ a \mapsto a + b,$$

die wir *Addition* (von b) nennen, und eine Funktion

$$A \to A, \ a \mapsto a \cdot b,$$

die wir *Multiplikation* (mit b) nennen. Wir fordern, daß beide Funktionen assoziativ und kommutativ sind:

$$(a + b) + c = a + (b + c)$$
$$a + b = b + a$$
$$(a \cdot b) \cdot c = a \cdot (b \cdot c)$$
$$a \cdot b = b \cdot a .$$

Und wir fordern das Distributivpostulat, das einen Zusammenhang zwischen Addition und Multiplikation stiftet:

$$(a + b) \cdot c = a \cdot c + b \cdot c .$$

Hier und im folgenden lassen wir, wie in der Schule gelernt, „Punktrechnung vor Strichrechnung" gehen.

Ein Zahlbereich ist nun eine Menge A zusammen mit einer Addition und einer Multiplikation, die die fünf Rechenpostulate erfüllen.

Ist M eine Menge, so nennt man allgemein eine Funktion mit Definitionsmenge $M \times M$ und Zielmenge M eine *Verknüpfung auf M*. So gesprochen, sind auf jedem Zahlbereich A zwei Verknüpfungen, die Addition und die Multiplikation, gegeben.

2. Die Ordnungspostulate (OP). Auf einem *angeordneten* Zahlbereich A sei eine Relation „$\leq$" definiert, die den Postulaten einer linearen Ordnung genüge:

(OP)
$$a \leq a$$
$$a \leq b \text{ und } b \leq a \quad \Rightarrow \quad a = b$$
$$a \leq b \text{ und } b \leq c \quad \Rightarrow \quad a \leq c$$
$$a \leq b \text{ oder } b \leq a \;.$$

Wie üblich definieren wir die Relation $<$ durch

$$a < b \quad \Leftrightarrow \quad a \leq b \text{ und } a \neq b \;.$$

Eine Relation auf einer Menge nennen wir eine *Ordnung*, wenn die ersten drei Postulate, die *Reflexivität*, die *Antisymmetrie* und die *Transitivität* gelten, und eine *lineare Ordnung*, wenn zusätzlich das vierte Postulat, die *Linearität* erfüllt ist. Sie drückt aus, daß je zwei Zahlen vergleichbar sind.

Die Monotoniepostulate stiften einen Zusammenhang zwischen der Ordnungsrelation und den beiden Funktionen. Wir verlangen die Monotonie der Addition von c:

(MA) $\qquad\qquad a \leq b \quad \Rightarrow \quad a + c \leq b + c \;,$

und die Monotonie der Multiplikation mit nichtnegativem c:

(MM) Für $e \leq c$ gilt: $\qquad a \leq b \quad \Rightarrow \quad a \cdot c \leq b \cdot c \;.$

Hier ist e das erste Element einer PEANO-Struktur.

Da wir keine „monoton fallenden" Funktionen betrachten, lassen wir hier und im folgenden das „steigend" einfach weg.

Gelegentlich begründen wir unsere Beweise auch mit Umkehrschlüssen der Monotoniepostulate. Wegen $a \not< b \Leftrightarrow b < a$ lauten sie (nach Vertauschung von a und b):

(MA) $\qquad\qquad a + c < b + c \quad \Rightarrow \quad a < b$.

(MM) Für $e \leq c$ gilt: $\qquad a \cdot c < b \cdot c \quad \Rightarrow \quad a < b$.

Wir werden Zahlbereiche betrachten, in denen Addition und Multiplikation nicht nur monoton, sondern sogar *streng* monoton sind. Eine Funktion ist streng monoton, wenn mit $a < b$ auch $f(a) < f(b)$ erfüllt ist.

Monotoniesatz. *Eine monotone Funktion $f\colon A \to B$ ist genau dann injektiv, wenn sie streng monoton ist.*
Beweis. Sei f injektiv und monoton. Ist $a < b$, also $a \neq b$ und $a \leq b$, so folgt aus der Injektivität $f(a) \neq f(b)$ und aus der Monotonie $f(a) \leq f(b)$, zusammen also $f(a) < f(b)$.

Ist umgekehrt f streng monoton und $a \neq b$, so ist wegen (OP) $a < b$ oder $b < a$. Mit der strengen Monotonie folgt $f(a) < f(b)$ oder $f(b) < f(a)$, in beiden Fällen also $f(a) \neq f(b)$. $\diamond$

3. Extremwerte. Sei B eine Teilmenge eines angeordneten Zahlbereichs A. Man sagt, a sei eine *obere Schranke von B*, wenn gilt:

(OS) $\qquad\qquad b \in B \quad \Rightarrow \quad b \leq a$.

Ebenso sagt man, a sei eine *untere Schranke von B*, wenn gilt:

(US) $\qquad\qquad b \in B \quad \Rightarrow \quad a \leq b$.

Ist $B = \emptyset$, so ist jedes a sowohl eine obere als auch eine untere Schranke von B, denn die Voraussetzungen in den Formeln (OS) und (US) sind dann nicht erfüllt, so daß die Formeln selbst stets wahr sind. Hat B eine obere Schranke, so sagen wir, B sei *oben beschränkt*, hat B eine untere Schranke, so sagen wir, B sei *unten beschränkt*. Statt „obere Schranke" und „oben beschränkt" sagen wir auch nur „Schranke" und „beschränkt".

Liegen obere Schranken a, b von B in B, so ist $a \leq b$ und $b \leq a$, also gibt es höchstens eine obere Schranke von B, die in B liegt. Gibt es so eine Zahl, so nennen wir diese das *Maximum* von B und schreiben dafür

$$\max B \,.$$

Ebenso gibt es höchstens eine untere Schranke von B, die in B liegt. Diese Zahl nennen wir *Minimum* von B und schreiben dafür

$$\min B \,.$$

Das Minimum ist demnach die kleinste und das Maximum die größte Zahl in B.

Die leere Menge hat zwar untere und obere Schranken, aber weder Maximum noch Minimum, da keine der Schranken in $\emptyset$ liegen.

Hat die Menge der oberen Schranken von B ein Minimum, so nennen wir dieses das *Supremum* von B und schreiben dafür

$$\sup B \,.$$

Hat die Menge der unteren Schranken von B ein Maximum, so nennen wir dieses das *Infimum* von B und schreiben dafür

$$\inf B \,.$$

Das Supremum ist demnach die kleinste obere Schranke und das Infimum die größte untere Schranke von B.

Als Anwendung dieser Definitionen zeigen wir die

Vertauschungssatz für das Maximum. *Ist $f\colon M \to B$ monoton wachsend und existiert das Maximum von M, so existiert auch das Maximum von $f(M)$ und es gilt:*
$$\max f(M) = f(\max M) \,.$$

Beweis. Wegen $\max M \in M$ haben wir $f(\max M) \in f(M)$.

Sei $a \in f(M)$. Dann gibt es ein $b \in M$ mit $f(b) = a$, es folgt $b \leq \max M$, und hieraus ergibt sich mit der Monotonie $f(b) \leq f(\max M)$.

Damit ist $f(\max M)$ eine obere Schranke von $f(M)$, die in $f(M)$ liegt und deshalb das Maximum von $f(M)$. ◊

4. Unterbereiche. Haben wir zwei angeordnete Zahlbereiche vor uns, so müßten wir die beiden Additionen mit unterschiedlichen Symbolen bezeichnen. Darauf verzichten wir, da aus dem Zusammenhang hervorgeht, welche Addition gemeint ist. Dasselbe gilt für die Multiplikation und die Ordnungsrelation. Diese Verabredung enthebt uns der lästigen Pflicht, bei jeder Vorstellung eines Zahlbereichs die Symbole in Tupeln mit anzugeben.

Im folgenden sei A ein Zahlbereich. Eine Teilmenge M von A heißt *Unterbereich von A*, wenn Summe und Produkt von Elementen aus M wieder in M liegen. Für „M ist Unterbereich von A" schreiben wir $M \sqsubseteq A$. Die beiden folgenden Sätze beleuchten den Zusammenhang der Begriffe Unterbereich und Zahlbereich.

Unterbereichssatz. *Ist $M \sqsubseteq A$, so ist M ein Zahlbereich. Ist A darüber hinaus angeordnet, so ist auch M angeordnet.*
Beweis. Da die Rechenpostulate keine Existenzaussagen einschließen, vererbt sich ihre Gültigkeit von A auf M. Dasselbe gilt für die Ordnungs- und Monotoniepostulate, falls A angeordnet ist.   ◇

Zahlbereichssatz. *Ist $M \subseteq A$ ein Zahlbereich, so ist $M \sqsubseteq A$.*
Beweis. Nach Voraussetzung liegen Summe und Produkt von Elementen aus M wieder in M.   ◇

5. N-Bereiche. Ein angeordneter Zahlbereich N bilde mit einem *ersten Element* e und einem *zweiten Element* z einen *N-Bereich* (N, e, z), wenn es eine PEANO-Struktur (N, ν, e) gibt, so daß für jedes $n \in N$ gilt:

(N1) $\nu(n) = n + z$
(N2) $z \cdot z = z$
(N3) $e \leq z$.

Die Bezeichnung „zweites Element" für z suggeriert, z sei der Nachfolger von e. Dies stimmt auch, wird hier aber nicht gefordert, sondern ist bereits eine zu beweisende Eigenschaft von N-Bereichen.

Für angeordnete Zahlbereiche A, die einen N-Bereich (N, e, z) enthalten, definieren wir einige Teilmengen durch:

$$a \in A^\times \quad \Leftrightarrow \quad a \neq e$$
$$a \in A_e \quad \Leftrightarrow \quad e \leq a$$
$$a \in A^+ \quad \Leftrightarrow \quad e < a$$
$$a \in A^- \quad \Leftrightarrow \quad a < e \,.$$

Die Zahlen in A^+ nennt man *positiv*, in A^- *negativ*. Die Definition für $A^\times$ ist auch für nicht angeordnete Zahlbereiche A sinnvoll.

6. Z-Bereiche. Ein angeordneter Zahlbereich Z bilde mit e und z einen Z-Bereich (Z, e, z), wenn es einen N-Bereich (N, e, z) gibt, so daß gilt:

(Z1) N ist Unterbereich von Z.
(Z2) Zu jedem $a \in Z$ gibt es ein $b \in Z$ mit $a + b = e$.
(Z3) Zu jedem $a \in Z$ gibt es $m, n \in N$, $b \in Z$ mit $n + b = e$ und $a = m + b$.

7. Q-Bereiche. Ein angeordneter Zahlbereich Q bilde mit e und z einen Q-Bereich (Q, e, z), wenn es einen Z-Bereich (Z, e, z) gibt, so daß gilt:

(Q1) Z ist ein Unterbereich von Q.
(Q2) Zu jedem $a \in Q^\times$ gibt es ein $b \in Q$ mit $a \cdot b = z$.
(Q3) Zu jedem $a \in Q$ gibt es $m, n \in Z$, $b \in Q$ mit $n \cdot b = z$ und $a = m \cdot b$.

8. Kommutative Gruppen. Eine Menge G bilde mit einer *Verknüpfung* genannten Funktion

$$G \times G \to G, \ (a, b) \mapsto a \circ b$$

und einem *neutralen Element* $n \in G$ eine *kommutative Gruppe* $(G, \circ, n)$, wenn für jedes a, b und c in G gilt:

(KG1) $\quad (a \circ b) \circ c = a \circ (b \circ c)\,.$
(KG2) $\quad a \circ b = b \circ a\,.$
(KG3) $\quad a \circ n = a\,.$
(KG4) $\quad$ Zu jedem a gibt es eine *Inverse* b mit $a \circ b = n\,.$

§ 2. Rechnen und Vergleichen   23

Im folgenden sei $(G, \circ, n)$ eine kommutative Gruppe mit den Elementen a, b, c.

Kürzungssatz. *Ist $a \circ c = b \circ c$, so ist $a = b$.*
Beweis. Wegen (KG4) gibt es ein d mit $c \circ d = n$. Mit (KG3) und (KG1) folgt:

$$a = a \circ n = a \circ (c \circ d) = (a \circ c) \circ d = (b \circ c) \circ d = b \circ (c \circ d) = b \circ n = b.$$ ◇

Hieraus folgt mit (KG4), daß es zu a genau eine Inverse gibt, so daß man *die* Inverse mit einem Term, etwa a', bezeichnen kann, ohne Gefahr zu laufen, zwei Elementen denselben Namen zu geben oder etwas zu benennen, was es gar nicht gibt.

Aus $a \circ b = a$ folgt mit (KG3) $a \circ b = a \circ n$ und hieraus mit dem Kürzungssatz $b = n$, so daß es genau ein neutrales Element gibt.

Involutionssatz. *Es ist $a = (a')'$.*
Beweis. Da $a' \cdot a = n$ ist, ist a die Inverse zu a', also $a = (a')'$. ◇

Eine *Involution* ist eine Funktion, die ihre eigene Umkehrung ist.

Sei $(G, \circ, n)$ eine kommutative Gruppe und $\otimes$ eine Verknüpfung auf einer Menge M. Eine Funktion $f \colon G \to M$ nennen wir *Homomorphismus*, wenn für alle a, b in G

$$f(a \circ b) = f(a) \otimes f(b)$$

ist.

Homomorphiesatz. *Ist $(G, \circ, n)$ eine Gruppe und $f \colon G \to M$ ein Homomorphismus, so bildet $f(G)$ mit der Einschränkung der Verknüpfung $\otimes$ von M auf $f(G)$ und dem neutralen Element $f(n)$ eine kommutative Gruppe. Dabei ist $f(a)' = f(a')$.*
Beweis. (KG1): Für a, b, c in G erhalten wir

$$\begin{aligned}
(f(a) \otimes f(b)) \otimes f(c) &= f(a \circ b) \otimes f(c) \\
&= f((a \circ b) \circ c) \\
&= f(a \circ (b \circ c)) \\
&= f(a) \otimes f(b \circ c) \\
&= f(a) \otimes (f(b) \otimes f(c)).
\end{aligned} \qquad \text{(KG1)}$$

1. Zählen, Rechnen, Vergleichen

(KG2): Für a, b in G erhalten wir

$$\begin{aligned} f(a) \otimes f(b) &= f(a \circ b) \\ &= f(b \circ a) \\ &= f(b) \otimes f(a) \,. \end{aligned} \tag{KG2}$$

(KG3): Für a in G erhalten wir

$$\begin{aligned} f(a) \otimes f(n) &= f(a \circ n) \\ &= f(a) \,. \end{aligned} \tag{KG3}$$

(KG4): Für a in G erhalten wir

$$\begin{aligned} f(a) \otimes f(a') &= f(a \circ a') \\ &= f(n) \,. \end{aligned} \tag{KG4}$$

Damit ist $f(a')$ ein zu $f(a)$ inverses Element. $\diamond$

9. A-Gruppen, M-Gruppen und Z-Körper. Es seien A, M und K Teilmengen eines Zahlbereichs, der einen N-Bereich (N, e, z) als Unterbereich enthält.

A heiße *A-Gruppe*, wenn $(A, +, e)$ eine kommutative Gruppe ist. (KG3) lautet für A-Gruppen „Neutrales Element der Addition (NEA)" und der Kürzungssatz „Injektivität der Addition (IA)". Wir bezeichnen die Inverse zu a mit $-a$ und nennen sie auch *Gegenzahl*. Damit lautet der Involutionssatz $a = -(-a)$. Für $a + (-b)$ schreiben wir $a - b$ und nennen die durch b definierte Funktion

$$A \to A, \ a \mapsto a - b$$

Subtraktion (von b). Die Subtraktion ist mit der Addition injektiv. Ein nichtleerer Unterbereich U eines Zahlbereichs ist bereits eine *A-Gruppe*, wenn e neutrales Element der Addition im Zahlbereich ist, und mit jedem a auch $-a$ in U liegt. Denn dann gibt es ein $a \in U$ und damit liegt auch $e = a + (-a)$ in U.

Einen Homomorphismus auf einer A-Gruppe nennen wir *A-Homomorphismus*.

§ 2. Rechnen und Vergleichen   25

Wegen des Distributivpostulats ist die Multiplikation mit a für jedes $a \in A$ so ein A-Homomorphismus von A nach A. Nach dem Homomorphiesatz ist

$$a \cdot A = \{\, a \cdot b \mid b \in A \,\}$$

eine kommutative Gruppe mit dem neutralen Element $a \cdot e$. Da auch e neutrales Element von $a \cdot A$ ist, haben wir $a \cdot e = e$. Im Umkehrschluß hierzu erhalten wir den

Nullfaktorsatz (NF). *Ist $a \cdot b \neq e$, so ist $a \neq e$ und $b \neq e$.*   ◇

Da die Multiplikation mit a ein A-Homomorphismus ist, erhalten wir nach dem Homomorphiesatz $a \cdot (-b) = -(\alpha \cdot b)$ den

Gegenzahlfaktor (GZF). *Es ist $-(a \cdot b) = (-a) \cdot b$.*   ◇

M heiße *M-Gruppe*, wenn $(M, \cdot, z)$ eine kommutative Gruppe ist. Wir bezeichnen die Inverse zu a mit a' und nennen sie auch *Kehrwert* von a. Damit lautet der Involutionssatz $a = (a')'$. Für $a \cdot b'$ schreiben wir a/b und nennen die durch b definierte Funktion

$$M \to M, \ a \mapsto a/b$$

Division (durch b). Auch wenn / wie ein Strich aussieht, zählt / in der Regel „Punktrechnung vor Strichrechnung" zur Punktrechnung. Die Division ist mit der Multiplikation injektiv. Eine nichtleere Teilmenge U eines Zahlbereichs ist eine *M-Gruppe*, wenn z in dem Zahlbereich neutrales Element der Multiplikation ist, mit jedem a auch der Kehrwert a' in U liegt und mit jedem a, b auch $a \cdot b$ in U liegt. Denn dann gibt es ein $a \in U$ und damit liegt auch $z = a \cdot a'$ in U.

Einen Homomorphismus auf einer M-Gruppe nennen wir *M-Homomorphismus*.

K heiße *Z-Körper*, wenn K eine A-Gruppe und $K^\times$ eine M-Gruppe ist. Wegen des Distributivpostulats ist ein Z-Körper ein Körper. Im folgenden seien a, b, c Elemente eines Z-Körpers K.

Zweisatz. *Es sind e und z zwei Zahlen.*
Beweis. Es ist $e \notin K^\times$ aber $z \in K^\times$.   ◇

26 1. Zählen, Rechnen, Vergleichen

Neutrales Element der Multiplikation (NEM). *Es gilt $a \cdot z = a$.*
Beweis. Ist $a \neq e$, so ist die Behauptung nichts anderes als (KG3) der M-Gruppe $K^\times$. Ist $a = e$, so folgt die Behauptung aus (NF). ◇

Injektivität der Multiplikation (IM). *Ist $c \neq e$ und $a \cdot c = b \cdot c$, so ist $a = b$.*
Beweis. Liegen beide Elemente a und b in $K^\times$, so folgt die Behauptung aus dem Kürzungssatz für die M-Gruppe $K^\times$.

Liegt eines der Elemente a und b, etwa a, nicht in $K^\times$, ist also $a = e$, so ist wegen (NF) $e = a \cdot c = b \cdot c$ und man erhält

$$\begin{aligned}
e &= e \cdot c' & \text{(NF)} \\
&= (b \cdot c) \cdot c' & \\
&= b \cdot z & \text{(RP)} \\
&= b \, . \quad ◇ & \text{(NEM)}
\end{aligned}$$

10. Angeordnete Z-Körper. Im folgenden sei K ein angeordneter Z-Körper, der einen N-Bereich (N, e, z) als Unterbereich enthält. Es seien a, b, c Elemente aus K.

Die zweite Zahl ist positiv.
Beweis. Nach dem Postulat (N3) ist $e \leq z$ und nach dem Zweisatz ist $e \neq z$. ◇

Strenge Monotonie der Addition (SMA). *Ist $a < b$, so ist $a + c < b + c$.*
Beweis. Dies folgt mit dem Monotoniesatz aus (IA) und (MA). ◇

Strenge Monotonie der Multiplikation (SMM). *Ist $e < c$, so gilt:*

$$a < b \quad \Rightarrow \quad a \cdot c < b \cdot c \, .$$

Beweis. Dies folgt mit dem Monotoniesatz aus (IM) und (MM). ◇

Im Umkehrschluß lauten die Sätze (nach Vertauschung von a und b):

(SMA) $\qquad\qquad a + c \leq b + c \quad \Rightarrow \quad a \leq b$
(SMM) Für $e < c$ gilt: $\qquad a \cdot c \leq b \cdot c \quad \Rightarrow \quad a \leq b$.

Gegenzahlsatz. *Es gilt:* $\qquad a \leq b \quad \Leftrightarrow \quad -b \leq -a$.
Beweis. Mit der Monotonie der Addition von $-(a+b)$ und (NEA) erhält man aus der linken Seite die rechte und durch Addition von $a+b$ die linke aus der rechten. $\diamond$

Die Negation der Ungleichungen im Gegenzahlsatz liefert nach Vertauschung von a und b die Äquivalenz

$$a < b \quad \Leftrightarrow \quad -a < -b\,.$$

Man sagt, die negativen Zahlen hätten das *Vorzeichen Minus*, die positiven Zahlen das *Vorzeichen Plus*. Das erste Element e hat kein Vorzeichen. Wir schließen uns dieser Konvention an, um die beiden folgenden Sätze klarer und kürzer zu formulieren. Im folgenden seien a und b in $K^\times$.

Kehrwertsatz. *Ist a der Kehrwert von b, so haben a und b dasselbe Vorzeichen.*
Beweis. Angenommen, es wäre $a < e < b$. Aus $a < e$ folgte wegen der strengen Monotonie der Multiplikation mit b und (NF) der Widerspruch zum Postulat (N3)
$$z = a \cdot b < e \cdot b = e\,. \qquad \diamond$$

Vorzeichenregel. *Sind die Vorzeichen von a und b verschieden, so ist ihr Produkt negativ, sind sie gleich, so ist ihr Produkt positiv.*
Beweis. Seien die Vorzeichen von a und b verschieden, also etwa $a < e < b$. Die strenge Monotonie der Multiplikation mit b liefert mit (NF) $a \cdot b < e \cdot b = e$.

Sind die Vorzeichen gleich, so müssen wir zwei Fälle behandeln:
Fall 1: $e < a$ und $e < b$. Dann folgt mit (NF) und (SMM) $e = e \cdot b < a \cdot b$.
Fall 2: $a < e$ und $b < e$. Dann folgt mit dem Gegenzahlsatz $e < -a$ und $e < -b$ und hieraus nach Fall 1 $e < (-a) \cdot (-b)$. Mit dem Gegenzahlfaktor- und dem Involutionssatz folgt $(-a) \cdot (-b) = -(-(a \cdot b)) = a \cdot b$. $\diamond$

11. R-Bereiche. Ein angeordneter Zahlbereich R bilde mit e und z einen R-Bereich (R, e, z), wenn es einen Q-Bereich (Q, e, z) gibt, so daß gilt:

(R1) Q ist ein Unterbereich von R.
(R2) Jede nichtleere, beschränkte Teilmenge von R hat ein Supremum.
(R3) R ist ein Z-Körper.

(R2) ist als „Vollständigkeitspostulat" bekannt.

12. C-Bereiche. Ein Zahlbereich C bilde mit e, z und $i \in C$ einen *C-Bereich* (C, e, z, i), wenn es einen R-Bereich (R, e, z) gibt, so daß gilt:

(C1) $\qquad$ R ist ein Unterbereich von C.
(C2) $\qquad$ $i \cdot i + z = e$.
(C3) $\qquad$ C ist ein Z-Körper.
(C4) $\qquad$ Zu $u \in C$ gibt es $\alpha, \beta \in R$ mit $u = \alpha + i \cdot \beta$.

13. Isomorphiesatz für Zahlbereiche. Wir sagen, die angeordneten Zahlbereiche A und B seien *isomorph* zueinander, wenn es eine bijektive Funktion $\varphi\colon A \to B$ gibt, so daß für $a, b \in A$ gilt:

(I1) $\qquad\qquad\qquad a \leq b \Rightarrow \varphi(a) \leq \varphi(b)$
(I2) $\qquad\qquad\qquad \varphi(a + b) = \varphi(a) + \varphi(b)$
(I3) $\qquad\qquad\qquad \varphi(a \cdot b) = \varphi(a) \cdot \varphi(b)$.

Man nennt eine Funktion mit diesen Eigenschaften auch einen *Isomorphismus*. Diese Definition dehnen wir auf beliebige Zahlbereiche aus, indem wir in diesem Fall (I1) ignorieren.

Satz. *Ist A ein Zahlbereich, B Teilmenge eines Zahlbereichs C und $\varphi : A \to B$ ein Isomorphismus, so ist $B \sqsubseteq C$.*
Beweis. Seien r, s Elemente in B. Weil φ surjektiv ist, gibt es $a, b \in A$ mit $\varphi(a) = r$, $\varphi(b) = s$. Wegen (I2) ist $r + s = \varphi(a) + \varphi(b) = \varphi(a + b) \in B$ und wegen (I3) ist $r \cdot s = \varphi(a) \cdot \varphi(b) = \varphi(a \cdot b) \in B$. $\qquad \diamond$

Mit dem Isomorphie- und dem Unterbereichssatz werden wir nachweisen, daß eine gegebene Teilmenge eines Zahlbereichs ebenfalls ein Zahlbereich ist.

Kapitel 2. Konstruktionen

It all hangs together
EU-Kommissar

Einleitung. Im letzten Kapitel deutete ich Zweifel an der Widerspruchsfreiheit der Postulate an, dies umso mehr, als sie in Schul- und Hochschulunterricht unbewiesen bleiben. Diese Ungewißheit soll hier, wenn auch nur teilweise, beseitigt werden. Unter der Voraussetzung, daß es eine PEANO- Struktur – insbesondere also eine unendliche Menge – gibt, konstruieren wir Beispiele der fünf Zahlbereiche. Hierbei bedienen wir uns eines beschränkten Repertoires, um aus gegebenen Mengen neue zu konstruieren, nämlich des Mengendurchschnitts, der Teilmengen, des kartesischen Produkts und der Zusammenfassung aller Teilmengen einer Menge M zur Potenzmenge $\mathcal{P}(M)$. Die Mengenvereinigung ist hier stets ein Spezialfall der Teilmengenbildung, denn wir vereinigen ausschließlich Teilmengen einer gemeinsamen Grundmenge.

§ 1. Konstruktion eines N-Bereichs

Sei eine PEANO-Struktur $(N, \nu, 0)$ gegeben. Wir definieren auf N eine Relation, eine Addition und eine Multiplikation und zeigen, daß damit $(N, 0, \nu(0))$ die Postulate eines N-Bereichs erfüllt. Im folgenden seien $i, k, m, n \in N$. Da 0 das erste Element ist, markieren wir Induktionsanfänge mit $\mathcal{E}(0)$.

1. Die Ordnungsrelation. Die Rekursionsgleichungen

(A1) $\qquad\qquad A_0 = \emptyset$
(A2) $\qquad\qquad A_{\nu(n)} = A_n \cup \{n\}$.

legen nach dem erweiterten Rekursionssatz eine Funktion $N \to \mathcal{P}(N)$, $n \mapsto A_n$ fest. Mit den *Anfangsstücken* A_n definieren wir die Relation „$\leq$":

$$m \leq n \quad \Leftrightarrow \quad A_m \subseteq A_n \ .$$

Wir zeigen, daß $\leq$ eine lineare Ordnung ist.

$\leq$ ist reflexiv: Nach der Mengenlehre gilt $A_n \subseteq A_n$ und damit auch $n \leq n$.

2. Konstruktionen

$\leq$ ist transitiv: Es gilt

$$\begin{aligned} i \leq k \text{ und } k \leq n &\Rightarrow A_i \subseteq A_k \text{ und } A_k \subseteq A_n \\ &\Rightarrow A_i \subseteq A_n \qquad \text{(Mengenlehre)} \\ &\Rightarrow i \leq n . \end{aligned}$$

Die Beweise der beiden anderen Ordnungspostulate gestalten sich aufwendiger. Sei $\mu \colon N \setminus \{0\} \to N$ die Vorgängerfunktion zu ν.

Lemma 1. *Für $m, n \neq 0$ gilt:*

$$A_m \subseteq A_n \quad \Rightarrow \quad A_{\mu(m)} \subseteq A_{\mu(n)} .$$

Beweis. Wir zeigen zunächst mit Induktion nach n:

(∗) $\qquad m \in A_n \quad \Rightarrow \quad n \neq 0 \quad \text{und} \quad A_m \subseteq A_{\mu(n)} .$

$\mathcal{E}(0)$: Hier ist nichts zu zeigen, denn die Voraussetzung widerspricht (A1).

$\mathcal{E}(n) \Rightarrow \mathcal{E}(\nu(n))$: Sei $m \in A_{\nu(n)}$. Dann ist nach (A2) $m \in A_n \cup \{n\}$. Ist $m = n$, so ist auch $A_m \subseteq A_n$. Ist dagegen $m \neq n$, so folgt $m \in A_n$ und hieraus mit der (I.V) $A_m \subseteq A_{\mu(n)}$. Wegen (A2) ist $A_{\mu(n)} \subseteq A_n$, und mit (V1) folgt $A_m \subseteq A_{\mu(\nu(n))}$.

Damit ist (∗) bewiesen. Aus der Voraussetzung folgt wegen (A2) $\mu(m) \in A_n$. Hierauf wenden wir (∗) mit $\mu(m)$ statt m an und erhalten die Behauptung. ◊

Lemma 2. Wir zeigen mit Induktion nach n:

$$A_m = A_n \quad \Rightarrow \quad m = n .$$

$\mathcal{E}(0)$: Sei $A_m = A_0$. Wegen (A1) ist dann $A_m = \emptyset$. Angenommen $m \neq 0$. Mit (A2) folgte hieraus $\mu(m) \in A_m$, also $A_m \neq \emptyset$. Dieser Widerspruch zeigt, daß die Annahme falsch war.

$\mathcal{E}(n) \Rightarrow \mathcal{E}(\nu(n))$: Die Voraussetzung der Induktionsbehauptung ist $A_m = A_{\nu(n)}$. Wegen (A2) ist $n \in A_{\nu(n)}$, also $A_m \neq \emptyset$. Damit ist nach (A1) $m \neq 0$. Da wegen (P2) auch $\nu(n) \neq 0$ ist, können wir Lemma 1 auf die Voraussetzung anwenden und erhalten wegen (V1): $A_{\mu(m)} \subseteq A_n$ und $A_n \subseteq A_{\mu(m)}$, also auch $A_{\mu(m)} = A_n$. Hieraus folgt nach (I.V) $\mu(m) = n$ und mit (V2) weiter $m = \nu(\mu(m)) = \nu(n)$, also die Behauptung der Induktionsbehauptung. ◊

§ 1. Konstruktion eines N-Bereichs

Antisymmetrie. *Ist $m \leq n$ und $n \leq m$, so ist $m = n$.*
Beweis. Es ist $A_m \subseteq A_n$ und $A_n \subseteq A_m$. Mit der Mengenlehre folgt $A_m = A_n$ und mit Lemma 2 folgt $m = n$. ◇

Lemma 3. *Es gilt:*
$$A_m \subseteq A_n \quad \Rightarrow \quad A_{\nu(m)} \subseteq A_{\nu(n)} \ .$$

Beweis. Wir zeigen zunächst mit Induktion nach n:

(∗) $$A_{\nu(n)} = \nu(A_n) \cup \{0\} \ .$$

$\mathcal{E}(0)$: Wegen (A2) und (A1) ist $A_{\nu(0)} = A_0 \cup \{0\} = \emptyset \cup \{0\}$ und wegen (A1) ist $\nu(A_0) \cup \{0\} = \nu(\emptyset) \cup \{0\} = \emptyset \cup \{0\}$.

$\mathcal{E}(n) \Rightarrow \mathcal{E}(\nu(n))$: Es gilt:

$$\begin{aligned}
\nu(A_{\nu(n)}) \cup \{0\} &= \nu\bigl(A_n \cup \{n\}\bigr) \cup \{0\} & \text{(A2)} \\
&= \bigl(\nu(A_n) \cup \nu(\{n\})\bigr) \cup \{0\} & \text{(Mengenlehre)} \\
&= \bigl(\nu(A_n) \cup \{0\}\bigr) \cup \{\nu(n)\} & \text{(Mengenlehre)} \\
&= A_{\nu(n)} \cup \{\nu(n)\} & \text{(I.V)} \\
&= A_{\nu(\nu(n))} \ . & \text{(A2)}
\end{aligned}$$

Sei jetzt $A_m \subseteq A_n$. Mit der Mengenlehre folgt $\nu(A_m) \cup \{0\} \subseteq \nu(A_n) \cup \{0\}$ und hieraus mit (∗) die Behauptung. ◇

Linearität. *Es gilt $m \leq n$ oder $n \leq m$.*
Beweis. Wir zeigen mit Induktion nach n:

$$A_m \subseteq A_n \text{ oder } A_n \subseteq A_m \ .$$

$\mathcal{E}(0)$: Wegen (A1) liegt der zweite Fall vor.

$\mathcal{E}(n) \Rightarrow \mathcal{E}(\nu(n))$: Ist $m = 0$, so gilt wegen (A1) der erste Fall der Induktionsbehauptung. Ist dagegen $m \neq 0$, so gibt es nach dem Vorgängersatz ein i mit $\nu(i) = m$ und nach der (I.V) gilt

$$A_i \subseteq A_n \text{ oder } A_n \subseteq A_i \ .$$

Mit Lemma 3 folgt hieraus die Induktionsbehauptung. ◇

32   2. Konstruktionen

Damit erfüllt $\leq$ alle Postulate der linearen Ordnung.

(N3) ist erfüllt. *Es gilt $0 \leq 1$.*
Beweis. Wegen (A1) ist $A_0 \subseteq A_1$. $\diamondsuit$

Lemma 4. *Die Nachfolgerfunktion ist monoton.*
Beweis. Es ist

$$\begin{aligned} m \leq n &\Rightarrow A_m \subseteq A_n \\ &\Rightarrow A_{\nu(m)} \subseteq A_{\nu(n)} \quad &\text{(Lemma 3)} \\ &\Rightarrow \nu(m) \leq \nu(n) \,. \quad \diamondsuit \end{aligned}$$

2. Die Addition. Wir definieren rekursiv für jedes m die Addition von n durch:

(AD1) $\qquad\qquad\qquad m + 0 = 0$
(AD2) $\qquad\qquad\qquad m + \nu(n) = \nu(m + n) \,.$

Monotonie der Addition. *Wir zeigen mit Induktion nach n:*

$$i \leq k \quad \Rightarrow \quad i + n \leq k + n \,.$$

$\mathcal{E}(0)$: Wegen (AD1) stimmen Voraussetzung und Behauptung überein.

$\mathcal{E}(n) \Rightarrow \mathcal{E}(\nu(n))$: Es gilt

$$\begin{aligned} i \leq k &\Rightarrow i + n \leq k + n &\text{(I.V)} \\ &\Rightarrow \nu(i+n) \leq \nu(k+n) &\text{(Lemma 4)} \\ &\Rightarrow i + \nu(n) \leq k + \nu(n) \,. \quad \diamondsuit &\text{(AD2)} \end{aligned}$$

Assoziativpostulat. *Wir zeigen mit Induktion nach n:*

$$(k + m) + n = k + (m + n) \,.$$

$\mathcal{E}(0)$: Wegen (AD1) ist $(k + m) + 0 = k + m = k + (m + 0)$.

§ 1. Konstruktion eines N-Bereichs   33

$\mathcal{E}(n) \Rightarrow \mathcal{E}(\nu(n))$: Es ist

$$(k+m) + \nu(n) = \nu((k+m) + n) \qquad \text{(AD2)}$$
$$= \nu(k + (m+n)) \qquad \text{(I.V)}$$
$$= k + \nu(m+n) \qquad \text{(AD2)}$$
$$= k + (m + \nu(n)) \ . \quad \diamond \qquad \text{(AD2)}$$

Kommutativpostulat. *Wir zeigen mit Induktion nach n:*

$$m + n = n + m \ .$$

$\mathcal{E}(0)$: Wegen (AD1) ist $m + 0 = m$. Für $\mathcal{E}(0)$ fehlt noch $0 + m = m$, welches wir mit Induktion nach m zeigen:

$\mathcal{E}(0)$: Mit (AD1) ist $0 + 0 = 0$.

$\mathcal{E}(m) \Rightarrow \mathcal{E}(\nu(m))$: Es ist:

$$0 + \nu(m) = \nu(0 + m) \qquad \text{(AD2)}$$
$$= \nu(m) \ . \qquad \text{(I.V)}$$

$\mathcal{E}(n) \Rightarrow \mathcal{E}(\nu(n))$: Wegen (AD2) und (I.V) ist

$$m + \nu(n) = \nu(m+n) = \nu(n+m) = n + \nu(m) \ .$$

Für $\mathcal{E}(\nu(n))$ fehlt noch $n + \nu(m) = \nu(n) + m$, welches wir mit Induktion nach m zeigen:

$\mathcal{E}(0)$: Wegen (AD2) und zweimal (AD1) ist:

$$n + \nu(0) = \nu(n+0) = \nu(n) = \nu(n) + 0 \ .$$

$\mathcal{E}(m) \Rightarrow \mathcal{E}(\nu(m))$: Es ist

$$n + \nu(\nu(m)) = \nu(n + \nu(m)) \qquad \text{(AD2)}$$
$$= \nu(\nu(n) + m) \qquad \text{(I.V)}$$
$$= \nu(n) + \nu(m) \ . \quad \diamond \qquad \text{(AD2)}$$

In den Postulaten eines N-Bereichs hatten wir 1 das zweite Element genannt, und tatsächlich lassen sich diese Postulate mit $1 = \nu(0)$ nachweisen.

(N1) ist erfüllt. *Es gilt $\nu(n) = n + 1$.*
Beweis. Mit (AD1) und (AD2) gilt: $\nu(n) = \nu(n+0) = n + \nu(0) = n + 1$. $\diamond$

2. Konstruktionen

Wir können daher $n+1$ für $\nu(n)$ schreiben und Induktionsbehauptungen mit $\mathcal{E}(n+1)$ markieren.

3. Multiplikation. Wir definieren rekursiv für jedes m die Multiplikation mit n durch:

(M1) $$m \cdot 0 = 0$$
(M2) $$m \cdot (n+1) = m \cdot n + m \,.$$

Distributivlemma. *Wir zeigen mit Induktion nach n:*

$$(i+k) \cdot n = i \cdot n + k \cdot n \,.$$

$\mathcal{E}(0)$: Wegen (M1) steht links 0 und rechts $0+0$, was wegen (**AD1**) dasselbe ist.

$\mathcal{E}(n) \Rightarrow \mathcal{E}(n+1)$: Es gilt:

$$\begin{aligned}
(i+k) \cdot (n+1) &= (i+k) \cdot n + (i+k) & \text{(M2)} \\
&= (i \cdot n + k \cdot n) + (i+k) & \text{(I.V)} \\
&= (i \cdot n + i) + (k \cdot n + k) & \text{(Additionspostulate)} \\
&= i \cdot (n+1) + k \cdot (n+1) \,. \quad \diamond & \text{(M2)}
\end{aligned}$$

Kommutativpostulat. *Wir zeigen mit Induktion nach n:*

$$m \cdot n = n \cdot m \,.$$

$\mathcal{E}(0)$: Wegen (M1) ist $m \cdot 0 = 0$. Und mit Induktion nach m zeigen wir $0 \cdot m = 0$.

$\quad \mathcal{E}(0)$: Wegen (M1) ist $0 \cdot 0 = 0$.

$\quad \mathcal{E}(m) \Rightarrow \mathcal{E}(m+1)$: Es ist

$$\begin{aligned}
0 \cdot (m+1) &= 0 \cdot m + 0 & \text{(M2)} \\
&= 0 \cdot 0 + 0 & \text{(I.V)} \\
&= 0 \cdot 0 & \text{(AD1)} \\
&= 0 \,. & \text{(M1)}
\end{aligned}$$

$\mathcal{E}(n) \Rightarrow \mathcal{E}(n+1)$: Zunächst zeigen wir mit Induktion nach m:

(∗) $$1 \cdot m = m \,.$$

$\mathcal{E}(0)$: Wegen (M1) ist $1 \cdot 0 = 0$.

$\mathcal{E}(m) \Rightarrow \mathcal{E}(m+1)$: Es ist

$$1 \cdot (m+1) = 1 \cdot m + 1 \qquad \text{(M2)}$$
$$= m + 1 \,. \qquad \text{(I.V)}$$

Mit (∗) gilt jetzt:

$$(n+1) \cdot m = n \cdot m + 1 \cdot m \qquad \text{(Distributivlemma)}$$
$$= n \cdot m + m \qquad (*)$$
$$= m \cdot n + m \qquad \text{(I.V)}$$
$$= m \cdot (n+1) \,. \quad \diamond \qquad \text{(M2)}$$

Distributivpostulat. *Es gilt:*

$$n \cdot (i+k) = n \cdot i + n \cdot k \,.$$

Beweis. Dies folgt aus dem Distributivlemma und den Kommutativpostulaten der Addition und der Multiplikation. $\diamond$

Assoziativpostulat. *Wir zeigen mit Induktion nach n:*

$$(i \cdot k) \cdot n = i \cdot (k \cdot n) \,.$$

$\mathcal{E}(0)$: Wegen (M1) gilt: $(i \cdot k) \cdot 0 = 0 = i \cdot 0 = i \cdot (k \cdot 0)$.

$\mathcal{E}(n) \Rightarrow \mathcal{E}(n+1)$: Es ist

$$(i \cdot k) \cdot (n+1) = (i \cdot k) \cdot n + i \cdot k \qquad \text{(M2)}$$
$$= i \cdot (k \cdot n) + i \cdot k \qquad \text{(I.V)}$$
$$= i \cdot (k \cdot n + k) \qquad \text{(Distributivpostulat)}$$
$$= i \cdot \bigl(k \cdot (n+1)\bigr) \,. \quad \diamond \qquad \text{(M2)}$$

2. Konstruktionen

Das ganz kleine Einmaleins (N2). *Es gilt* $1 \cdot 1 = 1$.
Beweis. Mit (N1) und $1 = \nu(0)$ ist $0 + 1 = 1$ und damit folgt

$$
\begin{align}
1 \cdot 1 &= 1 \cdot (0 + 1) \\
&= 1 \cdot 0 + 1 & \text{(M2)} \\
&= 0 + 1 & \text{(M1)} \\
&= 1 \, . \quad \diamond
\end{align}
$$

Monotonie der Multiplikation. *Wir zeigen mit Induktion nach* n:

$$i \leq k \quad \Rightarrow \quad i \cdot n \leq k \cdot n \, .$$

$\mathcal{E}(0)$: Nach (M1) ist $i \cdot 0 = 0 = k \cdot 0$.

$\mathcal{E}(n) \Rightarrow \mathcal{E}(n+1)$: Sei $i \leq k$ $(*)$. Daraus folgt mit (I.V) $i \cdot n \leq k \cdot n$ $(**)$ und es gilt:

$$
\begin{align}
i \cdot (n+1) &= i \cdot n + i & \text{(M2)} \\
&\leq i \cdot n + k & (* \text{ und MA}) \\
&\leq k \cdot n + k & (** \text{ und MA}) \\
&= k \cdot (n+1) \, . \quad \diamond & \text{(M2)}
\end{align}
$$

Damit haben wir mit $(N, 0, \nu(0))$ einen N-Bereich konstruiert und so nachgewiesen, daß dessen Postulate erfüllbar sind, wobei wir nur die Existenz einer PEANO-Struktur $(N, \nu, 0)$ vorausgesetzt haben.

§ 2. Eigenschaften eines N-Bereichs

Sei $(\mathbb{N}, 0, 1)$ ein N-Bereich. Wir leiten aus den Postulaten eines N-Bereichs Eigenschaften ab, die wir für die Konstruktion weiterer Zahlbereiche brauchen. Die Elemente von $\mathbb{N}$ nennen wir auch natürliche Zahlen oder einfach nur Zahlen. Im folgenden seien i, k, m, n solche Zahlen. Die zugehörige PEANO-Struktur sei $(\mathbb{N}, \nu, 0)$. Wegen (N1) ist $\nu(n) = n + 1$.

Neutrales Element der Addition (NEA). Wir zeigen mit Induktion:

$$n + 0 = n \, .$$

$\mathcal{E}(0)$: Wegen (N1) gilt $\nu(0) = 0 + 1$, so daß sich

$$\nu(0) = 0 + 1 = 0 + \nu(0) = 0 + (0 + 1) = (0 + 0) + 1 = \nu(0 + 0)$$

ergibt. Wegen (P1) folgt $0 = 0 + 0$.

$\mathcal{E}(n) \Rightarrow \mathcal{E}(n+1)$: Mit (N1) und (I.V) folgt:

$$\nu(n) + 0 = (n+1) + 0 = (n+0) + 1 = n+1 = \nu(n) \ . \qquad \Diamond$$

Zweisatz. *Null und Eins sind zwei.*
Beweis. Wegen (N1) ist $\nu(0) = 0+1$ und wegen (NEA) ist $0+1 = 1$, so daß sich $\nu(0) = 1$ ergibt und die Behauptung aus dem Zweisatz für PEANO-Strukturen folgt. $\Diamond$

Minimum natürlicher Zahlen (MIN). Wir zeigen mit Induktion:

$$0 \leq n \ .$$

$\mathcal{E}(0)$: Wegen der Reflexivität der linearen Ordnung ist $0 \leq 0$.

$\mathcal{E}(n) \Rightarrow \mathcal{E}(n+1)$: Aus (I.V) folgt

$$0 \leq n \quad \Rightarrow \quad 0+1 \leq n+1 \qquad \text{(MA)}$$
$$\Rightarrow \quad 1 \leq n+1 \ . \qquad \text{(NEA)}$$

Mit (N3) erhält man $0 \leq 1 \leq n+1$, und hieraus folgt mit der Transitivität der linearen Ordnung die Induktionsbehauptung. $\Diamond$

Injektivität der Addition (IA). Wir zeigen mit Induktion nach n:

$$i + n = k + n \quad \Rightarrow \quad i = k \ .$$

$\mathcal{E}(0)$: Wegen (NEA) sagen Voraussetzung und Behauptung dasselbe aus.

$\mathcal{E}(n) \Rightarrow \mathcal{E}(n+1)$: Es gilt:

$$i + (n+1) = k + (n+1) \quad \Rightarrow \quad (i+1) + n = (k+1) + n \qquad \text{(RP)}$$
$$\Rightarrow \quad i+1 = k+1 \qquad \text{(I.V)}$$
$$\Rightarrow \quad i = k \ . \qquad \Diamond \qquad \text{(P1)}$$

Es mag verblüffen, daß hier die Induktionsvoraussetzung auf $i+1$ und $k+1$ statt auf i und k angewendet wurde. Dies ist kein unlauterer Trick, denn die Induktionsvoraussetzung liest sich ja ausführlich: „Für $i, k \in \mathbb{N}$ folgt aus $i+n = k+n$ die Gleichung $i = k$". Und es sind sowohl $i+1$ als auch $k+1$ Elemente aus $\mathbb{N}$. So was darf man also auch machen.

Strenge Monotonie der Addition (SMA). *Aus $i < k$ folgt $i + n < k + n$.*
Beweis. Dies ergibt sich aus (MA), (IA) und dem Monotoniesatz. $\Diamond$

38 2. Konstruktionen

Existenz einer Differenz (ED). Wir zeigen mit Induktion nach n:

Ist $m \leq n$, so gibt es k mit $m + k = n$.

$\mathcal{E}(0)$: Aus der Voraussetzung $m \leq 0$ folgt mit (MIN) $m = 0$, und $k = 0$ genügt wegen (NEA) der Gleichung $m + k = n$.

$\mathcal{E}(n) \Rightarrow \mathcal{E}(n+1)$: Sei $m \leq n + 1$. Ist $m = 0$, so genügt wegen (NEA) $k = n + 1$ der Gleichung $m + k = n + 1$. Ist $m \neq 0$, so gibt es nach dem Vorgängersatz ein i mit $i + 1 = m$, und aus $i + 1 \leq n + 1$ folgt wegen (SMA) $i \leq n$. Nach (I.V) gibt es ein k mit $i + k = n$. Hieraus folgt mit (RP) $m + k = n + 1$. ◊

Neutrales Element der Multiplikation (NEM). Wir zeigen mit Induktion:
$$n \cdot 1 = n.$$

$\mathcal{E}(0)$: Wegen (NEA) gilt $1 \cdot 0 + 0 = 1 \cdot 0 = 1 \cdot (0 + 0) = 1 \cdot 0 + 1 \cdot 0$. Da die Addition von $1 \cdot 0$ injektiv ist, folgt $1 \cdot 0 = 0$.

$\mathcal{E}(n) \Rightarrow \mathcal{E}(n+1)$: Mit (N2) und (I.V) folgt $(n+1) \cdot 1 = n \cdot 1 + 1 \cdot 1 = n \cdot 1 + 1 = n + 1$. ◊

Strenge Monotonie der Multiplikation (SMM). *Ist $0 < n$ und $i < k$, so ist auch $i \cdot n < k \cdot n$.*
Beweis. Nach dem Vorgängersatz gibt es m mit $m + 1 = n$. Wegen (MM) ist $i \cdot m \leq k \cdot m$, und wir erhalten

$$\begin{aligned} i \cdot n = i \cdot (m+1) &= i \cdot m + i & \text{(NEM)} \\ &< i \cdot m + k & \text{(SMA)} \\ &\leq k \cdot m + k & \text{(MA)} \\ &= k \cdot (m+1) & \text{(NEM)} \\ &= k \cdot n. \quad ◊ \end{aligned}$$

Injektivität der Multiplikation (IM). Aus $n \neq 0$ und $i \cdot n = k \cdot n$ folgt $i = k$.
Beweis. Dies folgt mit dem Monotoniesatz aus (SMM). ◊

Nullfaktorsatz (NF). *Es ist $n \cdot 0 = 0$.*
Beweis. Mit (NEA) erhält man: $n \cdot 0 + 0 = n \cdot 0 = n \cdot (0 + 0) = n \cdot 0 + n \cdot 0$ und mit (IA) folgt die Behauptung. ◊

§ 2. Eigenschaften eines N-Bereichs

Nullteilerfreiheit (NTF). *Aus $0 < m$ und $0 < n$ folgt $0 < m \cdot n$.*
Beweis. Sei $0 < m$. Da die Multiplikation mit positivem n streng monoton ist, erhält man $0 \cdot n < m \cdot n$ und hieraus mit (NF) die Behauptung. ◇

Lückensatz. *Aus $m < n$ folgt $m + 1 \leq n$.*
Beweis. Wir zeigen mit Induktion nach n die gleichwertige Aussage:

$$m + 1 \leq n \quad \text{oder} \quad n \leq m\,.$$

$\mathcal{E}(0)$: Wegen (MIN) liegt der zweite Fall vor.

$\mathcal{E}(n) \Rightarrow \mathcal{E}(n+1)$: Ist $m = 0$, so folgt wegen (MIN) $m \leq n$ und hieraus wegen (MA) der erste Fall der Induktionsbehauptung. Ist $m \neq 0$, so gibt es wegen des Vorgängersatzes ein k mit $k + 1 = m$. Aus der (I.V) mit k statt m folgt dann

$$k + 1 \leq n \text{ oder } n \leq k$$
$$\Rightarrow \quad (k+1) + 1 \leq n + 1 \text{ oder } n + 1 \leq k + 1\,. \quad ◇ \quad \text{(MA)}$$

Wohlordnung der N-Bereiche. *Jede nichtleere Teilmenge von $\mathbb{N}$ hat ein Minimum.*
Beweis. Sei $M \subseteq \mathbb{N}$. Wir beweisen den Umkehrschluß, also: Hat M kein Minimum, so ist $M = \emptyset$. Hierzu zeigen wir mit Induktion nach n:

$$k \in M \quad \Rightarrow \quad n < k\,.$$

$\mathcal{E}(0)$: Wäre $0 \in M$, so wäre wegen (MIN) Null im Widerspruch zur Voraussetzung die kleinste Zahl in M. Also ist $0 < k$ für jedes $k \in M$.

$\mathcal{E}(n) \Rightarrow \mathcal{E}(n+1)$: Für jedes $k \in M$ ist nach (I.V) $n < k$. Mit dem Lückensatz folgt $n + 1 \leq k$. Wäre jetzt $n + 1 \in M$, so wäre $n + 1$ das Minimum von M. Dies widerspricht aber der Voraussetzung. Also ist $n + 1 < k$ für jedes $k \in M$.

Gäbe es jetzt ein $n \in M$, so wäre $n < n$. ◇

Isomorphiesatz für N-Bereiche. *Ist N Teilmenge eines angeordneten Zahlbereichs A und $\varphi : \mathbb{N} \to N$ ein Isomorphismus, so ist $\bigl(N, \varphi(0), \varphi(1)\bigr)$ ein N-Bereich und N ein Unterbereich von A.*
Beweis. Nach dem Isomorphiesatz für Zahlbereiche ist $N \sqsubseteq A$. Da φ als Isomorphismus surjektiv ist, läßt sich jedes Element aus N als $\varphi(n)$ darstellen. Mit der Funktion

$$N \to N, \quad \varphi(n) \mapsto \varphi(n) + \varphi(1)$$

40   2. Konstruktionen

erhalten wir das PEANO-Tripel $\bigl(N,\ \varphi(n) \mapsto \varphi(n) + \varphi(1),\ \varphi(0)\bigr)$. Wir zeigen,
daß φ auch ein PEANO-Isomorphismus ist.
(PI1) ist erfüllt, denn φ ist als Isomorphismus bijektiv.
(PI2) ist erfüllt, denn wegen (I2) ist $\varphi(n+1) = \varphi(n) + \varphi(1)$.
(PI3), denn das erste Element von N ist nach Definition $\varphi(0)$.
Nach dem Isomorphiesatz für PEANO-Strukturen ist mit $(\mathbb{N},\ n \mapsto n+1,\ 0)$
auch $\bigl(N,\ \varphi(n) \mapsto \varphi(n) + \varphi(1),\ \varphi(0)\bigr)$ eine solche.

(N1) trifft auf N zu, denn der Nachfolger von $\varphi(n)$ ist $\varphi(n) + \varphi(1)$.

(N2) trifft auf N zu, denn wegen (NEM) und (I3) ist $\varphi(1) = \varphi(1 \cdot 1) = \varphi(1) \cdot \varphi(1)$.

(N3) trifft auf N zu, denn aus $0 \leq 1$ folgt wegen (I1) $\varphi(0) \leq \varphi(1)$. $\diamond$

Aufgaben

1. Zwischen einer natürlichen Zahl und ihrem Nachfolger liegt keine weitere natürliche Zahl.

2. Aus der Wohlordnung von $\mathbb{N}$ folgt (P3).

3. Folgt (N1) aus $\nu(1) = 0 + 1$?

4. Folgt eines der Postulate (N1), (N2), (N3) aus den anderen?

§ 3. Definition und Konstruktion eines Q_0-Bereichs

Ein angeordneter Zahlbereich Q_0 bilde mit e und z einen Q_0-Bereich (Q_0, e, z), wenn es einen N-Bereich (N, e, z) gibt, so daß gilt:

(Q01) N ist ein Unterbereich von Q_0.
(Q02)   Zu jedem $a \in Q_0^\times$ gibt es ein $b \in Q_0$ mit $a \cdot b = z$.
(Q03)   Zu $a \in Q_0$ gibt es $m, n \in N$, $b \in Q_0$ mit $n \cdot b = z$ und $a = m \cdot b$.

Die Bezeichnung „Q_0" suggeriert, es gäbe einen Q-Bereich Q mit $Q_0 = \{\, a \in Q \mid e \leq a \,\}$. Dies stimmt auch, wir werden aber einen Z- und Q-Bereich erst zusammen mit einem R-Bereich konstruieren. Es scheint einfacher, mit einem Q_0-Bereich einen Bereich nichtnegativer reeller Zahlen, und mit diesem einen R-Bereich zu bauen, statt nach der Reihe Z-, Q-, R-Bereich zu gehen. So verfuhr auch LANDAU in [LAN1930].

§ 3. Definition und Konstruktion eines Q_0-Bereichs

1. Konstruktion der Elemente. Im folgenden seien $i, k, m, n \in \mathbb{N}$ und $p, q, r, s \in \mathbb{N}^\times$. Wir führen Brüche als Paare $(m, p) \in \mathbb{N} \times \mathbb{N}^\times$ ein. Dabei seien (m, p) und (n, q) Namen desselben Bruchs, wenn $m \cdot q = n \cdot p$ gilt, in diesem Fall sagen wir (m, p) sei *äquivalent* zu (n, q), d.h. wir definieren eine Relation $\sim$ auf $\mathbb{N} \times \mathbb{N}^\times$ durch

$$(m, p) \sim (n, q) \quad \Leftrightarrow \quad m \cdot q = n \cdot p \, .$$

Wir überzeugen uns, daß $\sim$ eine Äquivalenzrelation ist: Reflexiviät und Symmetrie folgen aus denselben Eigenschaften der Gleichheit. Zum Nachweis der Transitivität sei

$$(i, p) \sim (k, q) \text{ und } (k, q) \sim (m, r) \, .$$

Dann ist $(i \cdot q) \cdot r = (k \cdot p) \cdot r$ und $(k \cdot r) \cdot p = (m \cdot q) \cdot p$. Hieraus folgt $(i \cdot r) \cdot q = (m \cdot p) \cdot q$ und weiter mit (IM) $i \cdot r = m \cdot p$, so daß $(i, p) \sim (m, r)$ gilt.

Die Elemente von Q_0 seien nun die durch $\sim$ definierten Äquivalenzklassen, wobei Äquivalenzklassen die Teilmengen von $\mathbb{N} \times \mathbb{N}^\times$ sind, deren Elemente zueinander äquivalent sind. Die Klasse, die alle zu (m, p) äquivalente Paare enthält, bezeichnen wir mit $[m, p]$. Damit gilt

$$(m, p) \sim (m', p') \quad \Leftrightarrow \quad [m, p] = [m', p'] \, .$$

2. Die Ordnungsrelation. Wir definieren auf $\mathbb{N} \times \mathbb{N}^\times$ eine Relation $\preceq$ durch

$$(m, p) \preceq (n, q) \quad \Leftrightarrow \quad m \cdot q \leq n \cdot p \, .$$

Invarianzsatz. *Ist $[m, p] = [m', p']$ und $[n, q] = [n', q']$, so gilt:*

$$(m, p) \preceq (n, q) \quad \Leftrightarrow \quad (m', p') \preceq (n', q') \, .$$

Beweis. Mit den Voraussetzungen $m' \cdot p = m \cdot p'$ und $n' \cdot q = n \cdot q'$ erhält man

$$
\begin{array}{rll}
m \cdot q \leq n \cdot p & \Leftrightarrow \quad (m \cdot q) \cdot (p' \cdot q') \leq (n \cdot p) \cdot (p' \cdot q') & \text{(SMM)} \\
& \Leftrightarrow \quad (m \cdot p') \cdot (q \cdot q') \leq (n \cdot q') \cdot (p' \cdot p) & \text{(RP)} \\
& \Leftrightarrow \quad (m' \cdot p) \cdot (q \cdot q') \leq (n' \cdot q) \cdot (p' \cdot p) & \text{(Vor.)} \\
& \Leftrightarrow \quad (m' \cdot q') \cdot (q \cdot p) \leq (n' \cdot p') \cdot (q \cdot p) & \text{(RP)} \\
& \Leftrightarrow \quad m' \cdot q' \leq n' \cdot p' \, . & \text{(SMM)}
\end{array}
$$

Hierbei ist zu beachten, daß mit p, q wegen (NTF) auch $p \cdot q$ positiv ist, die Multiplikation mit $p \cdot q$ streng monoton ist. ◇

Ersetzt man also in der Formel $(m,p) \preceq (n,q)$ die Paare durch Paare aus ihren jeweiligen Äquivalenzklassen, so bleibt die Gültigkeit der Formel invariant. Daher können wir durch

$$[m,p] \leq_Q [n,q] \quad \Leftrightarrow \quad (m,p) \preceq (n,q)$$

eine Relation auf den Äquivalenzklassen definieren, ohne das Ersetzungsprinzip zu verletzen. Es bleibt nachzuweisen, daß $\leq_Q$ eine lineare Ordnung ist.

$\leq_Q$ ist reflexiv: Da $m \cdot p \leq m \cdot p$ ist $[m,p] \leq [m,p]$.

$\leq_Q$ ist antisymmetrisch: Sei $[m,p] \leq_Q [n,q]$ und $[n,q] \leq_Q [m,p]$. Dann ist $m \cdot q \leq n \cdot p$ und $n \cdot p \leq m \cdot q$, so daß $m \cdot q = n \cdot p$ ist und damit $[m,p] = [n,q]$.

$\leq_Q$ ist transitiv: Sei $[k,r] \leq [m,p]$ und $[m,p] \leq [n,q]$. Dann ist

$k \cdot p \leq m \cdot r$ und $m \cdot q \leq n \cdot p$

$\Rightarrow \quad (k \cdot p) \cdot q \leq (m \cdot r) \cdot q$ und $(m \cdot q) \cdot r \leq (n \cdot p) \cdot r$ \hfill (MM)

$\Rightarrow \quad (k \cdot q) \cdot p \leq (m \cdot r) \cdot q$ und $(m \cdot r) \cdot q \leq (n \cdot r) \cdot p$ \hfill (RP)

$\Rightarrow \quad (k \cdot q) \cdot p \leq (n \cdot r) \cdot p$ \hfill (OP)

$\Rightarrow \quad k \cdot q \leq n \cdot r$ \hfill (SMM)

$\Rightarrow \quad [k,r] \leq [n,q]$.

$\leq_Q$ ist linear: Sei $[m,p] \not\leq_Q [n,q]$. Dann ist $m \cdot q \not\leq n \cdot p$, also $n \cdot p \leq m \cdot q$, und damit $[n,q] \leq_Q [m,p]$.

3. Addition.

Invarianzsatz. *Ist $[m,p] = [m',p']$ und $[n,q] = [n',q']$, so gilt:*

$$[m \cdot q + n \cdot p, \ p \cdot q] = [m' \cdot q' + n' \cdot p', \ p' \cdot q'] .$$

Beweis. Nach Voraussetzung ist $m \cdot p' = m' \cdot p$ und $n \cdot q' = n' \cdot q$. Man erhält:

$(m \cdot q + n \cdot p) \cdot (p' \cdot q') = (m \cdot q) \cdot (p' \cdot q') + (n \cdot p) \cdot (p' \cdot q')$ \hfill (RP)

$= (m \cdot p') \cdot (q \cdot q') + (n \cdot q') \cdot (p' \cdot p)$ \hfill (RP)

$= (m' \cdot p) \cdot (q \cdot q') + (n' \cdot q) \cdot (p' \cdot p)$ \hfill (Vor.)

$= (m' \cdot q') \cdot (q \cdot p) + (n' \cdot p') \cdot (q \cdot p)$ \hfill (RP)

$= (m' \cdot q' + n' \cdot p') \cdot (p \cdot q)$ \hfill (RP)

und hieraus folgt die Behauptung. $\diamond$

§ 3. Definition und Konstruktion eines Q_0-Bereichs 43

Wegen des Invarianzsatzes definiert nun

$$[m,p] +_Q [n,q] = [m \cdot q + n \cdot p,\ p \cdot q]$$

eine Funktion $+_Q\colon Q_0 \times Q_0 \to Q_0$. Wir weisen jetzt die Rechenpostulate für diese Addition nach. Wenn aus dem Zusammenhang klar ist, was addiert wird, schreiben wir $+$ statt $+_Q$.

Assoziativpostulat. Es ist

$$\begin{aligned}
\bigl([i,r] + [k,s]\bigr) + [m,p] &= [i \cdot s + k \cdot r,\ r \cdot s] + [m,p] \\
&= [(i \cdot s + k \cdot r) \cdot p + m \cdot (r \cdot s),\ (r \cdot s) \cdot p] \\
&= [i \cdot (s \cdot p) + (k \cdot p + m \cdot s) \cdot r,\ r \cdot (s \cdot p)] \quad \text{(RP)} \\
&= [i,r] + [k \cdot p + m \cdot s,\ s \cdot p] \\
&= [i,r] + \bigl([k,s] + [m,p]\bigr)\ .\quad \diamond
\end{aligned}$$

Kommutativpostulat. Es ist

$$\begin{aligned}
[m,p] + [n,q] &= [m \cdot q + n \cdot p,\ p \cdot q] \\
&= [n \cdot p + m \cdot q,\ q \cdot p] &&\text{(RP)} \\
&= [n,q] + [m,p]\ .\quad \diamond
\end{aligned}$$

Monotonie. *Ist $[m,p] \leq [n,q]$, so ist $[m,p] + [k,s] \leq [n,q] + [k,s]$.*
Beweis. Nach Voraussetzung ist $m \cdot q \leq n \cdot p$. Nun gilt

$$\begin{aligned}
(m \cdot s + k \cdot p) \cdot (q \cdot s) &= (m \cdot q) \cdot (s \cdot s) + (k \cdot p) \cdot (q \cdot s) &&\text{(RP)} \\
&\leq (n \cdot p) \cdot (s \cdot s) + (k \cdot p) \cdot (q \cdot s) &&\text{(Vor., MA, MM)} \\
&= (n \cdot s + k \cdot q) \cdot (p \cdot s) &&\text{(RP)}
\end{aligned}$$

also $[m \cdot s + k \cdot p,\ p \cdot s] \leq [n \cdot s + k \cdot q,\ q \cdot s]$. Dies ist nach der Definition der Addition die Behauptung. $\diamond$

44 2. Konstruktionen

4. Multiplikation.

Invarianzsatz. *Ist $[m,p] = [m',p']$ und $[n,q] = [n',q']$, so gilt:*

$$[m \cdot n, \ p \cdot q] = [m' \cdot n', \ p' \cdot q'] \ .$$

Beweis. Nach Voraussetzung ist $m \cdot p' = m' \cdot p$ und $n \cdot q' = n' \cdot q$. Man erhält

$$\begin{aligned}
(m \cdot n) \cdot (p' \cdot q') &= (m \cdot p') \cdot (n \cdot q') & \text{(RP)} \\
&= (m' \cdot p) \cdot (n' \cdot q) & \text{(Vor.)} \\
&= (m' \cdot n') \cdot (p \cdot q) \ , & \text{(RP)}
\end{aligned}$$

woraus die Behauptung folgt. $\Diamond$

Wegen des Invarianzsatzes definiert nun

$$[m,p] \cdot_Q [n,q] = [m \cdot n, \ p \cdot q]$$

eine Funktion $\cdot_Q \colon Q_0 \times Q_0 \to Q_0$. Wir weisen jetzt die Rechenpostulate für diese Multiplikation nach. Wenn aus dem Zusammenhang klar ist, was multipliziert wird, schreiben wir $\cdot$ statt $\cdot_Q$.

Assoziativpostulat. Es ist

$$\begin{aligned}
\bigl([i,r] \cdot [k,s]\bigr) \cdot [m,p] &= [i \cdot k, \ r \cdot s] \cdot [m,p] \\
&= [(i \cdot k) \cdot m, \ (r \cdot s) \cdot p] \\
&= [i \cdot (k \cdot m), \ r \cdot (s \cdot p)] & \text{(RP)} \\
&= [i,r] \cdot [k \cdot m, \ s \cdot p] \\
&= [i,r] \cdot \bigl([k,s] \cdot [m,p]\bigr) \ . & \Diamond
\end{aligned}$$

Kommutativpostulat. Es ist

$$\begin{aligned}
[m,p] \cdot [n,q] &= [m \cdot n, \ p \cdot q] \\
&= [n \cdot m, \ q \cdot p] & \text{(RP)} \\
&= [n,q] \cdot [m,p] \ . & \Diamond
\end{aligned}$$

Distributivpostulat.

Beweis. Aus $(m \cdot p) \cdot q = m \cdot (q \cdot p)$, folgt zunächst

$$(*) \qquad\qquad [m \cdot p, \ q \cdot p] = [m,q] \ .$$

Nun ist

$$[i,r] \cdot [m,p] + [k,s] \cdot [m,p] = [i \cdot m,\ r \cdot p] + [k \cdot m,\ s \cdot p]$$
$$= \big[(i \cdot m) \cdot (s \cdot p) + (k \cdot m) \cdot (r \cdot p),\ (r \cdot p) \cdot (s \cdot p)\big]$$
$$= \big[((i \cdot s + k \cdot r) \cdot m) \cdot p,\ ((r \cdot s) \cdot p) \cdot p\big] \quad \text{(RP)}$$
$$= \big[(i \cdot s + k \cdot r) \cdot m,\ (r \cdot s) \cdot p\big] \quad (*)$$
$$= [i \cdot s + k \cdot r,\ r \cdot s] \cdot [m,p]$$
$$= ([i,r] + [k,s]) \cdot [m,p]\ . \quad \diamond$$

Monotonie. *Ist $[m,p] \leq [n,q]$, so ist auch $[m,p] \cdot [k,s] \leq [n,q] \cdot [k,s]$.*
Beweis. Aus der Voraussetzung folgt $m \cdot q \leq n \cdot p$. Nun ist

$$(m \cdot k) \cdot (q \cdot s) = (m \cdot q) \cdot (k \cdot s) \quad \text{(RP)}$$
$$\leq (n \cdot p) \cdot (k \cdot s) \quad \text{(Vor., MM)}$$
$$= (n \cdot k) \cdot (p \cdot s)\ . \quad \text{(RP)}$$

Hieraus folgt $[m \cdot k,\ p \cdot s] \leq [n \cdot k,\ q \cdot s]$. Dies ist nach Definition der Multiplikation die Behauptung. $\diamond$

Damit haben wir gezeigt, daß Q_0 die Postulate eines angeordneten Zahlbereichs erfüllt.

Unterbereich (Q01). *Es gibt einen N-Bereich $(N, [0,1], [1,1])$ mit $N \sqsubseteq Q_0$.*
Beweis. Sei

$$N = \{\ [n,1] \mid n \in \mathbb{N}\ \}\ .$$

Dann ist $N \subseteq Q_0$, denn wegen des Zweisatzes ist $1 \in \mathbb{N}^\times$. Um zu zeigen, daß $(N, [0,1], [1,1])$ ein N-Bereich ist, weisen wir nach, daß die Funktion

$$\varphi\colon \mathbb{N} \to N,\ n \mapsto [n,1]$$

ein Isomorphismus ist.

φ ist nach Konstruktion surjektiv.

φ ist monoton und injektiv: Aus $m < n$ folgt wegen (NEM) $m \cdot 1 < n \cdot 1$ und hieraus $[m,1] < [n,1]$. Damit ist φ streng monoton, also nach dem Monotoniesatz monoton und injektiv.

zu (I2): Mit (NEM) erhält man $[m+n,\ 1] = [m,1] + [n,1]$.

zu (I3): Mit (NEM) erhält man $[m \cdot n, 1] = [m, 1] \cdot [n, 1]$.

Nach dem Isomorphiesatz für N-Bereiche ist $N \sqsubseteq Q_0$ und mit $(\mathbb{N}, 0, 1)$ auch $(N, [0, 1], [1, 1])$ ein N-Bereich. ◇

Existenz des Kehrwerts (Q02). *Zu jedem Element in $Q_0^\times$ gibt es einen Kehrwert.*
Beweis. Ist $[m, p] \in Q_0^\times$, so ist $m \neq 0$ und damit auch $[p, m] \in Q_0$. Nun erhält man mit (NEM) $[m, p] \cdot [p, m] = [1, 1]$. ◇

Darstellung der Elemente (Q03).
Beweis. Sei $[m, p] \in Q_0$. Dann liegen $[p, 1]$ und $[m, 1]$ in N, $[1, p]$ in Q_0 und es ist $[p, 1] \cdot [1, p] = [1, 1]$ sowie $[m, 1] \cdot [1, p] = [m, p]$. ◇

Damit haben wir mit $(Q_0, [0, 1], [1, 1])$ einen Q_0-Bereich konstruiert und so gezeigt, daß die Postulate eines solchen Bereichs erfüllbar sind.

§ 4. Eigenschaften eines Q_0-Bereichs

Sei $(\mathbb{Q}_0, 0, 1)$ ein Q_0-Bereich und $\mathbb{N}$ ein in ihm nach (Q01) enthaltener N-Bereich. Im folgenden sei $r, s, t, u \in \mathbb{Q}_0$ und $k, m, n \in \mathbb{N}$. Die Elemente aus $\mathbb{Q}_0$ nennen wir *rationale* Zahlen oder auch nur Zahlen.

Wegen $\mathbb{N} \sqsubseteq \mathbb{Q}_0$ gelten alle Sätze, die wir für N-Bereiche nachgewiesen haben, auch in $\mathbb{Q}_0$ – solange in den Sätzen nur von natürlichen Zahlen die Rede ist. Verweise auf diese Sätze kennzeichnen wir mit „N-".

Neutrales Element der Multiplikation (NEM). *Es gilt $1 \cdot r = r$.*
Beweis. Nach (Q03) gibt es m, n und s mit $n \cdot s = 1$ und $r = m \cdot s$. Es folgt mit (N-NEM):

$$1 \cdot r = 1 \cdot (m \cdot s) = (1 \cdot m) \cdot s = m \cdot s = r. \quad ◇$$

Injektivität der Multiplikation (IM). *Ist $t \in \mathbb{Q}_0^\times$ und $r \cdot t = s \cdot t$, so ist $r = s$.*
Beweis. Wegen (Q02) gibt es u mit $t \cdot u = 1$. Es folgt mit (NEM)

$$r = r \cdot 1 = r \cdot (t \cdot u) = (r \cdot t) \cdot u = (s \cdot t) \cdot u = s \cdot (t \cdot u) = s \cdot 1 = s. \quad ◇$$

§ 4. Eigenschaften eines Q_0-Bereichs   47

Wegen (IM) hat $r \in \mathbb{Q}_0^\times$ höchstens einen Kehrwert und wegen (Q02) gibt es mindestens einen Kehrwert, so daß wir von *dem* Kehrwert von r sprechen können. Wir bezeichnen ihn mit r'.

Nullfaktorsatz (NF). *Es ist $r \cdot 0 = 0$.*
Beweis. Wegen (N-NF) ist $0 \cdot r = (0 \cdot 0) \cdot r = (0 \cdot r) \cdot 0$ und wegen (NEM) ist $0 \cdot r = 0 \cdot (1 \cdot r) = (0 \cdot r) \cdot 1$, also $(0 \cdot r) \cdot 0 = (0 \cdot r) \cdot 1$. Wäre jetzt $0 \cdot r \neq 0$, so folgte mit (IM) $1 = 0$.   ◊

Inversenlemma. *Zueinander inverse Zahlen liegen in $\mathbb{Q}_0^\times$.*
Beweis. Wäre $r \cdot s = 1$ und r oder $s = 0$, so wäre wegen (NF) $1 = 0$.   ◊

Die M-Gruppe (MG). $\mathbb{Q}_0^\times$ *ist eine M-Gruppe.*
Beweis. Existenz eines neutralen Elements in $\mathbb{Q}_0^\times$: Laut Zweisatz ist $1 \in \mathbb{Q}_0^\times$.

Existenz eines Kehrwerts in $\mathbb{Q}_0^\times$: Ist $r \in \mathbb{Q}_0^\times$, so ist nach dem Inversenlemma r' ebenfalls in $\mathbb{Q}_0^\times$.

Das Produkt von Elementen aus $\mathbb{Q}_0^\times$ liegt in $\mathbb{Q}_0^\times$: Seien r und s in $\mathbb{Q}_0^\times$. Wäre $r \cdot s = 0$, so folgte mit (NF) und (NEM)

$$0 = 0 \cdot (r' \cdot s') = (r \cdot s) \cdot (r' \cdot s') = (r \cdot r') \cdot (s \cdot s') = 1 \cdot 1 = 1 \,.$$

Aber $0 = 1$ widerspricht dem Zweisatz.   ◊

Strenge Monotonie der Multiplikation (SMM). *Aus $0 < t$ und $r < s$ folgt $r \cdot t < s \cdot t$.*
Beweis. Dies ergibt sich aus (MM), (IM) und dem Monotoniesatz.   ◊

Minimumsatz (MIN). *Es ist $0 \leq r$.*
Beweis. Wegen (Q03) gibt es m, n, mit $r = m \cdot n'$. Nach (N-MIN) und Inversenlemma ist $0 < n$. Wäre jetzt $m \cdot n' < 0$, so folgte mit (NEM), (SMM) und (NF) $m = m \cdot 1 = m \cdot (n' \cdot n) = (m \cdot n') \cdot n < 0 \cdot n = 0$, aber $m < 0$ widerspricht (N-MIN).   ◊

48   2. Konstruktionen

Nach (Q03) und Inversenlemma gibt es zu jeder Zahl r ein m und ein $p \in \mathbb{N}^\times$ mit $r = m/p$. Dabei sind wegen (MIN) p und $1/p$ positiv. Mit dem Lückensatz folgt $1 \leq p$ und hieraus mit (MM) $1/p \leq 1$. Im folgenden seien $p, q \in \mathbb{N}^+$.

Neutrales Element der Addition (NEA). *Es ist $r + 0 = r$.*
Beweis. Sei $r = m/p$. Mit (N-NEA) und (NF) folgt $m/p = (m+0)/p = m/p + 0/p = r + 0 \cdot (1/p) = r + 0$.   ◇

Injektivität der Addition (IA). *Aus $m/p + k/i = n/q + k/i$ folgt $m/p = n/q$.*
Beweis. Aus der Voraussetzung erhält man durch Multiplikation mit $(p \cdot q) \cdot i$ wegen (NEM):

$$m \cdot (i \cdot q) + k \cdot (p \cdot q) = n \cdot (i \cdot p) + k \cdot (p \cdot q)$$
$$\Rightarrow \quad m \cdot (i \cdot q) = n \cdot (i \cdot p) \quad \text{(N-IA)}$$
$$\Rightarrow \quad (m \cdot q) \cdot i = (n \cdot p) \cdot i \quad \text{(RP)}$$
$$\Rightarrow \quad m \cdot q = n \cdot p \quad \text{(IM)}$$
$$\Rightarrow \quad (m \cdot q) \cdot \big((1/q) \cdot (1/p)\big) = (n \cdot p) \cdot \big((1/p) \cdot (1/q)\big)$$
$$\Rightarrow \quad m/p = n/q \, . \quad ◇ \quad \text{(NEM)}$$

Existenz einer Differenz (ED). *Ist $r \leq s$, so gibt es t mit $r + t = s$.*
Beweis. Sei $r = m/p$ und $s = n/q$. Aus der Voraussetzung folgt wegen $0 < p \cdot q$ und (MM) $m \cdot q = r \cdot (p \cdot q) \leq s \cdot (p \cdot q) = n \cdot p$. Wegen (N-ED) gibt es ein k mit $m \cdot q + k = n \cdot p$. Hieraus folgt $m/p + k/(p \cdot q) = n/q$, so daß $t = k/(p \cdot q)$ die Behauptung erfüllt.   ◇

Strenge Monotonie der Addition (SMA). *Aus $r < s$ folgt $r + t < s + t$.*
Beweis. Dies folgt mit dem Monotoniesatz aus (MA) und (IA).   ◇

Zwischensatz. *Ist $r < s$, so gibt es ein t mit $r < t < s$.*
Beweis. Sei $2 = 1 + 1$. Nach dem Inversenlemma ist mit 2 auch $1/2$ positiv, so daß man aus $2 \cdot r = r + r < r + s < s + s = 2 \cdot s$ wegen der strengen Monotonie der Multiplikation mit $1/2$ die Ungleichungen $r < (r+s)/2 < s$ erhält.   ◇

Schrankensatz. *Zu jedem r gibt es ein n mit $r < n$.*
Beweis. Sei $r = m/p$. Dann ist $1/p \leq 1$ und mit (MM) folgt $m/p \leq m < m+1$.   ◇

Isomorphiesatz für Q_0-Bereiche. *Ist A ein angeordneter Zahlbereich, $Q_0 \subseteq A$ und $\varphi\colon \mathbb{Q}_0 \to Q_0$ ein Isomorphismus, so ist $(Q_0, \varphi(0), \varphi(1))$ ein Q_0-Bereich und $Q_0 \sqsubseteq A$.*

Beweis. Nach dem Isomorphiesatz für Zahlbereiche ist $Q_0 \sqsubseteq A$. Da φ als Isomorphismus surjektiv ist, ist $Q_0 = \{\,\varphi(r) \mid r \in \mathbb{Q}_0\,\}$.

(Q01) trifft auf Q_0 zu: Sei $N = \varphi(\mathbb{N})$. Mit φ ist auch

$$\varphi'\colon \mathbb{N} \to N,\ n \mapsto \varphi(n)$$

ein Isomorphismus, und mit Q_0 ist auch N Teilmenge eines angeordneten Zahlbereichs, so daß nach dem Isomorphiesatz für N-Bereiche $N \sqsubseteq Q_0$ gilt und $(N, \varphi(0), \varphi(1))$ ein N-Bereich ist.

(Q02) trifft auf Q_0 zu: Sei $\varphi(r) \neq \varphi(0)$. Mit der Injektivität von φ folgt $r \neq 0$ und nach (MG) hat r den Kehrwert $1/r$. Mit (I3) folgt

$$\varphi(r) \cdot \varphi(1/r) = \varphi\bigl(r \cdot (1/r)\bigr) = \varphi(1)\,,$$

so daß sich $\varphi(1/r)$ als ein Kehrwert von $\varphi(r)$ erweist.

(Q03) trifft auf Q_0 zu: Wegen (Q03) und (MG) hat jedes Element in Q_0 die Form $\varphi(m/p)$. Mit (I3) ergibt sich $\varphi(m/p) = \varphi(m)\cdot\varphi(1/p)$. Da $\varphi(m), \varphi(p) \in N$ und $\varphi(p)$ ein Kehrwert von $\varphi(1/p)$ ist, ist das Postulat (Q03) erfüllt. $\diamond$

§ 5. Definition und Konstruktion eines R_0-Bereichs

Ein angeordneter Zahlbereich R_0 bilde mit e und z einen R_0-Bereich (R_0, e, z), wenn es einen Q_0-Bereich (Q_0, e, z) gibt, so daß gilt:

(R01) Q_0 ist ein Unterbereich von R_0.

(R02)   Jede beschränkte Teilmenge von R_0 hat ein Supremum.

(R03)   Ist $\alpha, \beta \in R_0$ und $\alpha < \beta$, so gibt es $r \in Q_0$ mit $\alpha < r < \beta$.

(R04)   Zu jedem $\alpha \in R_0^+$ und $\beta \in R_0$ gibt es $n \in N$ mit $\beta < \alpha \cdot n$.

Dabei sei (N, e, z) ein N-Bereich mit $N \sqsubseteq Q_0$.

Das, was wir reelle Zahl nennen, ist in Buch V der Elemente EUKLIDs, der Proportionenlehre, ein *Verhältnis gleichartiger Größen*. Nach Definition 4 sind positive Größen gleichartig, wenn sie „vervielfältigt einander übertreffen können". Dies erfüllt die Länge einer Strecke und die Länge eines Kreisbogens,

2. Konstruktionen

nicht dagegen die Länge einer Strecke und die Fläche eines Dreiecks, oder die Länge einer Geraden und die Länge einer Strecke. Man schreibt Definition 4, ebenso wie (R04), ARCHIMEDES zu, welches in zweifacher Hinsicht falsch ist: Zum einen stammt es, wie die gesamte Proportionenlehre, nicht von ARCHIMEDES, sondern von EUDOXOS, zum anderen ist in (R04) von reellen Zahlen, also von Größen*verhältnissen* die Rede, in Definition 4 dagegen von Größen. Traditionsbewußt wie wir sind, werden wir dennoch auf (R04) auch mit „Archimedes" verweisen.

Es ist ratsam, „Größe" und „Größenverhältnis" sorgfältig zu unterscheiden, statt, wie oft in der Mathematik praktiziert, über eine „Einheit" beide zu identifizieren. Einmal beschränkt diese Einheitsmathematik das Repertoire an Argumenten, zum anderen lädt sie zu Fehlschlüssen ein: sehr schnell ist ein Quadratmeter und ein Meter dasselbe, denn beide sind ja 1. Ein Winkel ist also nicht die Länge eines Bogens, sondern das Verhältnis zweier Bogenlängen, nämlich des vom Winkel eingeschlossenen Bogens eines Kreises, dessen Mittelpunkt mit dem Scheitel des Winkels zusammenfällt, zum Umfang dieses Kreises. Ein rechter Winkel ist demnach $1/4$ und nicht $\pi/2$. Übrigens ist nach der Bibel $\pi = 3$. In I. Könige 7:23 wird nämlich für den kreisrunden Pool Salomons ein Durchmesser von 10 Ellen und ein Umfang von 30 Ellen angegeben. Tatsächlich ist π etwas größer. Wie ARCHIMEDES bewies, liegt diese Zahl zwischen $3\frac{10}{71}$ und $3\frac{1}{7}$.

Die nächste Definition der Proportionenlehre übersetzt CLEMENS THAER in [ELEM] so:

> *Man sagt, daß Größen in demselben Verhältnis stehen, die erste zur zweiten wie die dritte zur vierten, wenn bei beliebiger Vervielfachung die Gleichvielfachen der ersten und dritten den Gleichvielfachen der zweiten und vierten gegenüber, paarweise entsprechend genommen, entweder zugleich größer oder zugleich gleich oder zugleich kleiner sind.*

Um zu sehen, was das bedeutet, übertragen wir den Satz in unsere Notation: Wir nennen die vier Grössen A, B, C, D, die Verhältnisse $\alpha = A : B$ und $\beta = C : D$ und formulieren: Gilt für alle positiven, natürliche Zahlen m, n

$$A \cdot n \leq B \cdot m \quad \Leftrightarrow \quad C \cdot n \leq D \cdot m \;,$$

so ist $\alpha = \beta$. Mit $r = m/n$, erhält man den hier so genannten

Satz von Eudoxos (EUD). *Erfüllt jede rationale Zahl r die Äquivalenz*

$$\alpha \leq r \quad \Leftrightarrow \quad \beta \leq r \;,$$

so ist $\alpha = \beta$.

Beweis. Wir zeigen den Umkehrschluß. Ist $\alpha \neq \beta$, so ist $\alpha < \beta$ oder $\beta < \alpha$ und

§ 5. Definition und Konstruktion eines R_0-Bereichs

in jedem Fall gibt es nach (R03) ein r zwischen α und β und dieses r verletzt die Äquivalenz. $\Diamond$

In der griechischen Mathematik kommt (R02) oder Entsprechendes nicht vor. Diese Existenzaussage brauchen wir aber, um Eigenschaften reeller Zahlen unabhängig von Größenverhältnissen zu begründen.

Im folgenden sei r, s, $t \in \mathbb{Q}_0$, m, $n \in \mathbb{N}$ und p, $q \in \mathbb{N}^+$.

1. Konstruktion der Elemente. Die Elemente von R_0 sind die von DEDEKIND in seiner Schrift „Stetigkeit und Irrationale Zahlen" [DED1872] eingeführten Schnitte. Ein *Schnitt* ist eine Menge $A \subseteq \mathbb{Q}_0$ mit den Eigenschaften

(S1) A ist beschränkt.
(S2)   Ist $r < s$ und $s \in A$, so ist auch $r \in A$.
(S3) A hat kein Maximum.

Beachte, daß jedes Element aus $\mathbb{Q}_0$ eine Schranke der leeren Menge ist, so daß sie beschränkt ist. Da auch (S2) und (S3) auf die leere Menge zutreffen, ist sie ein Schnitt. Im folgenden seien $A, B, C \in R_0$.

Die Menge der Schranken von A stimmt mit dem Komplement von A überein, denn wegen (S3) liegt keine Schranke von A in A und aus (S2) erhalten wir im Umkehrschluß, daß jedes Element aus dem Komplement von A auch eine Schranke von A ist.

2. Die Ordnungsrelation. Auf R_0 sei eine Relation $\leq_R$ definiert durch:

$$A \leq_R B \quad \Leftrightarrow \quad A \subseteq B \,.$$

Wenn aus dem Zusammenhang erkenntlich ist, daß Schnitte verglichen werden, schreiben wir $\leq$ für $\leq_R$.

Satz. *Die Relation $\leq_R$ ist eine lineare Ordnung.*
Beweis. Die Relation $\leq_R$ ist mit der Mengeninklusion reflexiv, antisymmetrisch und transitiv. Zum Nachweis der Linearität sei $A \not\leq B$. Dann gibt es ein $r \in A$ mit $r \notin B$. Aus (S2) folgt im Umkehrschluß, daß r eine Schranke von B ist. Ist also $s \in B$, so ist $s < r$ und mit (S2) folgt $s \in A$. Damit ist $B \leq A$. $\Diamond$

3. Die Addition. Ist einer der Schnitte A, B leer, so sei ihre Summe der andere Schnitt; sind beide nichtleer, so sei ihre Summe definiert durch:

$$A + B = \{\, r + s \mid r \in A,\ s \in B \,\}\,.$$

Satz. *Die Summe zweier Schnitte ist ein Schnitt.*
Beweis. Seien A, B Schnitte und $C = A + B$. Ist einer der beiden Schnitte leer, so ist C der andere, also ein Schnitt. Sind beide nichtleer, so gibt es zu jedem $t \in C$ ein $r \in A$ und ein $s \in B$ mit $t = r + s$. Damit weisen wir die Schnitteigenschaften für C nach:
(S1) trifft auf C zu: Es gibt eine gemeinsame Schranke t von A und B und für $r \in A$, $s \in B$ ist wegen (MA) $r + s \leq t + s \leq t + t$. Somit ist C durch $t + t$ beschränkt.

(S2) trifft auf C zu: Wir zeigen, daß für $r \in A$, $s \in B$ gilt:

$$t < r + s \quad \Rightarrow \quad t \in C\,.$$

Wegen (MIN) ist $r + s \neq 0$, und es gibt wegen (MG) den Kehrwert $1/(r+s)$. Es ist $0 \leq 1/(r+s)$, $0 \leq r$ und $0 \leq s$, so daß wir mit (MM) und (NEM) folgern können:

$$\begin{aligned}
t \leq r + s \quad &\Rightarrow \quad t/(r+s) \leq 1 \\
&\Rightarrow \quad r \cdot \bigl(t/(r+s)\bigr) \leq r \text{ und } s \cdot \bigl(t/(r+s)\bigr) \leq s \\
&\Rightarrow \quad r \cdot \bigl(t/(r+s)\bigr) \in A \text{ und } s \cdot \bigl(t/(r+s)\bigr) \in B\,.
\end{aligned} \qquad \text{(S2)}$$

Wegen $t = r \cdot \bigl(t/(r+s)\bigr) + s \cdot \bigl(t/(r+s)\bigr)$ liegt t als Summe eines Elements aus A und eines Elements aus B in C.

(S3) trifft auf C zu: Sei $r + s \in C$ mit $r \in A$ und $s \in B$. Da (S3) auf A zutrifft, gibt es $r' \in A$ mit $r < r'$. Wegen (SMA) folgt hieraus $r + s < r' + s$, so daß $r + s$ keine Schranke von C ist. $\diamond$

Assoziativpostulat. *Es gilt* $(A + B) + C = A + (B + C)$.
Beweis. Ist einer der drei Summanden leer, so steht auf jeder Seite die Summe der anderen Summanden, und das Assoziativpostulat ist erfüllt. Sind alle drei Summanden nichtleer, so ergibt sich:

Es ist $(A + B) + C \subseteq A + (B + C)$:
Sei $a \in (A + B) + C$. Dann gibt es $r \in A$, $s \in B$ und $t \in C$ mit $a = (r + s) + t$; und mit (RP) folgt $a = r + (s + t)$, also $a \in A + (B + C)$.

Es ist $A + (B + C) \subseteq (A + B) + C$:
Sei $a \in A + (B + C)$. Dann gibt es $r \in A$, $s \in B$ und $t \in C$ mit $a = r + (s + t)$; und mit (RP) folgt $a = (r + s) + t$, also $a \in (A + B) + C$. ◇

Kommutativpostulat. *Es gilt $A + B = B + A$.*
Beweis. Ist einer der Summanden leer, so ist die Summe der andere, und das Kommutativpostulat ist erfüllt. Sind beide Summanden nichtleer, so ergibt sich:

$$A + B = \{\, r + s \mid r \in A, s \in B \,\} = \{\, s + r \mid r \in A, s \in B \,\} = B + A\,. \quad ◇$$

Monotonie der Addition. *Aus $A \leq B$ folgt $A + C \leq B + C$.*
Beweis. Ist C leer, so stimmen Behauptung und Voraussetzung überein.

Ist B leer, so ist A als Teilmenge der leeren Menge auch leer und die Behauptung lautet $C \leq C$, welches wegen der Reflexivität der Ordnung stimmt.

Ist im nächsten Fall A leer und die anderen beiden Schnitte nicht, so ist $C \subseteq B + C$ zu zeigen. Es gibt jetzt ein $r \in B$, und wegen (MIN) und (S2) ist auch $0 \in B$. Ist nun $s \in C$ so ist wegen (NEA) $s = 0 + s \in B + C$.

Sind schließlich alle drei Schnitte nichtleer, läßt sich jedes Element von $A + C$ als $r + t$ mit $r \in A$, $t \in C$ darstellen. Nach Voraussetzung ist auch $r \in B$, also $r + t \in B + C$. ◇

4. Die Multiplikation. Es sei $A \cdot B = \{\, r \cdot s \mid r \in A,\ s \in B \,\}$.

Satz. *Mit A und B ist auch $C = A \cdot B$ ein Schnitt.*
Beweis. Zu jedem Element aus C gibt es $r \in A$ und $s \in B$ mit $t = r \cdot s$.
(S1) trifft auf C zu: Sei $r \cdot s \in C$ mit $r \in A$, $s \in B$ und t eine gemeinsame Schranke von A und B. Mit (MM) folgt $r \cdot s \leq t \cdot s \leq t \cdot t$. Somit ist C durch $t \cdot t$ beschränkt.

(S2) trifft auf C zu: Wir zeigen, daß für $r \in A$, $s \in B$ gilt:

$$t < r \cdot s \quad \Rightarrow \quad t \in C .$$

Wegen (MIN) ist $r \cdot s \neq 0$ und mit (NF) folgt $s \neq 0$, so daß nach (Q02) s einen Kehrwert $1/s$ hat. Es ist $0 \leq 1/s$, so daß mit (MM) und (NEM) folgt:

$$\begin{aligned} t \leq r \cdot s \quad &\Rightarrow \quad t/s \leq r \\ &\Rightarrow \quad t/s \in A \\ &\Rightarrow \quad t = (t/s) \cdot s \in A \cdot B . \end{aligned} \tag{S2}$$

(S3) trifft auf C zu: Sei $r \in A$, $s \in B$. Da (S3) auf A und B zutrifft, gibt es $r' \in A$ mit $r < r'$ und $s' \in B$ mit $s < s'$. Wegen (MIN) ist $0 \leq s$, so daß aus $r < r'$ mit (MM)

$$r \cdot s \leq r' \cdot s$$

folgt. Wegen (MIN) und $r < r'$ ist r' positiv, so daß aus $s < s'$ mit (SMM)

$$r' \cdot s < r' \cdot s'$$

folgt. Insgesamt ist also $r \cdot s < r' \cdot s'$. $\diamond$

Assoziativpostulat. *Es gilt* $(A \cdot B) \cdot C = A \cdot (B \cdot C)$.
Beweis. Es ist $(A \cdot B) \cdot C \subseteq A \cdot (B \cdot C)$:
Sei $a \in (A \cdot B) \cdot C$. Dann gibt es $r \in A$, $s \in B$ und $t \in C$ mit $a = (r \cdot s) \cdot t$; und wegen des Assoziativpostulat in $\mathbb{Q}_0$ ist $a = r \cdot (s \cdot t)$, also $a \in A \cdot (B \cdot C)$.

Es ist $A \cdot (B \cdot C) \subseteq (A \cdot B) \cdot C$:
Sei $a \in A \cdot (B \cdot C)$. Dann gibt es $r \in A$, $s \in B$ und $t \in C$ mit $a = r \cdot (s \cdot t)$; und wegen des Assoziativpostulat in $\mathbb{Q}_0$ ist $a = (r \cdot s) \cdot t$, also $a \in (A \cdot B) \cdot C$. $\diamond$

Kommutativpostulat. *Es gilt* $A \cdot B = B \cdot C$.
Beweis. Es ist

$$A \cdot B = \{ r \cdot s \mid r \in A, s \in B \} = \{ s \cdot r \mid r \in A, s \in B \} = B \cdot A . \quad \diamond$$

Monotonie der Multiplikation. *Aus* $A \leq B$ *folgt* $A \cdot C \leq B \cdot C$.
Beweis. Ist $t \in A \cdot C$, so gibt es $r \in A$, $s \in C$ mit $t = r \cdot s$. Nach Voraussetzung ist auch $r \in B$ und damit $r \cdot s \in B \cdot C$. $\diamond$

Distributivpostulat. *Es gilt* $(A+B) \cdot C = A \cdot C + B \cdot C$.
Beweis. Ist einer der beiden Schnitte A oder B leer, so steht auf beiden Seiten das Produkt des anderen Schnittes mit C. Ist $C = \emptyset$, so steht auf beiden Seiten die leere Menge. Sind alle drei Schnitte nichtleer, so ergibt sich:

$(A+B) \cdot C \subseteq A \cdot C + B \cdot C$:
Sei $a \in (A+B) \cdot C$. Dann gibt es $r \in A$, $s \in B$ und $t \in C$ mit $a = (r+s) \cdot t$. Wegen des Distributivpostulates in $\mathbb{Q}_0$ ist $a = r \cdot t + s \cdot t$, also $a \in A \cdot C + B \cdot C$.

$A \cdot C + B \cdot C \subseteq (A+B) \cdot C$:
Sei $a \in A \cdot C + B \cdot C$. Dann gibt es $r \in A$, $s \in B$ und $t, u \in C$ mit $a = r \cdot t + s \cdot u$. Sei v das Maximum von t und u. Mit (MM) und (MA) folgt $a \le r \cdot v + s \cdot v = (r+s) \cdot v \in (A+B) \cdot C$ und mit (S2) ergibt sich $a \in (A+B) \cdot C$. $\diamond$

Insgesamt erfüllt damit R_0 die Postulate eines angeordneten Zahlbereichs.

Unterbereich (R01). *Es gibt einen Q-Bereich* (Q_0, A_0, A_1) *mit* $Q_0 \sqsubseteq R_0$.
Beweis. Sei $A_p = \{\, a \in \mathbb{Q}_0 \mid a < p \,\}$ und $Q_0 = \{\, A_p \mid p \in \mathbb{Q}_0 \,\}$.

Beachte, daß wegen (MIN) A_0 die leere Menge ist. Im folgenden seien p, q, r, $s \in \mathbb{Q}_0$. Um zu zeigen, daß (Q_0, A_0, A_1) ein Q_0-Bereich mit $Q_0 \sqsubseteq R_0$ ist, beginnen wir mit $Q_0 \subseteq R_0$, weisen also nach, daß jedes A_p ein Schnitt ist.

(S1) trifft auf A_p zu, denn p ist eine Schranke von A_p.

(S2) trifft auf A_p zu: Sei $r < s$ und $s \in A_p$. Dann ist $r < s < p$, und damit $r \in A_p$.

(S3) trifft auf A_p zu: Sei $r \in A_p$. Dann ist $r < p$, und nach dem Zwischensatz gibt es ein s mit $r < s < p$, so daß $s \in A_p$ und damit r kein Maximum von A_p ist.

Im nächsten Schritt zeigen wir, daß die Funktion

$$\varphi\colon \mathbb{Q}_0 \to Q_0,\ p \mapsto A_p$$

ein Isomorphismus ist. Nach Konstruktion ist φ surjektiv.

(I1) $p < q \;\Rightarrow\; A_p < A_q$:
Für $r \in A_p$ ist $r < p < q$, also $r \in A_q$. Damit ist $A_p \le A_q$. Nach dem Zwischensatz gibt es ein s mit $p < s < q$. Hieraus folgt $s \notin A_p$ und $s \in A_q$, also $A_p \ne A_q$, so daß sich φ als streng monoton und mit dem Monotoniesatz als injektiv erweist.

(I2) $A_p + A_q = A_{p+q}$:
Ist eine der Zahlen p, q, etwa p, gleich Null, so ist $A_p = \emptyset$, und mit (NEA) erhält man $A_p + A_q = A_q = A_{q+0} = A_{q+p}$. Andernfalls ist wegen der Injektivität von φ keiner der Summanden leer. Dann folgt:

$A_p + A_q \subseteq A_{p+q}$: Sei $t \in A_p + A_q$. Da die Summanden nicht leer sind, gibt es $r \in A_p$, $s \in A_q$ mit $t = r + s$. Aus $r < p$ und $s < q$ folgt wegen (SMA) $r + s < p + s$ und $p + s < p + q$, also $r + s < p + q$, so daß sich $t \in A_{p+q}$ ergibt.

$A_{p+q} \subseteq A_p + A_q$: Sei $t \in A_{p+q}$, also $t < p + q$. Mit (SMM) folgt zunächst $t/(p+q) < 1$ und dann $p \cdot \bigl(t/(p+q)\bigr) < p$ sowie $q \cdot \bigl(t/(p+q)\bigr) < q$. Damit ist $t = p \cdot \bigl(t/(p+q)\bigr) + q \cdot \bigl(t/(p+q)\bigr) \in A_p + A_q$.

(I3) $A_p \cdot A_q = A_{p \cdot q}$:
$A_p \cdot A_q \subseteq A_{p \cdot q}$: Sei $t \in A_p \cdot A_q$. Dann gibt es $r \in A_p$, $s \in A_q$ mit $t = r \cdot s$. Somit ist $r < p$ und $s < q$. Wegen (SMM) folgt $r \cdot s < p \cdot s$ und $p \cdot s < p \cdot q$, also $r \cdot s < p \cdot q$. Damit ist $t \in A_{p \cdot q}$.

$A_{p \cdot q} \subseteq A_p \cdot A_q$: Sei $t \in A_{p \cdot q}$, also $t < p \cdot q$. Mit (SMM) folgt $t/q \in A_p$. Da (S3) auf A_p zutrifft, gibt es ein $r \in A_p$ mit $t/q < r$. Wegen (SMM) ist $t/r < q$, und damit $t = r \cdot (t/r) \in A_p \cdot A_q$.

Nach dem Isomorphiesatz für $\mathbb{Q}_0$-Bereiche ist nun $Q_0 \sqsubseteq R_0$ und mit $(\mathbb{Q}_0, 0, 1)$ auch (Q_0, A_0, A_1) ein $\mathbb{Q}_0$-Bereich. $\diamond$

Existenz eines Supremums (R02). *Ist M eine beschränkte Teilmenge von R_0, so gibt es in R_0 eine kleinste Schranke von M.*
Beweis. Die Menge K sei die Vereinigung aller Elemente von M, also:

$$r \in K \quad \Leftrightarrow \quad r \in A \text{ für ein } A \in M.$$

Wir behaupten, daß K ein Schnitt und die kleinste Schranke von M ist.
K ist ein Schnitt:
Zu (S1): Nach Voraussetzung ist M durch ein $S \in R_0$ beschränkt. Wegen (S1) ist S wiederum durch ein $s \in \mathbb{Q}_0$ beschränkt. Zu $r \in K$ gibt es $A \in M$ mit $r \in A$. Wegen $A \subseteq S$ ist $r \leq s$. Also ist s auch eine Schranke von K.

Zu (S2): Sei $s \in K$ und $r < s$. Dann gibt es ein $A \in M$ mit $s \in A$. Da (S2) auf A zutrifft, folgt $r \in A$ und damit $r \in K$.

Zu (S3): Sei $r \in K$. Dann gibt es $A \in M$ mit $r \in A$. Da (S3) auf A zutrifft, gibt es ein $s \in A$ mit $r < s$, und dieses s liegt auch in K.

§ 5. Definition und Konstruktion eines R_0-Bereichs

K ist Schranke von M:
Nach der Mengenlehre ist jedes $A \in M$ eine Teilmenge von K.

K ist kleinste Schranke von M:
Sei $L \in R_0$ eine Schranke von M und $r \in K$. Dann gibt es $A \in M$ mit $r \in A$. Da $A \subseteq L$, ist $r \in L$. Somit haben wir $K \subseteq L$ nachgewiesen. $\diamond$

Zwischensatz (R03). *Ist $A < B$, so gibt es A_r mit $A < A_r < B$.*
Beweis. Nach Voraussetzung gibt es s mit $s \notin A$, $s \in B$.

Fall 1: $A \notin Q_0$. Wir behaupten, daß dann $A < A_s < B$ ist.

$A < A_s$: Sei $r \in A$. Wäre $s \leq r$, so wäre wegen (S2) $s \in A$ im Widerspruch zur Wahl von s. Somit ist $r < s$, also $r \in A_s$. Damit ist $A \leq A_s$. Und da $A \notin Q_0$ aber $A_s \in Q_0$ ist $A \neq A_s$.

$A_s < B$: Sei $r \in A_s$. Dann ist $r < s$. Wegen $s \in B$ und (S2) folgt $r \in B$. Damit ist $A_s \leq B$. Und da $s \in B$, $s \notin A_s$, ist $A_s \neq B$.

Fall 2: $A \in Q_0$. Dann gibt es r mit $A_r = A$. Da $s \notin A_r$, ist $r \leq s$. Wegen (S3) gibt es $t \in B$ mit $s < t$, so daß sich $r < t$ ergibt. Nach dem Zwischensatz, gibt es $u \in \mathbb{Q}_0$ mit $r < u < t$, und mit der strengen Monotonie von φ folgt $A_r < A_u < A_t$. Da $t \in B$, ist $A_t \leq B$, so daß sich $A < A_u < B$ ergibt. $\diamond$

Satz von ARCHIMEDES (R04). *Zu $A \neq A_0$ und B gibt es ein $n \in \mathbb{N}$ mit $B < A_n \cdot A$.*
Beweis. Es gibt $r \in A$ mit $0 < r$, so daß nach (MG) $1/r \in \mathbb{Q}_0^\times$ existiert. Wegen (S1) gibt es eine Schranke s von B, die wegen (S3) nicht in B liegt. Wegen des Schrankensatzes gibt es n mit $s/r < n$ und nach (MG) ist $1/n \in \mathbb{Q}_0^\times$, so daß mit (SMM) $s < n \cdot r$ folgt. Mit der strengen Monotonie und (I3) des Isomorphismus φ sowie (MM) folgt

$$B \leq A_s < A_{n \cdot r} = A_n \cdot A_r \leq A_n \cdot A. \quad \diamond$$

Damit haben wir mit (R_0, A_0, A_1) einen R_0-Bereich konstruiert und so gezeigt, daß die Postulate eines solchen Bereichs erfüllbar sind.

58 2. Konstruktionen

§ 6. Eigenschaften eines $\mathbb{R}_0$-Bereichs

Es sei $(\mathbb{R}_0, 0, 1)$ ein $\mathbb{R}_0$-Bereich. Nach dem Postulat (R01) gibt es einen $\mathbb{Q}_0$-Bereich $(\mathbb{Q}_0, 0, 1)$ mit $\mathbb{Q}_0 \sqsubseteq \mathbb{R}_0$ und nach dem Postulat (Q01) einen N-Bereich $(\mathbb{N}, 0, 1)$ mit $\mathbb{N} \sqsubseteq \mathbb{Q}_0$. Im folgenden seien α, β, γ Elemente in $\mathbb{R}_0$, r, s, t Elemente in $\mathbb{Q}_0$, m, n Elemente in $\mathbb{N}$ und $p, q \in \mathbb{N}^\times$. Verweise auf für $\mathbb{Q}_0$ bewiesene Sätze unterscheiden wir durch „Q-" von Verweisen auf Sätze, die für $\mathbb{R}_0$ bereits bewiesen sind.

Kleinstes Element (MIN). *Es ist $0 \leq \alpha$.*
Beweis. Wäre ein $\alpha < 0$, so gäbe es nach (R03) ein r mit $r < 0$. Wegen (Q-MIN) kann es so ein r nicht geben. ◇

Lemma 1. *Es ist $\alpha < \alpha + 1/p$.*
Beweis. Nach (R04) und der Wohlordnung natürlicher Zahlen gibt es ein kleinstes n mit $\alpha < n/p$. Wegen (Q-NF) und (MIN) ist $n \neq 0$, und nach dem Vorgängersatz gibt es m mit $m + 1 = n$. Weil $m < n$ ist, ist $m/p \leq \alpha$ nach Definition von n. Es folgt mit (MA)

$$\alpha < n/p = (m+1)/p = m/p + 1/p \leq \alpha + 1/p \, . \quad ◇$$

Lemma 2. *Ist $\alpha < \beta$, so gibt es ein p mit $\alpha + 1/p < \beta$.*
Beweis. Wegen (R03) gibt es m, n, p, q, so daß die Ungleichungen

(UGN) $$\alpha < m/p < n/q < \beta$$

erfüllt sind. Durch Multiplikation mit $p \cdot q$ folgt mit (Q-SMM) $m \cdot q < n \cdot p$ und hieraus mit dem Lückensatz natürlicher Zahlen

(LS) $$m \cdot q + 1 \leq n \cdot p \, .$$

Damit gilt

$$\begin{align}
\alpha + 1/(p \cdot q) &\leq m/p + 1/(p \cdot q) & \text{(UGN, MA)}\\
&= (m \cdot q + 1)/(p \cdot q) & \text{(RP)}\\
&\leq (n \cdot p)/(p \cdot q) & \text{(LS, MM)}\\
&= n/q & \text{(RP)}\\
&< \beta \, . \quad ◇ & \text{(UGN)}
\end{align}$$

§ 6. Eigenschaften eines R_0-Bereichs

Strenge Monotonie der Addition (SMA). *Ist $\alpha < \beta$, so ist $\alpha+\gamma < \beta+\gamma$.*
Beweis. Nach Lemma 2 gibt es p mit $\alpha + 1/p \leq \beta$. Nach Lemma 1 und (MA) folgt damit

$$\alpha + \gamma < (\alpha + \gamma) + 1/p = (\alpha + 1/p) + \gamma \leq \beta + \gamma \, . \quad \diamondsuit$$

Injektivität der Addition (IA). *Ist $\alpha + \gamma = \beta + \gamma$, so ist $\alpha = \beta$.*
Beweis. Dies folgt mit dem Monotoniesatz aus (MA) und (SMA). $\quad \diamondsuit$

Neutrales Element der Addition (NEA). *Es ist $\alpha + 0 = \alpha$.*
Beweis. Wir wenden den Satz von EUDOXOS an, und zeigen für jedes r:

$$\alpha \leq r \quad \Leftrightarrow \quad \alpha + 0 \leq r \, .$$

„$\Rightarrow$": Ist $\alpha \leq r$, so ist wegen (MA) und (Q-NEA) $\alpha + 0 \leq r + 0 = r$.

„$\Leftarrow$": Ist $\alpha + 0 \leq r$, so ist wegen (Q-NEA) $\alpha + 0 \leq r + 0$, und hieraus folgt mit (SMA) $\alpha \leq r$. $\quad \diamondsuit$

Lemma 3. *Ist $0 < \beta$, so ist $\alpha < \alpha + \beta$.*
Beweis. Aus der Voraussetzung folgt mit (NEA) und (SMA) $\alpha = \alpha+0 < \alpha+\beta$.
$\diamondsuit$

Existenz der Differenz (ED). *Ist $\alpha \leq \beta$, so gibt es δ mit $\alpha + \delta = \beta$.*
Beweis. Sei

$$M = \{ \, \tau \mid \alpha + \tau \leq \beta \, \} \, .$$

Für $\tau \in M$ folgt mit Lemma 3 $\tau \leq \alpha + \tau \leq \beta$, so daß M durch β beschränkt ist und nach (R02) ein kleinste Schranke δ hat. Wir zeigen $\alpha + \delta = \beta$ durch doppelten Widerspruch.

Annahme $\alpha+\delta < \beta$. Dann gibt es nach Lemma 2 ein $\varrho \in R_0^+$ mit $(\alpha+\delta)+\varrho < \beta$. Aus $\alpha + (\delta + \varrho) < \beta$ folgt $\delta + \varrho \in M$. Wegen Lemma 3 ist $\delta < \delta + \varrho$. Dies ist unmöglich, denn M ist durch δ beschränkt.

60 2. Konstruktionen

Annahme $\beta < \alpha + \delta$. Dann gibt es nach Lemma 2 ein p mit $\beta + 1/p < \alpha + \delta$. Wegen (R04) und der Wohlordnung von $\mathbb{N}$ gibt es ein kleinstes n mit $\beta < \alpha + n/p$. Es ist $\alpha + 0/p = \alpha \leq \beta$, so daß $0 < n$ ist und wir nach dem Vorgängersatz ein m mit $m + 1 = n$ und $\alpha + m/p \leq \beta$ erhalten. Mit (MA) folgt

$$\alpha + n/p = (\alpha + m/p) + 1/p \leq \beta + 1/p < \alpha + \delta$$

und hieraus $n/p < \delta$. Da δ die kleinstes Schranke von M ist, gibt es $\tau \in M$ mit $n/p < \tau$ und es ergibt sich mit (SMA) $\alpha + n/p < \alpha + \tau \leq \beta$ im Widerspruch zur Konstruktion von n. $\diamond$

Strenge Monotonie der Multiplikation (SMM). *Ist $0 < \gamma$ und $\alpha < \beta$, so ist $\alpha \cdot \gamma < \beta \cdot \gamma$.*
Beweis. Wegen Lemma 2 gibt es ein r mit $\alpha + r \leq \beta$ und wegen (R03) ein s mit $0 < s < \gamma$. Mit (Q-MG) und (MM) folgt hieraus $0 < s \cdot r \leq \gamma \cdot r$ und weiter mit (NEA), (SMA) und (MM)

$$\alpha \cdot \gamma = \alpha \cdot \gamma + 0 < \alpha \cdot \gamma + r \cdot \gamma = (\alpha + r) \cdot \gamma \leq \beta \cdot \gamma. \quad \diamond$$

M-Gruppe (MG). $\mathbb{R}_0^\times$ *ist eine M-Gruppe.*
Beweis.
I. *Neutrales Element in* $\mathbb{R}_0^\times$: Laut Zweisatz ist $1 \in \mathbb{R}_0^\times$. Wir zeigen mit dem Satz von EUDOXOS $\alpha \cdot 1 = \alpha$. Ist $\alpha \leq r$, so ist wegen (MM) und (Q-MG) $\alpha \cdot 1 \leq r \cdot 1 = r$. Ist $\alpha \cdot 1 \leq r$, so ist wegen (Q-MG) $\alpha \cdot 1 \leq r \cdot 1$, und hieraus folgt mit (SMM) wegen $1 \in \mathbb{R}_0^+$ $\alpha \leq r$. Somit ist nach (EUD) $\alpha \cdot 1 = \alpha$.

II. *Sind α und $\beta \in \mathbb{R}_0^\times$, so gilt dies auch für $\alpha \cdot \beta$:* Nach (R03) gibt es r und s in $\mathbb{Q}_0^\times$ mit $r < \alpha$ und $s < \beta$. Mit (Q-MG) und (MM) folgt $0 < r \cdot s \leq \alpha \cdot s \leq \alpha \cdot \beta$.

III. *Existenz eines Kehrwerts in* $\mathbb{R}_0^\times$: Wir zeigen: Ist $\alpha \in R_0^\times$, so gibt es $\beta \in \mathbb{R}_0^\times$ mit $\alpha \cdot \beta = 1$. Sei hierzu

$$M = \{ \tau \mid \alpha \cdot \tau \leq 1 \}.$$

Da $0 < \alpha$ ist, gibt es nach (R03) ein r mit $0 < r < \alpha$. Für $\tau \in M$ folgt mit (MM) $r \cdot \tau \leq \alpha \cdot \tau \leq 1$, und hieraus folgt wegen (MM) und (I.) $\tau \leq 1/r$, so daß M durch $1/r$ beschränkt ist und damit nach (R02) eine kleinste Schranke β besitzt. Zunächst zeigen wir $0 < \beta$: Nach (R04) gibt es n mit $\alpha < n$. Es ist $0 < n$, so daß mit (Q-MG) und (MM) $\alpha \cdot (1/n) \leq 1$ folgt. Damit liegt $1/n$ in M und es ist $0 < 1/n \leq \beta$. Wir zeigen nun durch doppelten Widerspruch $\alpha \cdot \beta = 1$.

Annahme $\alpha \cdot \beta < 1$. Dann gibt es wegen (R03) ein r mit $\alpha \cdot \beta < r < 1$. Es ist $0 < r$, so daß $1/r$ existiert. Damit folgt aus der ersten Ungleichung wegen (SMM) $\alpha \cdot (\beta/r) < 1$, und β/r liegt in M. Da β Schranke von M ist, folgt $\beta/r \leq \beta$ und hieraus wegen $0 < \beta$, (I.) und (SMM) $1/r \leq 1$. Dies widerspricht der zweiten Ungleichung.

Annahme $1 < \alpha \cdot \beta$. Dann gibt es wegen (R03) ein r mit $1 < r < \alpha \cdot \beta$. Es ist $0 < r$, so daß $1/r$ existiert. Damit folgt aus der zweiten Ungleichung wegen (SMM) $1 < \alpha \cdot (\beta/r)$. Für $\tau \in M$ gilt $\alpha \cdot \tau \leq 1 < \alpha \cdot (\beta/r)$ und mit (MM) folgt $\tau < \beta/r$. Somit ist M durch β/r beschränkt und da β die kleinste Schranke von M ist, erhält man $\beta \leq \beta/r$. Hieraus folgt wegen $0 < \beta$, (I.) und (SMM) $1 \leq 1/r$. Dies widerspricht der ersten Ungleichung. ◇

Nullfaktorsatz (NF). *Es ist* $\alpha \cdot 0 = 0$.
Beweis. Da $0 < 1$ gibt es nach (R02) ein n mit $\alpha \leq n \cdot 1$. Hieraus folgt mit (MM) und (Q-NF) $\alpha \cdot 0 \leq (n \cdot 1) \cdot 0 \leq 0$, und wegen (MIN) ist $0 \leq \alpha \cdot 0$. ◇

Aufgaben

1. Ist die leere Menge in $\mathbb{R}_0$ beschränkt? Wenn ja, dann hat sie nach (R02) eine kleinste Schranke. Welche?

2. Es gibt in $\mathbb{R}_0$ keine Schranke von $\mathbb{N}$.

3. Folgt (R03) aus (EUD) und den übrigen Postulaten eines $\mathbb{R}_0$-Bereichs?

§ 7. Konstruktion eines R-Bereichs

Aus einem gegebenen $\mathbb{R}_0$-Bereich $(\mathbb{R}_0, 0, 1)$ konstruieren wir einen R-Bereich. Im folgenden seien $\alpha, \beta, \gamma, \varrho, \sigma, \tau \in \mathbb{R}_0$.

2. Konstruktionen

1. Konstruktion der Elemente. Wir führen Differenzen als Paare $(\alpha, \varrho) \in \mathbb{R}_0 \times \mathbb{R}_0$ ein. Dabei seien (α, ϱ) und (β, σ) Namen derselben Differenz, wenn $\alpha + \sigma = \beta + \varrho$ gilt, in diesem Fall sagen wir (α, ϱ) sei *äquivalent* zu (β, σ), d.h. wir definieren eine Relation $\sim$ auf $\mathbb{R}_0 \times \mathbb{R}_0$ durch

$$(\alpha, \varrho) \sim (\beta, \sigma) \quad \Leftrightarrow \quad \alpha + \sigma = \beta + \varrho \,.$$

Wir wollen zeigen, daß $\sim$ eine Äquivalenzrelation ist. Reflexiviät und Symmetrie folgen aus denselben Eigenschaften der Gleichheit. Zum Nachweis der Transitivität sei

$$(\alpha, \varrho) \sim (\beta, \sigma) \text{ und } (\beta, \sigma) \sim (\gamma, \tau) \,.$$

Dann ist

$$(\alpha + \sigma) + \tau = (\beta + \varrho) + \tau \text{ und } (\beta + \tau) + \varrho = (\gamma + \sigma) + \varrho \,.$$

Hieraus folgt $(\alpha + \tau) + \sigma = (\gamma + \varrho) + \sigma$ und mit (IA) weiter $\alpha + \tau = \gamma + \varrho$, so daß wir $(\alpha, \varrho) \sim (\gamma, \tau)$ erhalten.

Die Elemente der Menge R sind nun die durch $\sim$ definierten Äquivalenzklassen. Die Klasse, die alle zu (α, ϱ) äquivalente Paare enthält, bezeichnen wir mit $[\alpha, \varrho]$.

2. Die Ordnungsrelation. Wir definieren auf $\mathbb{R}_0 \times \mathbb{R}_0$ eine Relation $\preceq$ durch

$$(\alpha, \varrho) \preceq (\beta, \sigma) \quad \Leftrightarrow \quad \alpha + \sigma \leq \beta + \varrho \,.$$

Invarianzsatz. *Ist $(\alpha, \varrho) \sim (\alpha', \varrho')$ und $(\beta, \sigma) \sim (\beta', \sigma')$, so gilt:*

$$(\alpha, \varrho) \preceq (\beta, \sigma) \quad \Leftrightarrow \quad (\alpha', \varrho') \preceq (\beta', \sigma') \,.$$

Beweis. Mit den Voraussetzungen $\alpha + \varrho' = \alpha' + \varrho$ und $\beta + \sigma' = \beta' + \sigma$ erhält man:

$$\begin{aligned}
\alpha + \sigma \leq \beta + \varrho &\Leftrightarrow (\alpha + \sigma) + (\varrho' + \sigma') \leq (\beta + \varrho) + (\varrho' + \sigma') &&\text{(SMA)}\\
&\Leftrightarrow (\alpha + \varrho') + (\sigma + \sigma') \leq (\beta + \sigma') + (\varrho' + \varrho) &&\text{(RP)}\\
&\Leftrightarrow (\alpha' + \varrho) + (\sigma + \sigma') \leq (\beta' + \sigma) + (\varrho' + \varrho) &&\text{(Vor.)}\\
&\Leftrightarrow (\alpha' + \sigma') + (\varrho + \sigma) \leq (\beta' + \varrho') + (\varrho + \sigma) &&\text{(RP)}\\
&\Leftrightarrow \alpha' + \sigma' \leq \beta' + \varrho' \,. \quad \Diamond &&\text{(SMA)}
\end{aligned}$$

Ersetzt man also in der Formel $(\alpha, \varrho) \preceq (\beta, \sigma)$ die Paare durch Paare aus ihren jeweiligen Äquivalenzklassen, so bleibt die Gültigkeit der Formel invariant. Daher können wir durch

$$[\alpha, \varrho] \leq_R [\beta, \sigma] \quad \Leftrightarrow \quad (\alpha, \varrho) \preceq (\beta, \sigma)$$

eine Relation auf den Äquivalenzklassen definieren, ohne das Ersetzungsprinzip zu verletzen. Es bleibt nachzuweisen, daß $\leq_R$ eine lineare Ordnung ist.

§ 7. Konstruktion eines R-Bereichs   63

$\leq_R$ ist reflexiv: Da $\alpha + \varrho \leq \alpha + \varrho$ ist, ist $[\alpha, \varrho] \leq_R [\alpha, \varrho]$.

$\leq_R$ ist antisymmetrisch: Sei $[\alpha, \varrho] \leq_R [\beta, \sigma]$ und $[\beta, \sigma] \leq_R [\alpha, \varrho]$. Dann ist $\alpha + \sigma \leq \beta + \varrho$ und $\beta + \varrho \leq \alpha + \sigma$, so daß $\alpha + \sigma = \beta + \varrho$ gilt, d. h. $[\alpha, \varrho] = [\beta, \sigma]$.

$\leq_R$ ist transitiv: Sei $[\alpha, \varrho] \leq_R [\beta, \sigma]$ und $[\beta, \sigma] \leq_R [\gamma, \tau]$. Dann gilt:

$\alpha + \sigma \leq \beta + \varrho$ und $\beta + \tau \leq \gamma + \sigma$

$\Rightarrow \quad (\alpha + \sigma) + \tau \leq (\beta + \varrho) + \tau$ und $(\beta + \tau) + \varrho \leq (\gamma + \sigma) + \varrho$ \hfill (MA)

$\Rightarrow \quad (\alpha + \tau) + \sigma \leq (\beta + \tau) + \varrho \leq (\gamma + \varrho) + \sigma$ \hfill (RP)

$\Rightarrow \quad (\alpha + \tau) + \sigma \leq (\gamma + \varrho) + \sigma$ \hfill (OP)

$\Rightarrow \quad \alpha + \tau \leq \gamma + \varrho$ \hfill (SMA)

$\Rightarrow \quad [\alpha, \varrho] \leq_R [\gamma, \tau]$.

$\leq_R$ ist linear: Da $\alpha + \sigma \leq \beta + \varrho$ oder $\beta + \varrho \leq \alpha + \sigma$ ist, gilt auch $[\alpha, \varrho] \leq_R [\beta, \sigma]$ oder $[\beta, \sigma] \leq_R [\alpha, \varrho]$.

Wir schreiben auch $\leq$ statt $\leq_R$, wenn klar ist, daß Elemente aus R verglichen werden.

3. Die Addition.

Invarianzsatz. *Ist* $[\alpha, \varrho] = [\alpha', \varrho']$ *und* $[\beta, \sigma] = [\beta', \sigma']$, *so gilt:*

$$[\alpha + \beta, \varrho + \sigma] = [\alpha' + \beta', \varrho' + \sigma'].$$

Beweis. Mit den Voraussetzungen $\alpha + \varrho' = \alpha' + \varrho$ und $\beta + \sigma' = \beta' + \sigma$ erhält man:

$(\alpha + \beta) + (\varrho' + \sigma') = (\alpha + \varrho') + (\beta + \sigma')$ \hfill (RP)

$= (\alpha' + \varrho) + (\beta' + \sigma)$ \hfill (Vor.)

$= (\alpha' + \beta') + (\varrho + \sigma)$. \hfill (RP)

Hieraus folgt nun die Behauptung. ◇

Nach dem Invarianzsatz ist durch

$$[\alpha, \varrho] +_R [\beta, \sigma] = [\alpha + \beta, \varrho + \sigma]$$

eine Funktion $R \times R \to R$ definiert. Wir zeigen die Rechenpostulate und die strenge Monotonie der Addition. Wenn klar ist, was addiert wird, schreiben wir $+$ statt $+_R$.

Kommutativpostulat. *Es gilt:* $[\alpha, \varrho] + [\beta, \sigma] = [\beta, \sigma] + [\alpha, \varrho]$.
Beweis. Es ist $[\alpha, \varrho] + [\beta, \sigma] = [\alpha + \beta, \varrho + \sigma] = [\beta + \alpha, \sigma + \varrho] = [\beta, \sigma] + [\alpha, \varrho]$. ◇

2. Konstruktionen

Assoziativpostulat. *Es gilt:* $\big([\alpha, \varrho] + [\beta, \sigma]\big) + [\gamma, \tau] = [\alpha, \varrho] + \big([\beta, \sigma] + [\gamma, \tau]\big)$.

Beweis. Es ist

$$\begin{aligned}
([\alpha, \varrho] + [\beta, \sigma]) + [\gamma, \tau] &= [\alpha + \beta,\ \varrho + \sigma] + [\gamma, \tau] \\
&= [(\alpha + \beta) + \gamma,\ (\varrho + \sigma) + \tau] \\
&= [\alpha + (\beta + \gamma),\ \varrho + (\sigma + \tau)] \quad\text{(RP)} \\
&= [\alpha, \varrho] + [\beta + \gamma,\ \sigma + \tau] \\
&= [\alpha, \varrho] + ([\beta, \sigma] + [\gamma, \tau]) \ . \quad \diamond
\end{aligned}$$

Monotonie der Addition. *Es gilt:*

$$[\alpha, \varrho] \leq [\beta, \sigma] \quad\Rightarrow\quad [\alpha, \varrho] + [\gamma, \tau] \leq [\beta, \sigma] + [\gamma, \tau] \ .$$

Beweis. Nach Voraussetzung ist

$$\begin{aligned}
\alpha + \sigma \leq \beta + \varrho \quad &\Rightarrow\quad (\alpha + \sigma) + (\gamma + \tau) \leq (\beta + \varrho) + (\gamma + \tau) \quad\text{(MA)} \\
&\Rightarrow\quad (\alpha + \gamma) + (\sigma + \tau) \leq (\beta + \gamma) + (\varrho + \tau) \quad\text{(RP)} \\
&\Rightarrow\quad [\alpha + \gamma,\ \varrho + \tau] \leq [\beta + \gamma,\ \sigma + \tau] \\
&\Rightarrow\quad [\alpha, \varrho] + [\gamma, \tau] \leq [\beta, \sigma] + [\gamma, \tau] \ . \quad \diamond
\end{aligned}$$

Darstellungslemma. *Es gilt:*

Ist $[\alpha, \beta] \leq [0, 0]$, so gibt es τ mit $[\alpha, \beta] = [0, \tau]$.

Ist $[0, 0] \leq [\alpha, \beta]$, so gibt es τ mit $[\alpha, \beta] = [\tau, 0]$.

Beweis. Sei $[\alpha, \beta] \leq [0, 0]$, also $\alpha + 0 \leq 0 + \beta$. Mit (NEA) folgt $\alpha \leq \beta$. Nach (ED) gibt es τ mit $\alpha + \tau = \beta$. Mit (NEA) folgt $\alpha + \tau = 0 + \beta$ und hieraus $[\alpha, \beta] = [0, \tau]$.

Sei $[0, 0] \leq [\alpha, \beta]$, also $0 + \beta \leq \alpha + 0$. Mit (NEA) folgt $\beta \leq \alpha$. Nach (ED) gibt es τ mit $\beta + \tau = \alpha$. Mit (NEA) folgt $\alpha + 0 = \tau + \beta$ und hieraus $[\alpha, \beta] = [\tau, 0]$.
$\diamond$

4. Die Multiplikation.

Invarianzsatz. *Ist $[\alpha, \varrho] = [\alpha', \varrho']$ und $[\beta, \sigma] = [\beta', \sigma']$, so gilt:*
$$[\alpha \cdot \beta + \varrho \cdot \sigma,\ \alpha \cdot \sigma + \beta \cdot \varrho] = [\alpha' \cdot \beta' + \varrho' \cdot \sigma',\ \alpha' \cdot \sigma' + \beta' \cdot \varrho'] .$$

Beweis. Mit den Voraussetzungen $\alpha + \varrho' = \alpha' + \varrho$ und $\beta + \sigma' = \beta' + \sigma$ erhält man:

$$\begin{aligned}
&((\alpha' \cdot \beta' + \varrho' \cdot \sigma') + (\alpha \cdot \sigma + \beta \cdot \varrho)) + \alpha \cdot \sigma' \\
&= (\alpha' \cdot \beta' + (\varrho' + \alpha) \cdot \sigma') + (\alpha \cdot \sigma + \beta \cdot \varrho) &&\text{(RP)} \\
&= (\alpha' \cdot \beta' + (\varrho + \alpha') \cdot \sigma') + (\alpha \cdot \sigma + \beta \cdot \varrho) &&\text{(Vor.)} \\
&= ((\alpha' \cdot \beta' + \alpha' \cdot \sigma') + (\alpha \cdot \sigma + \beta \cdot \varrho)) + \varrho \cdot \sigma' &&\text{(RP)} \\
&= (\alpha' \cdot \beta' + \alpha' \cdot \sigma') + (\alpha \cdot \sigma + (\beta + \sigma') \cdot \varrho) &&\text{(RP)} \\
&= (\alpha' \cdot \beta' + \alpha' \cdot \sigma') + (\alpha \cdot \sigma + (\beta' + \sigma) \cdot \varrho) &&\text{(Vor.)} \\
&= ((\alpha' \cdot \beta' + \alpha' \cdot \sigma') + (\alpha \cdot \sigma + \sigma \cdot \varrho)) + \beta' \cdot \varrho &&\text{(RP)} \\
&= ((\alpha' + \varrho) \cdot \beta' + \alpha' \cdot \sigma') + (\alpha \cdot \sigma + \sigma \cdot \varrho) &&\text{(RP)} \\
&= ((\alpha + \varrho') \cdot \beta' + \alpha' \cdot \sigma') + (\alpha \cdot \sigma + \sigma \cdot \varrho) &&\text{(Vor.)} \\
&= ((\varrho' \cdot \beta' + \alpha' \cdot \sigma') + (\alpha \cdot \sigma + \sigma \cdot \varrho)) + \alpha \cdot \beta' &&\text{(RP)} \\
&= (\varrho' \cdot \beta' + \alpha' \cdot \sigma') + (\alpha \cdot (\sigma + \beta') + \sigma \cdot \varrho) &&\text{(RP)} \\
&= (\varrho' \cdot \beta' + \alpha' \cdot \sigma') + (\alpha \cdot (\sigma' + \beta) + \sigma \cdot \varrho) &&\text{(Vor.)} \\
&= ((\varrho' \cdot \beta' + \alpha' \cdot \sigma') + (\alpha \cdot \beta + \sigma \cdot \varrho)) + \alpha \cdot \sigma' &&\text{(RP)} \\
&= ((\alpha \cdot \beta + \varrho \cdot \sigma) + (\alpha' \cdot \sigma' + \beta' \cdot \varrho')) + \alpha \cdot \sigma' &&\text{(RP)}
\end{aligned}$$

Hieraus folgt mit (IA):
$$(\alpha' \cdot \beta' + \varrho' \cdot \sigma') + (\alpha \cdot \sigma + \beta \cdot \varrho) = (\alpha \cdot \beta + \varrho \cdot \sigma) + (\alpha' \cdot \sigma' + \beta' \cdot \varrho')$$
und hieraus die Behauptung. $\diamond$

Nach dem Invarianzsatz ist durch
$$[\alpha, \varrho] \cdot_R [\beta, \sigma] = [\alpha \cdot \beta + \varrho \cdot \sigma,\ \alpha \cdot \sigma + \beta \cdot \varrho]$$
eine Funktion $R \times R \to R$ definiert. Wenn aus dem Zusammenhang klar ist, was multipliziert wird, schreiben wir auch $\cdot$ für $\cdot_R$. Wir zeigen jetzt die Rechenpostulate und die Monotonie der Multiplikation.

Kommutativpostulat. *Es gilt: $[\alpha, \varrho] \cdot [\beta, \sigma] = [\beta, \sigma] \cdot [\alpha, \varrho]$.*
Beweis. Es ist
$$\begin{aligned}
[\alpha, \varrho] \cdot [\beta, \sigma] &= [\alpha \cdot \beta + \varrho \cdot \sigma,\ \alpha \cdot \sigma + \beta \cdot \varrho] \\
&= [\beta \cdot \alpha + \sigma \cdot \varrho,\ \beta \cdot \varrho + \alpha \cdot \sigma] &&\text{(RP)} \\
&= [\beta, \sigma] \cdot [\alpha, \varrho] .\quad \diamond
\end{aligned}$$

2. Konstruktionen

Assoziativpostulat. *Es gilt:*

$$([\alpha, \varrho] \cdot [\beta, \sigma]) \cdot [\gamma, \tau] = [\alpha, \varrho] \cdot ([\beta, \sigma] \cdot [\gamma, \tau]).$$

Beweis. Es ist

$$\begin{aligned}
([\alpha, \varrho] \cdot [\beta, \sigma]) \cdot [\gamma, \tau] &= [\alpha \cdot \beta + \varrho \cdot \sigma,\ \alpha \cdot \sigma + \beta \cdot \varrho] \cdot [\gamma, \tau] \\
&= [(\alpha \cdot \beta + \varrho \cdot \sigma) \cdot \gamma + (\alpha \cdot \sigma + \beta \cdot \varrho) \cdot \tau, \\
&\qquad (\alpha \cdot \beta + \varrho \cdot \sigma) \cdot \tau + \gamma \cdot (\alpha \cdot \sigma + \beta \cdot \varrho)] \\
&= [\alpha \cdot (\beta \cdot \gamma + \sigma \cdot \tau) + \varrho \cdot (\beta \cdot \tau + \gamma \cdot \sigma), \\
&\qquad \alpha \cdot (\beta \cdot \tau + \gamma \cdot \sigma) + (\beta \cdot \gamma + \sigma \cdot \tau) \cdot \varrho] \quad \text{(RP)} \\
&= [\alpha, \varrho] \cdot [\beta \cdot \gamma + \sigma \cdot \tau,\ \beta \cdot \tau + \gamma \cdot \sigma] \\
&= [\alpha, \varrho] \cdot ([\beta, \sigma] \cdot [\gamma, \tau]). \quad \diamond
\end{aligned}$$

Distributivpostulat. *Es gilt:*

$$[\alpha, \varrho] \cdot ([\beta, \sigma] + [\gamma, \tau]) = [\alpha, \varrho] \cdot [\beta, \sigma] + [\alpha, \varrho] \cdot [\gamma, \tau].$$

Beweis. Es ist

$$\begin{aligned}
[\alpha, \varrho] \cdot ([\beta, \sigma] + [\gamma, \tau]) &= [\alpha, \varrho] \cdot [\beta + \gamma,\ \sigma + \tau] \\
&= [\alpha \cdot (\beta + \gamma) + \varrho \cdot (\sigma + \tau),\ \alpha \cdot (\sigma + \tau) + (\beta + \gamma) \cdot \varrho] \\
&= [(\alpha \cdot \beta + \varrho \cdot \sigma) + (\alpha \cdot \gamma + \varrho \cdot \tau),\ (\alpha \cdot \sigma + \beta \cdot \varrho) + (\alpha \cdot \tau + \gamma \cdot \varrho)] \text{ (RP)} \\
&= [\alpha \cdot \beta + \varrho \cdot \sigma,\ \alpha \cdot \sigma + \beta \cdot \varrho] + [\alpha \cdot \gamma + \varrho \cdot \tau,\ \alpha \cdot \tau + \gamma \cdot \varrho] \\
&= [\alpha, \varrho] \cdot [\beta, \sigma] + [\alpha, \varrho] \cdot [\gamma \cdot \tau]. \quad \diamond
\end{aligned}$$

Lemma. *Es ist* $[\alpha, \varrho] \cdot [\delta, 0] = [\alpha \cdot \delta,\ \varrho \cdot \delta]$.

Beweis. Es ist

$$\begin{aligned}
[\alpha, \varrho] \cdot [\delta, 0] &= [\alpha \cdot \delta + \varrho \cdot 0,\ \alpha \cdot 0 + \delta \cdot \varrho] \\
&= [\alpha \cdot \delta + 0,\ 0 + \delta \cdot \varrho] &\text{(NF)} \\
&= [\alpha \cdot \delta,\ \varrho \cdot \delta]. \quad \diamond &\text{(NEA)}
\end{aligned}$$

Monotonie der Multiplikation. *Ist* $[0, 0] \leq [\gamma, \tau]$ *und* $[\alpha, \varrho] \leq [\beta, \sigma]$, *so gilt:*

$$[\alpha, \varrho] \cdot [\gamma, \tau] \leq [\beta, \sigma] \cdot [\gamma, \tau].$$

Beweis. Nach dem Darstellungslemma gibt es δ mit $[\gamma, \tau] = [\delta, 0]$. Aus der zweiten Voraussetzung $\alpha + \sigma \leq \beta + \varrho$ folgt mit (MM)

$$(\alpha + \sigma) \cdot \delta \leq (\beta + \varrho) \cdot \delta \quad \Leftrightarrow \quad \alpha \cdot \delta + \sigma \cdot \delta \leq \beta \cdot \delta + \varrho \cdot \delta \quad \text{(RP)}$$
$$\Rightarrow \quad [\alpha \cdot \delta, \varrho \cdot \delta] \leq [\beta \cdot \delta, \sigma \cdot \delta]$$
$$\Rightarrow \quad [\alpha, \varrho] \cdot [\delta, 0] \leq [\beta \cdot \delta] \cdot [\delta, 0] \, . \qquad \diamond \quad \text{(Lemma)}$$

Damit erfüllt R die Postulate eines angeordneten Zahlbereichs. In den folgenden Abschnitten ist zu zeigen, daß $(R, [0,0], [1,0])$ ein R-Bereich ist.

5. Das Postulat (R1). Es ist ein Q-Bereich $(Q, [0,0], [1,0])$ anzugeben, für den wir (Q1) nachzuweisen haben, so daß wir bei der Aufgabe landen, einen Z-Bereich $(Z, [0,0], [1,0])$ anzugeben, zu dem wir wegen (Z1) schließlich einen N-Bereich $(N, [0,0], [1,0])$ angeben müssen. Nun gibt es nach (R01) einen Q_0-Bereich $(\mathbb{Q}_0, 0, 1)$ mit $\mathbb{Q}_0 \sqsubseteq \mathbb{R}_0$ und weiter nach (Q01) einen N-Bereich $(\mathbb{N}, 0, 1)$ mit $\mathbb{N} \sqsubseteq \mathbb{Q}_0$. Damit definieren wir drei Mengen

$$N = \{ [m, 0] \mid m \in \mathbb{N} \},$$
$$Z = \{ [m, n] \mid m, n \in \mathbb{N} \},$$
$$Q = \{ [r, s] \mid r, s \in \mathbb{Q}_0 \}.$$

Wegen $0 \in \mathbb{N}$ ist $N \subseteq Z$; wegen $\mathbb{N} \subseteq \mathbb{Q}_0$ ist $Z \subseteq Q$, und wegen $\mathbb{Q}_0 \subseteq \mathbb{R}_0$, ist $Q \subseteq R$. Im folgenden seien r, s, t, u Elemente in $\mathbb{Q}_0$ und i, k, m, n Elemente in $\mathbb{N}$.

Lemma N. *Das Tripel* $(N, [0,0], [1,0])$ *ist ein N-Bereich.*
Beweis. Wir zeigen, daß die Funktion

$$\varphi \colon \mathbb{N} \to N, \ m \mapsto [m, 0]$$

ein Isomorphismus ist. Nach Konstruktion ist φ surjektiv. Ist $\varphi(m) = \varphi(n)$, also $[m, 0] = [n, 0]$, so ist $m = n$ und φ erweist sich als injektiv.

(I1) trifft auf φ zu: Ist $m \leq n$, so erhält man mit (NEA) $m + 0 \leq n + 0$ und daher
$$\varphi(m) = [m, 0] \leq [n, 0] = \varphi(n) \, .$$

(I2) trifft auf φ zu: Mit (NEA) erhält man
$$\varphi(m + n) = [m + n, \ 0 + 0] = [m, 0] + [n, 0] = \varphi(m) + \varphi(n) \, .$$

(I3) trifft auf φ zu: Mit (NEA) und (NF) erhält man

$$\varphi(m \cdot n) = [m \cdot n, \ 0] = [m \cdot n + 0 \cdot 0, \ m \cdot 0 + n \cdot 0] = [m, 0] \cdot [n, 0] = \varphi(m) \cdot \varphi(n) \ .$$

Damit ist φ tatsächlich ein Isomorphismus und da N Teilmenge des angeordneten Zahlbereichs R ist, ist nach dem Isomorphiesatz für N-Bereiche das Tripel $\bigl(N, \ \varphi(0), \ \varphi(1)\bigr)$ ein N-Bereich.

Lemma Z. *Das Tripel* $\bigl(Z, \ [0,0], \ [1,0]\bigr)$ *ist ein Z-Bereich.*
Beweis. Es gilt

$$[m,n] + [i,k] = [m+i, \ n+k] \in Z$$
$$[m,n] \cdot [i,k] = [m \cdot i + n \cdot k, \ m \cdot k + i \cdot n] \in Z \ .$$

Damit ist Z ein Unterbereich von R, und nach dem Unterbereichssatz ist mit R auch Z ein angeordneter Zahlbereich.

(Z1) trifft auf Z zu: Nach Lemma N ist $\bigl(N, \ [0,0], \ [1,0]\bigr)$ ein N-Bereich und aus $N \subseteq Z$ folgt mit dem Zahlbereichssatz $N \sqsubseteq Z$.

(Z2) trifft auf Z zu: Eine Gegenzahl zu $[m,n]$ ist $[n,m] \in Z$, denn es gilt $[m,n] + [n,m] = [m+n, \ n+m] = [0,0]$.

(Z3) trifft auf Z zu: Liegt $[m,n]$ in Z, so liegen $[m,0]$ und $[n,0]$ in N, $[0,n]$ in Z und es gilt $[n,0] + [0,n] = [n,n] = [0,0]$ sowie $[m,0] + [0,n] = [m,n]$. $\diamond$

Multiplikationslemma. *Mit (NEA) und (NF) erhält man:*

$$[0,\alpha] \cdot [0,\beta] = [0 \cdot 0 + \alpha \cdot \beta, \ 0 \cdot \beta + 0 \cdot \alpha] = [\alpha \cdot \beta, \ 0]$$
$$[0,\alpha] \cdot [\beta,0] = [0 \cdot \beta + \alpha \cdot 0, \ 0 \cdot 0 + \beta \cdot \alpha] = [0, \ \beta \cdot \alpha]$$
$$[\alpha,0] \cdot [\beta,0] = [\alpha \cdot \beta + 0 \cdot 0, \ \alpha \cdot 0 + \beta \cdot 0] = [\alpha \cdot \beta, \ 0] \qquad \diamond$$

Lemma Q. *Das Tripel* $\bigl(Q, \ [0,0], \ [1,0]\bigr)$ *ist ein Q-Bereich.*
Beweis. Es gilt

$$[r,s] + [t,u] = [r+t, \ s+u] \in Q$$
$$[r,s] \cdot [t,u] = [r \cdot t + s \cdot u, \ r \cdot u + t \cdot s] \in Q \ .$$

Damit ist Q ein Unterbereich von R, und nach dem Unterbereichssatz ist mit R auch Q ein angeordneter Zahlbereich.

(Q1) trifft auf Q zu: Nach Lemma Z ist $(Z, [0,0], [1,0])$ ein Z-Bereich und aus $Z \subseteq Q$ folgt mit dem Zahlbereichssatz $Z \sqsubseteq Q$.

(Q2) trifft auf Q zu: Sei $[r,s] \neq [0,0]$. Dann ist $r \neq s$ und wir unterscheiden zwei Fälle:
Ist $r < s$, so gibt es nach (Q-ED) ein $u \in \mathbb{Q}_0^\times$ mit $r+u = s$ (∗). Wegen (Q-MG) hat u den Kehrwert $u' \in \mathbb{Q}_0^\times$. Damit gilt:

$$\begin{aligned}
[r,s] \cdot [0, u'] &= [r \cdot 0 + s \cdot u', \ r \cdot u' + s \cdot 0] \\
&= [s \cdot u', \ r \cdot u'] & \text{(NF, NEA)} \\
&= [(r+u) \cdot u', \ r \cdot u'] & (*) \\
&= [r \cdot u' + 1, \ r \cdot u'] & \text{(RP)} \\
&= [1,0] \,. & \text{(NEA)}
\end{aligned}$$

Ist $s < r$, so gibt es nach (Q-ED) ein $u \in \mathbb{Q}_0^+$ mit $s+u = r$ (∗). Wegen (Q-MG) hat u den Kehrwert $u' \in \mathbb{Q}_0^\times$. Damit gilt:

$$\begin{aligned}
[r,s] \cdot [u', 0] &= [r \cdot u' + s \cdot 0, \ r \cdot 0 + s \cdot u'] \\
&= [r \cdot u', \ s \cdot u'] & \text{(NF, NEA)} \\
&= [(s+u) \cdot u', \ s \cdot u'] & (*) \\
&= [s \cdot u' + 1, \ s \cdot u'] & \text{(RP)} \\
&= [1,0] \,. & \text{(NEA)}
\end{aligned}$$

(Q3) trifft auf Q zu: Sei $[r,s] \in Q$. Wir unterscheiden zwei Fälle:
Fall $r \leq s$: Dann gibt es nach (Q-ED) ein u mit $r + u = s$, und es ist $[r,s] = [r, r+u] = [0,u]$. Wegen (Q03) gibt es $m, n \in \mathbb{N}$ mit $u = m/n$. Dann liegen $[0,m]$ und $[n,0]$ in Z, $[1/n, 0] \in Q$ und wir erhalten mit dem Multiplikationslemma die beiden geforderten Gleichungen

$$\begin{aligned}
[1/n, \ 0] \cdot [n, 0] &= [1,0] \\
[0,m] \cdot [1/n, \ 0] &= [0, \ m/n] = [0, u] = [r,s] \,.
\end{aligned}$$

Fall $s \leq r$: Dann gibt es nach (Q-ED) ein u mit $s + u = r$, und es ist $[r,s] = [s+u, s] = [u, 0]$. Wegen (Q03) gibt es $m, n \in \mathbb{N}$ mit $u = m/n$. Dann liegen $[m,0]$ und $[n,0]$ in Z und wir erhalten wie oben $[1/n, 0] \cdot [n,0] = [1,0]$ und

$$[m,0] \cdot [1/n, \ 0] = [m/n, \ 0] = [u, 0] = [r,s] \,.$$

6. Existenz kleinster Schranken (R2).

Isotonielemma. *Es gilt* $[\alpha, 0] \leq [\beta, 0]$ $\Leftrightarrow$ $\alpha \leq \beta$.
Beweis. Die linke Seite ist äquivalent zu $\alpha + 0 \leq \beta + 0$ und dies ist wegen (NEA) äquivalent zur rechten Seite. $\diamondsuit$

Antitonielemma. *Es gilt* $[0, \alpha] \leq [0, \beta]$ $\Leftrightarrow$ $\beta \leq \alpha$.
Beweis. Die linke Seite ist äquivalent zu $0 + \beta \leq 0 + \alpha$ und dies ist wegen (NEA) äquivalent zur rechten Seite. $\diamondsuit$

Sei M eine nichtleere beschränkte Teilmenge von R. Wir zeigen, daß es eine kleinste Schranke von M gibt, einmal unter der Annahme, daß M durch $[0,0]$ beschränkt ist, und einmal unter der Annahme, daß dies nicht der Fall ist.

$[0,0]$ ist Schranke von M: Nach dem Darstellungslemma hat dann jedes Element von M die Form $[0, \alpha]$. Sei

$$L = \{\, \tau \mid M \text{ ist durch } [0, \tau] \text{ beschränkt} \,\}.$$

Da M nichtleer ist, gibt es ein Element $[0, \alpha]$ in M. Ist nun $\tau \in L$, so ist $[0, \alpha] \leq [0, \tau]$ und mit dem Antitonielemma folgt $\tau \leq \alpha$, so daß L beschränkt ist, und es nach (R02) eine kleinste Schranke σ von L gibt.

Ist nun $[0, \alpha]$ in M, so ist für τ in L $[0, \alpha] \leq [0, \tau]$, also nach dem Antitonielemma $\tau \leq \alpha$. Damit ist α eine Schranke von L und weil σ die kleinste Schranke von L ist, ist $\sigma \leq \alpha$. Mit dem Antitonielemma folgt $[0, \alpha] \leq [0, \sigma]$, so daß sich $[0, \sigma]$ als Schranke von M erweist.

Sei $[\alpha, \beta]$ auch eine Schranke von M. Ist $[0, 0] \leq [\alpha, \beta]$, so ist $[0, \sigma] \leq [\alpha, \beta]$, denn wegen $0 \leq \sigma$ ist nach dem Antitonielemma $[0, \sigma] \leq [0, 0]$. Ist dagegen $[\alpha, \beta] \leq [0, 0]$, so gibt es nach dem Darstellungslemma ein γ mit $[\alpha, \beta] = [0, \gamma]$. Weil $[0, \gamma]$ eine Schranke von M ist, ist $\gamma \in L$, und weil σ eine Schranke von L ist, ist $\gamma \leq \sigma$. Mit dem Antitonielemma folgt $[0, \sigma] \leq [0, \gamma]$. Damit erweist sich $[0, \sigma]$ als kleinste Schranke von M.

$[0, 0]$ ist keine Schranke von M: Nach Voraussetzung gibt es eine Schranke von M, die nach dem Darstellungslemma die Form $[\delta, 0]$ hat. Sei

$$L = \{\, \tau \mid [\tau, 0] \in M \,\}.$$

Ist nun $\tau \in L$, so ist $[\tau, 0] \leq [\delta, 0]$, und nach dem Isotonielemma folgt $\tau \leq \delta$, so daß L beschränkt ist und es nach (R02) eine kleinste Schranke σ von L gibt.

Sei $[\alpha,\beta] \in M$. Ist $[\alpha,\beta] \leq [0,0]$, so ist $[\alpha,\beta] \leq [\sigma,0]$, weil wegen $0 \leq \sigma$ nach dem Isotonielemma $[0,0] \leq [\sigma,0]$ ist. Ist dagegen $[0,0] \leq [\alpha,\beta]$, so gibt es nach dem Darstellungslemma ein γ mit $[\alpha,\beta] = [\gamma,0]$. Es ist $\gamma \in L$, und weil σ eine Schranke von L ist, ist $\gamma \leq \sigma$. Mit dem Isotonielemma folgt $[\gamma,0] \leq [\sigma,0]$, so daß sich $[\sigma,0]$ als Schranke von M erweist.

Ist auch $[\alpha,\beta]$ eine Schranke von M, so folgt aus der Annahme $[0,0] \leq [\alpha,\beta]$, so daß es nach dem Darstellungslemma ein γ mit $[\alpha,\beta] = [\gamma,0]$ gibt. Ist nun $\tau \in L$, so ist $[\tau,0] \leq [\gamma,0]$ und mit dem Isotonielemma folgt $\tau \leq \gamma$. Damit ist γ eine Schranke von L. Da σ die kleinste Schranke ist, ist $\sigma \leq \gamma$ und mit dem Isotonielemma folgt $[\sigma,0] \leq [\gamma,0]$. Damit erweist sich $[\sigma,0]$ als kleinste Schranke von M.

7. Der Z-Körper (R3).

R ist eine A-Gruppe: Wegen (NEA) ist $[\alpha,\beta] + [0,0] = [\alpha+0, \beta+0] = [\alpha,\beta]$, so daß $[0,0]$ ein neutrales Element der Addition ist. Eine Gegenzahl von $[\alpha,\beta]$ ist $[\beta,\alpha]$, denn $[\alpha,\beta] + [\beta,\alpha] = [\alpha+\beta, \beta+\alpha] = [0,0]$.

$R^\times$ ist M-Gruppe: Nach dem Darstellungslemma hat jedes Element aus R die Form $[\alpha,0]$ oder $[0,\alpha]$, und wegen (MG) folgt aus dem Multiplikationslemma

$$[0,\alpha] \cdot [1,0] = [0,\ \alpha \cdot 1] = [0,\alpha]$$
$$[\alpha,0] \cdot [1,0] = [\alpha \cdot 1,\ 0] = [\alpha,0]\,,$$

so daß sich $[1,0]$ als neutrales Element der Multiplikation erweist. Wegen des Zweisatzes liegt $[1,0]$ in $R^\times$.

Ist $[0,\alpha] \neq [0,0]$ oder $[\alpha,0] \neq [0,0]$, so ist $\alpha \neq 0$ und es gibt nach (MG) den Kehrwert α' von α. Mit dem Multiplikationslemma folgt

$$[0,\alpha] \cdot [0,\alpha'] = [\alpha \cdot \alpha',\ 0] = [1,0]$$
$$[\alpha,0] \cdot [\alpha',0] = [\alpha \cdot \alpha',\ 0] = [1,0]\,,$$

so daß sich $[\alpha',0]$ bzw. $[0,\alpha']$ als Kehrwerte von $[\alpha,0]$ bzw. $[0,\alpha]$ erweisen. Da nach (MG) $\alpha' \neq 0$ ist, liegen $[\alpha',0]$ und $[0,\alpha']$ beide in $R^\times$.

Damit haben wir mit $(R,\ [0,0],\ [1,0])$ einen R-Bereich konstruiert und so gezeigt, daß die Postulate eines solchen Bereichs erfüllbar sind.

Aufgaben

1. Folgt (R3) aus den übrigen Postulaten und der Existenz von Gegenzahlen? Oder von Kehrwerten? Oder beider Inversen?

§ 8. Isomorphiesatz für R-Bereiche

Die für die Konstruktion eines C-Bereichs benötigten Eigenschaften eines R-Bereichs sind schon in Kapitel 1 als Eigenschaften eines angeordneten Z-Körpers hergeleitet worden – bis auf den Isomorphiesatz.

Sei $(\mathbb{R}, 0, 1)$ ein R-Bereich und $\mathbb{N} \sqsubseteq \mathbb{Z} \sqsubseteq \mathbb{Q} \sqsubseteq \mathbb{R}$ die darin nach (R1), (Q1), (Z1), (N1) enthaltenen Unterbereiche.

Satz. *Ist R ein angeordneter Zahlbereich und $\varphi : \mathbb{R} \to R$ ein Isomorphismus, so ist $(R, \varphi(0), \varphi(1))$ ebenfalls ein R-Bereich.*
Beweis. Sei $N = \varphi(\mathbb{N})$, $Z = \varphi(\mathbb{Z})$, $Q = \varphi(\mathbb{Q})$. Dann sind die Funktionen

$$\varphi_N : \mathbb{N} \to N,\ k \mapsto \varphi(k)$$
$$\varphi_Z : \mathbb{Z} \to Z,\ n \mapsto \varphi(n)$$
$$\varphi_Q : \mathbb{Q} \to Q,\ r \mapsto \varphi(r)$$

mit φ ebenfalls Isomorphismen und nach dem Isomorphiesatz für Zahlbereiche erhalten wir
$$N \sqsubseteq Z \sqsubseteq Q \sqsubseteq R \,.$$

$(N,\ \varphi(0),\ \varphi(1))$ ist ein N-Bereich: Dies ergibt sich aus dem Isomorphiesatz für N-Bereiche. Für Z- und Q-Bereiche haben wir keine Isomorphiesätze bewiesen, was wir hier nachholen:

$(Z,\ \varphi(0),\ \varphi(1))$ ist ein Z-Bereich:
(Z1) ist erfüllt, weil N ein N-Bereich und $N \sqsubseteq Z$ ist.

(Z2): Sei $a \in Z$. Dann gibt es $n \in \mathbb{Z}$ mit $\varphi(n) = a$. Wegen (Z2) gibt es m in $\mathbb{Z}$, mit $n + m = 0$. Somit ist $\varphi(n) \in Z$ und es ist $\varphi(n) + \varphi(m) = \varphi(n+m) = \varphi(0)$.

(Z3): Sei $a \in Z$. Dann gibt es $n \in \mathbb{Z}$ mit $\varphi(n) = a$. Wegen (Z3) gibt es $i, k \in \mathbb{N}$ und $m \in \mathbb{Z}$, so daß $k + m = 0$ und $n = i + m$ ist. Somit ist $\varphi(i), \varphi(k) \in N$ und $\varphi(m) \in Z$, und es ist $\varphi(k) + \varphi(m) = \varphi(k+m) = \varphi(0)$ sowie $a = \varphi(n) = \varphi(i+m) = \varphi(i) + \varphi(m)$.

$(Q,\ \varphi(0),\ \varphi(1))$ ist ein Q-Bereich:
(Q1) ist erfüllt, weil Z ein Z-Bereich und $Z \sqsubseteq Q$ ist.

(Q2): Sei a in Q, $a \neq \varphi(0)$. Dann gibt es $r \in \mathbb{Q}$ mit $\varphi(r) = a$. Da φ injektiv ist, ist $r \neq 0$ und wegen (Q2) gibt es $s \in \mathbb{Q}$ mit $r \cdot s = 1$. Dann ist $\varphi(s) \in Q$ und es ist $\varphi(r) \cdot \varphi(s) = \varphi(r \cdot s) = \varphi(1)$.

(Q3): Sei $a \in Q$. Dann gibt es $r \in \mathbb{Q}$ mit $\varphi(r) = a$. Wegen (Q3) gibt es $m, n \in \mathbb{Z}$ und $s \in \mathbb{Q}$, so daß $s \cdot n = 1$ und $r = m \cdot s$ ist. Somit ist $\varphi(m), \varphi(n) \in Z$ und $\varphi(s) \in Q$, und es ist $\varphi(s) \cdot \varphi(n) = \varphi(s \cdot n) = \varphi(1)$ sowie $a = \varphi(r) = \varphi(m \cdot s) = \varphi(m) \cdot \varphi(s)$.

Jetzt können wir zeigen, daß R ein R-Bereich ist:
(R1) ist erfüllt, weil Q ein Q-Bereich und $Q \sqsubseteq R$ ist.

(R2): Sei M eine nichtleere, durch a beschränkte Teilmenge von R und ψ die Umkehrabbildung von φ. Dann ist $\psi(M)$ nichtleer, und wegen (I1) durch $\psi(a)$ beschränkt. Wegen (R2) gibt es damit eine kleinste Schranke σ von $\psi(M)$, und wegen (I1) ist $\varphi(\sigma)$ die kleinste Schranke von M.

(R3): Sei $a \in R$. Dann gibt es $\alpha \in \mathbb{R}$ mit $\varphi(\alpha) = a$ und es ist $\varphi(0) + a = \varphi(0) + \varphi(\alpha) = \varphi(0 + \alpha) = \varphi(\alpha) = a$, so daß $\varphi(0)$ ein neutrales Element der Addition in R ist.

Weiter gibt es $\beta \in \mathbb{R}$ mit $\alpha + \beta = 0$. Dann ist $a + \varphi(\beta) = \varphi(\alpha) + \varphi(\beta) = \varphi(\alpha + \beta) = \varphi(0)$, so daß $\varphi(\beta)$ eine Gegenzahl a ist.

Sei $a \in R$. Dann gibt es $\alpha \in \mathbb{R}$ mit $\varphi(\alpha) = a$ und es ist $\varphi(1) \cdot a = \varphi(1) \cdot \varphi(\alpha) = \varphi(1 \cdot \alpha) = \varphi(\alpha)$, so daß $\varphi(1)$ ein neutrales Element der Multiplikation in R ist.

Sei $a \in R$, $a \neq \varphi(0)$. Dann gibt es $\alpha \in \mathbb{R}$ mit $\varphi(\alpha) = a$. Da φ injektiv ist, ist wegen $\varphi(\alpha) \neq \varphi(0)$ auch $\alpha \neq 0$ und es gibt ein β mit $\alpha \cdot \beta = 1$. Dann ist $a \cdot \varphi(\beta) = \varphi(\alpha) \cdot \varphi(\beta) = \varphi(\alpha \cdot \beta) = \varphi(1)$, so daß sich $\varphi(\beta)$ als ein Kehrwert von a erweist. $\diamondsuit$

§ 9. Konstruktion eines C-Bereichs

Wir setzen den R-Bereich $(\mathbb{R}, 0, 1)$ voraus. Im folgenden seien α, β, γ und ϱ, σ, τ reelle Zahlen.

74 2. Konstruktionen

1. Konstruktion der Elemente. Es sei $C = \mathbb{R} \times \mathbb{R}$. Wir definieren Addition und Multiplikation so, daß $(C, (0,0), (1,0), (0,1))$ die Postulate eines C-Bereichs erfüllt.

2. Die Addition. Es sei $(\alpha, \varrho) + (\beta, \sigma) = (\alpha + \beta, \varrho + \sigma)$.

Kommutativpostulat. *Es gilt* $(\alpha, \varrho) + (\beta, \sigma) = (\beta, \sigma) + (\alpha, \varrho)$.
Beweis. Es ist $(\alpha, \varrho) + (\beta, \sigma) = (\alpha + \beta, \varrho + \sigma) = (\beta + \alpha, \sigma + \varrho) = (\beta, \sigma) + (\alpha, \varrho)$. ◊

Assoziativpostulat. *Es gilt* $((\alpha, \varrho) + (\beta, \sigma)) + (\gamma, \tau) = (\alpha, \varrho) + ((\beta, \sigma) + (\gamma, \tau))$.
Beweis. Es ist

$$\begin{aligned}((\alpha, \varrho) + (\beta, \sigma)) + (\gamma, \tau) &= (\alpha + \beta, \varrho + \sigma) + (\gamma, \tau) \\ &= ((\alpha + \beta) + \gamma, (\varrho + \sigma) + \tau) \\ &= (\alpha + (\beta + \gamma), \varrho + (\sigma + \tau)) \qquad \text{(RP)} \\ &= (\alpha, \varrho) + (\beta + \gamma, \sigma + \tau) \\ &= (\alpha, \varrho) + ((\beta, \sigma) + (\gamma, \tau)) \ . \qquad ◊ \end{aligned}$$

3. Die Multiplikation. Es sei

$$(\alpha, \varrho) \cdot (\beta, \sigma) = (\alpha \cdot \beta - \varrho \cdot \sigma, \ \alpha \cdot \sigma + \varrho \cdot \beta) \ .$$

Kommutativpostulat. *Es gilt* $(\alpha, \varrho) \cdot (\beta, \sigma) = (\beta, \sigma) \cdot (\alpha, \varrho)$.
Beweis. Es ist

$$\begin{aligned}(\alpha, \varrho) \cdot (\beta, \sigma) &= (\alpha \cdot \beta - \varrho \cdot \sigma, \ \alpha \cdot \sigma + \varrho \cdot \beta) \\ &= (\beta \cdot \alpha - \sigma \cdot \varrho, \ \beta \cdot \varrho + \sigma \cdot \alpha) \qquad \text{(RP)} \\ &= (\beta, \sigma) \cdot (\alpha, \varrho) \ . \qquad ◊ \end{aligned}$$

Assoziativpostulat. *Es gilt* $((\alpha, \varrho) \cdot (\beta, \sigma)) \cdot (\gamma, \tau) = (\alpha, \varrho) \cdot ((\beta, \sigma) \cdot (\gamma, \tau))$.
Beweis. Es ist

$$\begin{aligned}((\alpha, \varrho) \cdot (\beta, \sigma)) \cdot (\gamma, \tau) &= (\alpha \cdot \beta - \varrho \cdot \sigma, \ \alpha \cdot \sigma + \varrho \cdot \beta) \cdot (\gamma, \tau) \\ &= ((\alpha \cdot \beta - \varrho \cdot \sigma) \cdot \gamma - (\alpha \cdot \sigma + \varrho \cdot \beta) \cdot \tau, \ (\alpha \cdot \beta - \varrho \cdot \sigma) \cdot \tau + (\alpha \cdot \sigma + \varrho \cdot \beta) \cdot \gamma) \\ &= (\alpha \cdot (\beta \cdot \gamma - \sigma \cdot \tau) - \varrho \cdot (\gamma \cdot \sigma + \beta \cdot \tau), \ \alpha \cdot (\beta \cdot \tau + \sigma \cdot \gamma) + \varrho \cdot (\beta \cdot \gamma - \tau \cdot \sigma)) \\ &= (\alpha, \varrho) \cdot (\beta \cdot \gamma - \sigma \cdot \tau, \ \gamma \cdot \sigma + \beta \cdot \tau) \\ &= (\alpha, \varrho) \cdot ((\beta, \sigma) \cdot (\gamma, \tau)) \ . \qquad ◊ \end{aligned}$$

§ 9. Konstruktion eines C-Bereichs

Distributivpostulat. *Es gilt:*
$$\bigl((\alpha,\varrho) + (\beta,\sigma)\bigr) \cdot (\gamma,\tau) = (\alpha,\varrho) \cdot (\gamma,\tau) + (\beta,\sigma) \cdot (\gamma,\tau) \,.$$

Beweis. Es ist

$$\begin{aligned}
\bigl((\alpha,\varrho) + (\beta,\sigma)\bigr) \cdot (\gamma,\tau) &= (\alpha + \beta,\ \varrho + \sigma) \cdot (\gamma,\tau) \\
&= \bigl((\alpha+\beta)\cdot\gamma - (\varrho+\sigma)\cdot\tau,\ (\alpha+\beta)\cdot\tau + (\varrho+\sigma)\cdot\gamma\bigr) \\
&= (\alpha\cdot\gamma + \beta\cdot\gamma - \varrho\cdot\tau - \sigma\cdot\tau,\ \alpha\cdot\tau + \beta\cdot\tau + \varrho\cdot\gamma + \sigma\cdot\gamma) \quad \text{(RP)} \\
&= (\alpha\cdot\gamma - \varrho\cdot\tau,\ \alpha\cdot\tau + \varrho\cdot\gamma) + (\beta\cdot\gamma - \sigma\cdot\tau,\ \beta\cdot\tau + \sigma\cdot\gamma) \\
&= (\alpha,\varrho)\cdot(\gamma,\tau) + (\beta\cdot\sigma)\cdot(\gamma,\tau) \,. \quad \diamond
\end{aligned}$$

4. Der R-Bereich (C1). Sei $R = \{\,(\alpha,0) \mid \alpha \in \mathbb{R}\,\}$. Wir behaupten, daß die Funktion

$$\varphi\colon \mathbb{R} \to R,\ \alpha \mapsto (\alpha,0)$$

ein Isomorphismus ist. Nach Konstruktion ist φ surjektiv. Aus $(\alpha,0) \neq (\beta,0)$ folgt $\alpha \neq \beta$, so daß φ injektiv ist. Wegen $(\alpha,0) + (\beta,0) = (\alpha+\beta,\ 0) \in R$ und $(\alpha,0)\cdot(\beta,0) = (\alpha\cdot\beta - 0\cdot 0,\ \alpha\cdot 0 + 0\cdot\beta) = (\alpha\cdot\beta,\ 0) \in R$ treffen die Eigenschaften (I2) und (I3) auf φ zu und R erweist sich als Unterbereich von C. Nach dem Unterbereichssatz ist R mit C ein Zahlbereich. Um R zu einem angeordneten Zahlbereich zu machen, definieren wir durch

$$(\alpha,0) \leq_R (\beta,0) \quad \Leftrightarrow \quad \alpha \leq \beta$$

eine Relation $\leq_R$. Mit $\leq$ ist auch $\leq_R$ eine lineare Ordnung.

Zu (MA): Sei $(\alpha,0) \leq (\beta,0)$ und $(\gamma,0) \in R$. Dann ist $\alpha \leq \beta$ und für γ folgt wegen (MA) $\alpha + \gamma \leq \beta + \gamma$. Es ergibt sich

$$(\alpha,0) + (\gamma,0) = (\alpha+\gamma,\ 0) \leq (\beta+\gamma,\ 0) = (\beta,0) + (\gamma,0) \,.$$

Zu (MM): Für $(\gamma,0)$ mit $(0,0) \leq (\gamma,0)$ ist $0 \leq \gamma$ und es folgt wegen (MM) $\alpha\cdot\gamma \leq \beta\cdot\gamma$. Es ergibt sich

$$(\alpha,0)\cdot(\gamma,0) = (\alpha\cdot\gamma,\ 0) \leq (\beta\cdot\gamma,\ 0) = (\beta,0)\cdot(\gamma,0) \,.$$

Damit erfüllt R die Postulate eines angeordneten Zahlbereichs. Ist $\alpha \neq \beta$, so ist $(\alpha,0) \neq (\beta,0)$ und damit ist φ injektiv. Nach Konstruktion ist φ surjektiv und nach Definition von $\leq_R$ trifft (I1) auf φ zu. Damit ist φ tatsächlich ein Isomorphismus. Da R Teilmenge eines angeordneten Zahlbereichs, nämlich R, ist, folgt nach dem Isomorphiesatz für R-Bereiche, daß mit $(\mathbb{R},0,1)$ auch $(R,\ (0,0),\ (1,0))$ ein R-Bereich ist.

5. Das Postulat (C2).
Es ist $(0,1) \cdot (0,1) + (1,0) = (0 \cdot 0 - 1 \cdot 1,\ 0 \cdot 1 + 1 \cdot 0) + (1,0) = (0,0)$.

6. Die Körpereigenschaften (C3).
C ist eine A-Gruppe:
Da $(\alpha, \varrho) + (0,0) = (\alpha + 0,\ \varrho + 0) = (\alpha, \varrho)$ ist, erweist sich $(0,0)$ als neutrales Element der Addition. Da $(\alpha, \varrho) + (-\alpha, -\varrho) = (\alpha - \alpha,\ \varrho - \varrho) = (0,0)$ ist, ist $(-\alpha, -\varrho)$ eine Gegenzahl von (α, ϱ). Da C ein Zahlbereich ist, folgt, daß C eine A-Gruppe ist.

$C^\times$ ist eine M-Gruppe:
Da $(\alpha, \varrho) \cdot (1,0) = (\alpha \cdot 1 - \varrho \cdot 0,\ \alpha \cdot 0 + \varrho \cdot 1) = (\alpha, \varrho)$ ist, erweist sich $(1,0)$ als neutrales Element der Multiplikation.

Sei (α, ϱ) in $C^\times$. Nach der Vorzeichenregel ist $\alpha \cdot \alpha$ oder $\varrho \cdot \varrho$ positiv, so daß mit (SMA) auch $\tau = \alpha \cdot \alpha + \varrho \cdot \varrho$ positiv ist und wegen (R3) der Kehrwert $1/\tau$ existiert. Nun ist

$$(\alpha, \varrho) \cdot (\alpha, -\varrho) = \big(\alpha \cdot \alpha - (\varrho \cdot (-\varrho)),\ \alpha \cdot (-\varrho) + \varrho \cdot \alpha\big)$$
$$= (\alpha \cdot \alpha + \varrho \cdot \varrho,\ 0) = (\tau, 0)\ .$$

Damit folgt

$$(\alpha, \varrho) \cdot \big((\alpha, -\varrho) \cdot (1/\tau, 0)\big) = \big((\alpha, \varrho) \cdot (\alpha, -\varrho)\big) \cdot (1/\tau, 0)$$
$$= (\tau, 0) \cdot (1/\tau, 0)$$
$$= \big(\tau \cdot (1/\tau) - 0 \cdot 0,\ \tau \cdot 0 + 0 \cdot (1/\tau)\big)$$
$$= (1,0)\ ,$$

so daß sich $(\alpha, -\varrho) \cdot \big(1/(\alpha \cdot \alpha + \varrho \cdot \varrho),\ 0\big)$ als ein Kehrwert von (α, ϱ) erweist, der in $C^\times$ liegt.

Seien (α, ϱ) und (β, σ) in $C^\times$ und z der Kehrwert von (α, ϱ). Wäre jetzt $(\alpha, \varrho) \cdot (\beta, \sigma) = (0,0)$, so wäre wegen des Nullfaktorsatzes für die A-Gruppe C

$$(0,0) = z \cdot (0,0) = z \cdot \big((\alpha, \varrho) \cdot (\beta, \sigma)\big) = (1,0) \cdot (\beta, \sigma) = (\beta, \sigma)$$

im Widerspruch zur Voraussetzung.

7. Existenz der Darstellung (C4).
Es ist $(\alpha, \beta) = (\alpha, 0) + (0, \beta) = (\alpha, 0) + (0,1) \cdot (\beta, 0)$ und $(\alpha, 0), (\beta, 0) \in R$.

Wir haben nachgewiesen, daß $(C,\ (0,0),\ (1,0),\ (0,1))$ die Postulate eines C-Bereichs erfüllt. Was zu beweisen war, oder, um ein letztes Mal DEDEKIND zu zitieren:

w. z. b. w.

§ 10. Die Fünferkette

Die folgenden Bezeichnungen der Fünferkette entsprechen einerseits der Tradition und ermöglichen andererseits klare Begründungen der in der Analysis benötigten Schlüsse:

$(\mathbb{C}, 0, 1, i)$ sei ein C-Bereich.
$(\mathbb{R}, 0, 1)$ sei ein R-Bereich mit $\mathbb{R} \sqsubseteq \mathbb{C}$.
$(\mathbb{Q}, 0, 1)$ sei ein Q-Bereich mit $\mathbb{Q} \sqsubseteq \mathbb{R}$.
$(\mathbb{Z}, 0, 1)$ sei ein Z-Bereich mit $\mathbb{Z} \sqsubseteq \mathbb{Q}$.
$(\mathbb{N}, 0, 1)$ sei ein N-Bereich mit $\mathbb{N} \sqsubseteq \mathbb{Z}$.

Weil $\sqsubseteq$ mit der Mengeninklusion reflexiv und transitiv ist, enthalten alle Kettenglieder $\mathbb{N}$ als Unterbereich und sind Unterbereiche von $\mathbb{C}$. Die Injektivität der Addition und der Multiplikation in $\mathbb{C}$ trifft damit auf alle Kettenglieder zu. Alle fünf Glieder enthalten 0 und 1, deren Neutralität sich ebenso wie der Nullfaktorsatz und die Nullteilerfreiheit von $\mathbb{C}$ auf alle Kettenglieder vererbt.

Da $\mathbb{C}$ eine A-Gruppe ist, folgt aus (Z2), daß $\mathbb{Z}$ ebenfalls eine A-Gruppe ist.

Wenden wir uns jetzt $\mathbb{Q}$ zu: Da $\mathbb{C}^\times$ eine M-Gruppe ist, folgt mit (Q2), daß $\mathbb{Q}^\times$ ebenfalls eine M-Gruppe ist. Wegen (Q3) gibt es zu jeder rationalen Zahl r ganze Zahlen m, n, mit $r = m/n$. Wegen (Z2) und (Q1) liegt $-m$ in $\mathbb{Q}$. Und wegen (Z2), (Q1), (NF) und Zweisatz (!) liegt n in $\mathbb{Q}^\times$, so daß wegen (Q2) auch $1/n$ in $\mathbb{Q}$ liegt. Somit liegt mit $-m$ und $1/n$ auch $(-m)/n$ in $\mathbb{Q}$. Und nach dem Gegenzahlfaktorsatz ist $-r = (-m)/n$. Damit erweist sich $\mathbb{Q}$ auch als A-Gruppe und insgesamt als Z-Körper.

In allen anderen mir bekannten Konstruktionen der Zahlbereiche gibt es erstaunlicherweise nur einen einzigen N-Bereich. Um diese „Einzigkeit" zu rechtfertigen, gibt man einen Isomorphismus zwischen zwei N-Bereichen an und begründet damit deren „Identifikation". Man macht eins aus zwei. Diese Identifikation soll wohl implizieren, daß alle Eigenschaften des einen N-Bereichs auch für den anderen gelten. Dies bedient zwar die Anschauung, ist aber falsch, wie unsere fünf hier konstruierten N-Bereiche zeigen. So sind die Elemente des einen

N-Bereichs Äquivalenzklassen, die eines anderen DEDEKINDsche Schnitte. Der Satz, alle Elemente seien Äquivalenzklassen, ist damit in einem Bereich wahr, im anderen falsch.

Identifikationen werden denn auch nirgends für Begründungen herangezogen – dieser Begriff erweist sich als ebenso sinn- wie nutzlos, ganz so wie EUKLIDS unverständliche Definition der Gerade, die er in keinem seiner Beweise benutzt. Nach LUCIO RUSSO ([RUS2005]) spricht denn auch vieles dafür, daß Schüler diese Definition in „dunklen" Zeitaltern den Elementen hinzufügten, da Überflüssiges für Mathematiker der hellenistischen Epoche untypisch war.

Wir lassen lieber zwei N-Bereiche zwei sein und vermeiden so, den Begriff Gleichheit anzutasten. Dafür mag unsere Konstruktion umständlicher und weniger anschaulich sein, aber den Preis zahle ich gerne für die gewonnene Klarheit. Der zusätzliche Aufwand entsteht vor allem durch die Unterbereichskette. Wir haben gezeigt, daß in jedem C-Bereich ein N-Bereich steckt und jeder N-Bereich in einem C-Bereich, und dies finde ich sehr schön.

Aufgaben

1. Gibt es einen angeordneten Zahlbereich A mit $\mathbb{N} \sqsubseteq A$, so daß $\mathbb{N}$ beschränkt ist?

2. Ist $\mathbb{C}^\times$ ein Zahlbereich?

3. Warum ist $\mathbb{R}^+ \cap \mathbb{R}^- = \emptyset$?

4. Ist $\{\, m + n \cdot \mathrm{i} \mid m, n \in \mathbb{Z}\,\}$ ein Zahlbereich?

5. Sei $Y \sqsubseteq \mathbb{Z}$, so daß (Z1) und (Z2) auf Y zutreffen. Dann ist $Y = \mathbb{Z}$.

6. Sei $P \sqsubseteq \mathbb{Q}$, so daß (Q1) und (Q2) auf P zutreffen. Dann ist $P = \mathbb{Q}$.

7. Ist $\mathbb{R}$ Unterbereich eines angeordneten Z-Körpers S, so ist $\mathbb{R} = S$.

8. Ist $\mathbb{C}$ Unterbereich eines Z-Körpers D, so ist $\mathbb{C} = D$.

9. Gib die kleinste A-Gruppe in $\mathbb{Z}$ an.

10. Folgt (C4) aus den anderen Postulaten eines C-Bereichs?

11. Gib alle Unterbereiche von $\mathbb{C}$ an, die mit geeignet definierten linearen Ordnungen die Postulate eines angeordneten Zahlbereichs erfüllen.

12. Für a, b und q in $\mathbb{C}$ definieren wir a/b durch
$$q = a/b \quad \Leftrightarrow \quad b \cdot q = a\,.$$
Damit ist $0/0 = 0$, weil $0 \cdot 0 = 0$ ist und $0/0 = 1$, weil $0 \cdot 1 = 0$ ist, also $0 = 0/0 = 1$. Ist Null und Eins doch dasselbe?

Kapitel 3. Endliche Mengen und Tupel

Es hat nicht soviel Tag im Jahr,
wie der Fuchs am Schwanz hat Haar
Volksmund

Einleitung. In [TAS2009], Seiten 59–60, berichtet RUDOLF TASCHNER, wie die Sumerer Lieferscheine ohne Zahlen ausfertigen. Um eine Schafherde zum Schlachter bringen zu lassen, legte der Züchter für jedes Schaf einen Stein in ein Tongefäß, versiegelte dieses und gab es einem Hirten mit dem Auftrag, Herde und Gefäß dem Schlachter einige Tagesreisen entfernt abzuliefern. Der zerbrach das Tongefäß, um zu überprüfen, ob es zu jedem Stein genau ein Schaf gibt. Blieben Steine übrig, mußte der Hirte erklären, wo die Schafe geblieben sind. Der Bauer hatte – ohne Zahlen – die Zahl der Schafe festgehalten. Der Schlachter konnte die Vollständigkeit der Lieferung – ohne zu zählen – überprüfen. Bauer und Schlachter wußten, daß sie gleich viele Schafe und Steine vor sich haben, wenn es zu jedem Stein genau ein Schaf gibt und zu jedem Schaf genau ein Stein. das heißt, wenn es eine Bijektion zwischen der Menge der Schafe und der Menge der Steine gibt.

Wir wollen den Begriff der Größe endlicher Mengen so definieren, daß wir Sätze formulieren und ableiten können, ohne wie die Sumerer – oder auch EUKLID – auf Erfahrungen zurückzugreifen.

§ 1. Die endliche Menge und ihre Größe

Aus der Idee, über eine Bijektion die Größe zweier Mengen zu vergleichen, ist wohl der Begriff der Zahl entstanden. Wir gehen umgekehrt vor, und führen den Begriff der Größe – oder Zahl – einer endlichen Menge auf den der natürlichen Zahl zurück.

Dazu bauen wir unser Symbol- und Begriffsrepertoire der Mengenlehre aus:

Die Menge aller Funktionen mit der Definitionsmenge X und der Zielmenge Y bezeichnen wir mit $\mathcal{F}(X,Y)$. Für $\mathcal{F}(X,X)$ schreiben wir auch $\mathcal{F}(X)$. Ist die Definitionsmenge einer Funktion leer, so ist auch deren Graph leer. Diese Funktion mit leerem Graph und der Zielmenge X bezeichnen wir mit ε_X.

80   3. Endliche Mengen und Tupel

Die Menge bijektiver Funktionen mit der Definitionsmenge X und der Zielmenge Y bezeichnen wir mit $\mathcal{B}(X,Y)$. Für $\mathcal{B}(X,X)$ schreiben wir auch $\mathcal{B}(X)$.

Im folgenden seien X und Y Mengen und f eine Funktion in $\mathcal{F}(X,Y)$.

Für $Z \subseteq X$ sei die *Einschränkung* oder *Vorbeschränkung* von f auf Z die Funktion
$$f{\downarrow}Z: Z \to Y, \ x \mapsto f(x) \ .$$
Jede Vorbeschränkung einer injektiven Funktion ist ebenfalls injektiv.

Für ein Z mit $f(X) \subseteq Z$ sei die *Nachbeschränkung* von f auf Z die Funktion
$$f{\uparrow}Z: X \to Z, \ x \mapsto f(x) \ .$$
Jede Nachbeschränkung einer injektiven Funktion ist ebenfalls injektiv.

Für $Z \subseteq X$ sei die *Beschränkung* von f auf Z die Funktion
$$f{\updownarrow}Z = (f{\downarrow}Z){\uparrow}f(Z) \ .$$
Die Funktion $f{\updownarrow}Z$ ist surjektiv und für injektives f sogar bijektiv.

Zu $x, y \in X$ definieren wir die *Vertauschung* $\tau_{x,y}$ von x mit y auf X durch
$$\tau_{x,y}(x) = y$$
$$\tau_{x,y}(y) = x \cdot$$
$$\tau_{x,y}(z) = z \text{ für } z \in X \setminus \{x,y\} \ .$$
Demnach ist auch $\tau_{x,x}$ eine Vertauschung, obwohl alles bleibt, wo es ist. Diese Konvention erweist sich als praktisch, da sie die Fälle $x = y$ und $x \neq y$ zusammenführt. Ist τ eine Vertauschung, so ist $\tau \circ \tau = \mathrm{id}_X$ und τ erweist sich als ihre eigene Umkehrung. Da τ eine Umkehrfunktion hat, ist $\tau \in \mathcal{B}(X)$.

Wir sagen, die Mengen X, Y seien zueinander *disjunkt*, wenn $X \cap Y = \emptyset$ ist. Die einzige Menge, die zu jeder Menge disjunkt ist, ist die leere Menge. Sie ist auch die einzige Menge, die zu sich selber disjunkt ist.

Eine Menge $\mathcal{Z}$, deren Elemente Mengen sind, so daß je zwei von ihnen zueinander disjunkt sind, nennen wir eine *Zerlegung von* $\bigcup \mathcal{Z}$ *in die Elemente von* $\mathcal{Z}$. Hat $\mathcal{Z}$ weniger als zwei Elemente, so ist $\mathcal{Z}$ immer eine Zerlegung, denn es gibt dann keine zwei Elemente in $\mathcal{Z}$, die die Forderung, zueinander disjunkt zu sein, verletzen könnten. Ist $\mathcal{Z} = \{X, \emptyset\}$, so ist $\mathcal{Z}$ eine Zerlegung, weil ja X und $\emptyset$ zueinander disjunkt sind. Ist $\{X, Y\}$ eine Zerlegung, so können wir daraus $X \cap Y = \emptyset$ nur schließen, wenn $X \neq Y$ ist, $\{X, Y\}$ also eine Zerlegung in *zwei* Elemente ist. Dies übersah ich schon mal, weswegen ich das betone.

§ 1. Die endliche Menge und ihre Größe

Achtung: In der Literatur wird von einer Zerlegung oft zusätzlich verlangt, daß ihre Elemente nichtleer sind. Um Fallunterscheidungen zu vermeiden, lassen wir aber die leere Menge als Element einer Zerlegung zu.

Wir betrachten wieder die *Anfangsstücke* der natürlichen Zahlen, mit denen wir die lineare Ordnung eines N-Bereichs konstruiert hatten. Jetzt definieren wir die Anfangsstücke umgekehrt über die Ordnung:

$$A_n = \{\, k \in \mathbb{N} \mid 0 \leq k < n \,\}.$$

Wir sagen, eine Menge X sei *endlich*, wenn es ein $n \in \mathbb{N}$ mit $\mathcal{B}(A_n, X) \neq \emptyset$ gibt. Ist dagegen $\mathcal{B}(A_n, X) = \emptyset$ für alle $n \in \mathbb{N}$, so sei X *unendlich*.

Lemma 1. *Gibt es eine injektive Funktion* $\varphi \colon A_m \to A_n$, *so ist* $m \leq n$.
Beweis. Wir zeigen dies mit einer Induktion nach n.

$\mathcal{E}(0)$: Weil die Zielmenge A_0 der Funktion φ leer ist, ist auch ihre Definitionsmenge leer. Damit ist $m = 0$, denn das einzige leere Anfangsstück ist A_0.

$\mathcal{E}(n) \Rightarrow \mathcal{E}(n+1)$: Sei $\varphi \colon A_m \to A_{n+1}$ eine injektive Funktion.
Ist $\varphi(A_m) \subseteq A_n$, so können wir die Funktion

$$A_m \to A_n, \ \ell \mapsto \varphi(\ell)$$

definieren, die von φ die Injektivität erbt. Mit der (I.V) folgt $m \leq n$ und hieraus $m \leq n + 1$.

Ist $\varphi(A_m) \not\subseteq A_n$, so gibt es ein $k \in A_m$ mit $\varphi(k) = n$, denn n ist das einzige Element in $A_{n+1} \setminus A_n$. Sei $\tau \colon A_m \to A_m$ die Vertauschung von k und $m - 1$. Für $\ell \in A_{m-1}$ ist $\tau(\ell) \neq k$, also $\varphi(\tau(\ell)) \neq n$ und wir können die Funktion

$$A_{m-1} \to A_n, \ \ell \mapsto \varphi(\tau(\ell))$$

definieren, die von φ und τ die Injektivität erbt. Mit der (I.V) folgt $m - 1 \leq n$ und hieraus $m \leq n + 1$. $\Diamond$

Sind die Funktionen $\varphi \colon X \to A_m$ und $\psi \colon X \to A_n$ bijektiv, so sind die Funktionen

$$\psi \circ \varphi^{-1} \colon A_m \to A_n$$
$$\varphi \circ \psi^{-1} \colon A_n \to A_m$$

injektiv und mit Lemma 1 folgt $m = n$. Für eine endliche Menge X gibt es damit genau ein n, so daß $\mathcal{B}(A_n, X)$ nichtleer ist. Wir nennen diese Zahl die „Größe von X" und sagen „X hat genau n Elemente" oder „die Zahl der Elemente von X ist n" und schreiben $|X|$ für die Größe von X.

3. Endliche Mengen und Tupel

Auf Grundlage des nächsten Satzes hat der sumerische Bauer die Zahl der Schafe als die gleich große Zahl der Steine festgehalten.

Bijektionssatz. *Ist eine der Mengen X und Y endlich und gibt es eine Bijektion von X nach Y, so ist auch die andere Menge endlich und beide Mengen sind gleich groß.*
Beweis. Ist X endlich und $|X| = n$, so gibt es ein $\varphi \in \mathcal{B}(X, A_n)$ und nach Voraussetzung gibt es ein $\psi \in \mathcal{B}(Y, X)$, so daß sich $\varphi \circ \psi \in \mathcal{B}(Y, A_n)$ und damit $|Y| = n$ ergibt. ◇

Im Umkehrschluß zum Bijektionssatz gibt es ein $\varphi \in \mathcal{B}(X,Y)$, wenn X und Y endlich und gleich groß sind.

Lemma 2. *Ist M eine Teilmenge von A_n, so ist M endlich.*
Beweis. Wir zeigen mit Induktion nach n:

$\mathcal{E}(0)$: Als Teilmenge der leeren Menge A_0 ist M die leere Menge, und somit endlich.

$\mathcal{E}(n) \Rightarrow \mathcal{E}(n+1)$: Sei $M \subseteq A_{n+1}$. Ist $M = A_{n+1}$, so ist nichts mehr zu zeigen. Andernfalls gibt es ein $k \in A_{n+1} \setminus M$. Ist $k = n$, so ist $M \subseteq A_n$ und nach (I.V) endlich. Ist $k \neq n$, so sei $\tau: A_{n+1} \to A_{n+1}$ die Vertauschung von n und k. Dann ist $\tau(M) \subseteq A_n$ und nach (I.V) endlich. Da τ injektiv ist, ist die Funktion

$$\tau{\updownarrow}M: M \to \tau(M),\ \ell \mapsto \tau(\ell)$$

bijektiv, so daß sich M nach dem Bijektionssatz als endlich erweist. ◇

Kann der Schlachter jedem Stein ein anderes Schaf zuordnen, so schließt er, daß der Hirte keine Schafe auf die Seite gebracht hat. Der nächste Satz begründet solche Schlüsse.

Größenabschätzung endlicher Mengen. *Für $f \in \mathcal{F}(X,Y)$ gilt:*

(i) f injektiv und Y endlich $\Rightarrow$ X endlich und $|X| \leq |Y|$
(ii) f surjektiv und X endlich $\Rightarrow$ Y endlich und $|Y| \leq |X|$.

Beweis. Zu (i): Da Y endlich ist, gibt es ein n und ein $\psi \in \mathcal{B}(Y, A_n)$. Es ist

$$g = \psi \circ f \in \mathcal{F}(X, A_n)$$

als Verkettung injektiver Funktionen injektiv und $M = g(X)$ eine Teilmenge von A_n. Nach Lemma 2 ist M endlich, so daß es ein m und ein $\varphi \in \mathcal{B}(A_m, M)$

gibt. Weil $\varphi{\upharpoonright}A_n$ eine injektive Funktion in $\mathcal{F}(A_m, A_n)$ ist, ist mit Lemma 1 $m \leq n$. Schließlich liegt $g{\upharpoonright}M$ in $\mathcal{B}(X, M)$, so daß nach dem Bijektionssatz

$$|X| = |M| = m \leq n = |Y|$$

folgt.

Zu (ii): Da X endlich ist, gibt es ein n und ein $\varphi \in \mathcal{B}(A_n, X)$. Es ist

$$g = f \circ \varphi \in \mathcal{F}(A_n, Y)$$

als Verkettung einer surjektiven nach einer bijektiven Funktion surjektiv. Wie bei jeder surjektiven Funktion kann man die Definitionsmenge auf ein $M \subseteq A_n$ soweit einschränken, daß $g{\downharpoonright}M \in \mathcal{F}(M, Y)$ bijektiv ist. Nach Lemma 2 ist M und damit auch Y endlich und es ist $|Y| = |M|$. Ist $|M| = m$, so gibt es demnach ein $\psi \in \mathcal{B}(A_m, M)$. Mit ψ ist auch $\psi{\upharpoonright}A_n$ injektiv und mit Lemma 1 folgt $m \leq n$. $\diamond$

Teilmengensatz. *Ist $X \subseteq Y$ und Y endlich, so ist X endlich und $|X| \leq |Y|$.*
Beweis. Die Nachbeschränkung der Funktion id_X auf Y ist injektiv, und der Teilmengensatz folgt aus dem Abschätzungssatz. $\diamond$

Wer jetzt Formeln für die Größen bestimmter endlicher Mengen, etwa ihres Durchschnitts oder ihrer Vereinigung, erwartet, sei auf das nächste Kapitel vertröstet. Solche Formeln werden wir nämlich mit Hilfe endlicher Summen und Produkte herleiten, zu deren Definition wir den Begriff der endlichen Folge bzw. des n-Tupels im nächsten Paragraph brauchen.

GREGOR CANTOR dehnte den Begriff der Größe einer endlichen Menge auf unendliche Mengen als deren *Mächtigkeit* aus. Dabei sind zwei Mengen gleich mächtig, wenn es eine Bijektion zwischen ihnen gibt. Er konnte nachweisen, daß $\mathbb{R}$ und $\mathcal{P}(\mathbb{N})$ gleich mächtig und beide mächtiger als $\mathbb{N}$ sind. Dies beeindruckte Mathematiker so stark, daß CANTOR und nicht DEDEKIND als Begründer der Mengenlehre gesehen wird. Für uns ist die Mächtigkeit unendlicher Mengen irrelevant, da es in unserer Erfahrungswelt keine Beispiele für unendliche Mengen gibt, auf die wir CANTORs Ergebnisse übertragen könnten.

Aufgaben

1. Die Menge N einer PEANO-Struktur (N, ν, e) ist unendlich.
2. Ist $f \in \mathcal{F}(X)$ injektiv und X endlich, so ist f bijektiv.

§ 2. Endliche Folgen und Tupel

Ein Wort wie `Hallo` ist eine „Buchstabenfolge", ein Satz wie `Hallo Welt!` eine „Zeichenfolge" und `567` eine „Ziffernfolge". In der Mathematik stellt man solche Folgen gerne mit drei Pünktchen wie in

$$x_1, x_2, \cdots, x_n$$

dar, und jeder weiß, was gemeint ist, aber keiner kann man mit den drei Pünktchen alleine einen Beweis führen, ohne auf die Erfahrungswelt zurückzugreifen. Wir führen daher den im Deutschen bekannten Begriff der Folge als „endliche Folge" auf den Begriff der endlichen Menge zurück, um mit unserem mittlerweile schon recht weit entwickeltem Instrumentarium Sätze über endliche Folgen zu begründen.

Eine *endliche Folge* ist eine surjektive Funktion mit der Definitionsmenge A_n für ein $n \in \mathbb{N}$. Unter der *Folgenlänge* verstehen wir die Größe von A_n. Da $\varepsilon_\emptyset$ die einzige surjektive Funktion auf A_0 ist, ist ε auch die einzige Folge der Länge null. Diese nennen wir in Analogie zur leeren Menge *die* leere Folge.

Eine Menge $T \subseteq \mathbb{Z}$ nennen wir *Teilstück der ganzen Zahlen*, wenn es ein $n \in \mathbb{N}$ und ein $s \in \mathbb{Z}$ gibt, so daß

$$T = \{\, k + s \mid k \in A_n \,\}$$

ist. Ein Teilstück ist demnach ein „um s nach rechts verschobenes Anfangsstück". Für negative s muß man in Wirklichkeit das Anfangsstück nach links schieben.

Da die Addition von s injektiv ist, ist $|T| = |A_n|$. Wir nennen eine surjektive Funktion φ, deren Definitionsmenge ein Teilstück T der Größe n ist, ein *n-Tupel* und bezeichnen sie mit dem Term

$$\bigl(\varphi(k) \mid k \in T\bigr) \, .$$

Die Elemente von T nennt man in diesem Zusammenhang auch *Indizes* und T selbst *Indexmenge*. Um Klammern zu sparen, geben wir die Komponenten von φ, d.h. ihre Funktionswerte, in der Indexschreibweise an, also etwa φ_k für $\varphi(k)$.

§ 2. Endliche Folgen und Tupel

Die Tupel mit der Indexmenge A_n sind also gerade die Folgen der Länge n. Sei

$$V: A_n \to T,\ k \mapsto k + s$$

die Verschiebung um s, $\mathcal{F}$ die Menge der Folgen mit Länge n und $\mathcal{T}$ die auf T definierten Tupel. Dann ist die Funktion

$$\Phi: \mathcal{T} \to \mathcal{F},\ \varphi \mapsto \varphi \circ V$$

bijektiv: Liegen x, y in $\mathcal{T}$ mit $\Phi(x) = \Phi(y)$, so ist für jedes $k \in A_n$

$$x_{k+s} = \Phi(x)(k) = \Phi(y)(k) = y_{k+s}\ ,$$

Hieraus folgt $x_k = y_k$ für jedes $k \in T$, so daß wir $x = y$ erhalten. Für $\varphi \in \mathcal{F}$ liegt $x = \bigl(\varphi(k - s) \mid k \in T\bigr)$ in $\mathcal{T}$ und es ist $\Phi(x) = \varphi$.

Sehr häufig werden wir Tupel mit der Indexmenge $T = \{\, k \mid 1 \leq k \leq n \,\}$ betrachten. Wegen des Lückensatzes haben wir

$$k < n \quad \Leftrightarrow \quad k \leq n - 1\ ,$$

so daß wir $A_n = \{\, k \mid 0 \leq k < n \,\} = \{\, k \mid 0 \leq k \leq n - 1 \,\}$ erhalten. In dieser Darstellung sieht man gut, daß die Addition von 1 das Anfangsstück A_n auf das Teilstück T schiebt.

Für ein Teilstück T und ein Mengentupel $(M_k \mid k \in T)$ definieren wir das *kartesische Produkt* als die Tupelmenge

$$\underset{k \in T}{\times}\, M_k = \{\, (x_k \mid k \in T) \bigm| x_k \in M_k \text{ für jedes } k \in T \,\}\ .$$

Für $T = A_n$ bezeichnen wir das kartesische Produkt mit $\underset{k < n}{\times}\, M_k$ und für $T = \{\, k \mid m \leq k \leq n \,\}$ mit $\underset{k=m}{\overset{n}{\times}}\, M_k$.

Um Klammern zu sparen, soll $\times$ stärker binden als $\times$, das heißt $\underset{k<n}{\times}\, M_k \times M$ ist als $\bigl(\underset{k<n}{\times}\, M_k\bigr) \times M$ zu lesen und nicht als $\underset{k<n}{\times}\, (M_k \times M)$, was ja auch möglich wäre.

In $\underset{k \in \emptyset}{\times}\, M_k$ liegen alle Tupel, die auf dem leeren Indexbereich definiert sind, und von denen gibt es nur eine einzige, nämlich das leere Tupel ε.

86   3. Endliche Mengen und Tupel

Ist $M_\ell = \emptyset$ für ein $\ell \in T$, so ist $\underset{k \in T}{\times} M_k = \emptyset$, denn es gibt dann kein x mit $x_\ell \in M_\ell$.

Wir kennen bereits ein „kartesisches Produkt" für das Mengenpaar (M_1, M_2) als einen der grundlegenden Begriffe der Mengenlehre, nämlich als die Menge aller Paare (a, b) mit $a \in M_1$, $b \in M_2$. Die Mengen $M_1 \times M_2$ und $\underset{k=1}{\overset{2}{\times}} M_k$ sind zwar nicht gleich, aber es gibt immerhin eine Bijektion

$$\Psi: \underset{k=1}{\overset{2}{\times}} M_k \to M_1 \times M_2, \ x \mapsto (x_1, x_2) \ .$$

Für x, y in $\underset{k=1}{\overset{2}{\times}} M_k$ mit $\Psi(x) = \Psi(y)$ ist $(x_1, x_2) = (y_1, y_2)$, also $x_1 = y_1$ und $x_2 = y_2$, so daß wir $x = y$ erhalten und Ψ sich als injektiv erweist.

Die Funktion Ψ ist surjektiv, denn zu $(a, b) \in M_1 \times M_2$ gibt es ein $x \in \underset{k=1}{\overset{2}{\times}} M_k$ mit $x_1 = a$ und $x_2 = b$, so daß $\Psi(x) = (a, b)$ ist.

Der nächste Satz zeigt einen weiteren Zusammenhang unserer beiden gleich bezeichneten Begriffe.

Bijektion zwischen kartesischen Produkten. *Die Funktion*

$$\Psi: \underset{k=1}{\overset{n}{\times}} X_k \times X_{n+1} \to \underset{k=1}{\overset{n+1}{\times}} X_k, \ (x, a) \mapsto y$$

mit $y_{n+1} = a$ und $y_k = x_k$ für $1 \leq k \leq n$ ist bijektiv.

Beweis. Seien (x, a), (x', a') in $\underset{k=1}{\overset{n}{\times}} X_k \times X_{n+1}$ mit $\Psi(x, a) = \Psi(x', a')$. Dann ist $a = a'$ und für jedes k mit $1 \leq k \leq n$ ist $x_k = x'_k$, also $(x, a) = (x', a')$, so daß sich Ψ als injektiv erweist.

Sei $y \in \underset{k=1}{\overset{n+1}{\times}} X_k$. Für $x = (y_k \mid 1 \leq k \leq n)$ liegt (x, y_{n+1}) in $\underset{k=1}{\overset{n}{\times}} X_k \times X_{n+1}$ und es ist $\Psi(x, y_{n+1}) = y$, so daß sich Ψ auch als surjektiv erweist. $\Diamond$

Das kartesische Produkt eines konstanten Mengentupels $(X \mid 1 \leq k \leq n)$ schreibt man auch als X^n.

Ist $M \neq \emptyset$, so ist $\Psi: M^1 \to M$, $x \mapsto x_1$ eine Bijektion, denn für x, $y \in M^1$ mit $\Psi(x) = \Psi(y)$ ist $x_1 = y_1$, und hieraus folgt $x = y$. Zu $a \in M$ gibt es ein $x \in M^1$ mit $x_1 = a$.

§ 2. Endliche Folgen und Tupel

In Anfängervorlesungen werden n-Tupel gelegentlich „rekursiv" durch

$$\underset{k=1}{\overset{1}{\times}} X_k = X_1$$
$$\underset{k=1}{\overset{n+1}{\times}} X_k = \underset{k=1}{\overset{n}{\times}} X_k \times X_{n+1}$$

definiert. Dies sieht zwar elegant aus und vereinfacht vieles, ist aber falsch. Der Rekursionssatz setzt eine Zielmenge der zu definierenden Funktion als gegeben voraus, und so eine Zielmenge ist hier nicht erkennbar – wir wissen nur, daß in ihr die Mengen X_1 und $X_1 \times X_2$ liegen. Ganz abgesehen davon, daß diese Definition jede Menge X mit X^1 und X^2 mit $X \times X$ gleichsetzt. Bei uns sind dagegen die Elemente von X^1 bzw. X^2 surjektive Funktionen mit ein- bzw. zweielementigen Definitionsmengen, deren Zielmengen in X enthalten sind.

Kapitel 4. Endliche Summen und Produkte

> *Reden Sie nicht, sondern sorgen Sie dafür,*
> *daß die Zahlen jetzt verteilt werden*
> WOLFGANG SCHÄUBLE zu seinem Pressesprecher

Einleitung. Die Summe der Komponenten eines Zahlentupels schreibt man gerne mit drei Punkten, wie in

$$u_1 + u_2 + \cdots + u_n \,,$$

und wieder weiß jeder, was gemeint ist, aber keiner kann damit etwas beweisen. Unsere Aufgabe besteht darin, den Begriff der endlichen Summe und des endlichen Produkts so zu definieren, daß wir mit ihm etwas anfangen können.

Die Addition ordnet jedem Paar komplexer Zahlen ihre Summe zu, ist also eine Funktion von $\mathbb{C}^2$ nach $\mathbb{C}$. Für endliche Summen erweitern wir die Definitionsmenge dieser Funktion von $\mathbb{C}^2$ auf $\mathbb{C}^n$ und beweisen dann grundlegende Eigenschaften dieser Erweiterung. Dies werden mit der Verknüpfung auf einer kommutativen Gruppe statt auf $\mathbb{C}$ durchführen und liefern damit gleichzeitig eine Erweiterung sowohl der Addition als auch der Multiplikation.

§ 1. Definition endlicher Summen und Produkte

1. Die Verknüpfung endlich vieler Gruppenelemente. Im folgenden sei $(G, \otimes, e)$ eine kommutative Gruppe. Wir definieren für $f \in \mathcal{F}(\mathbb{N}, G)$ mit dem erweiterten Rekursionssatz die Funktion

$$\mathbb{N} \to G, \ n \mapsto \bigotimes_{k<n} f(k)$$

durch die Gleichungen

(V1) $$\bigotimes_{k<0} f(k) = e$$

(V2) $$\bigotimes_{k<n+1} f(k) = \left(\bigotimes_{k<n} f(k) \right) \otimes f(n) \,.$$

4. Endliche Summen und Produkte

Um Klammern zu sparen, soll $\bigotimes$ stärker als $\otimes$ binden, d.h. $\bigotimes_{k<n} f(k) \otimes a$ ist das Gleiche wie $\left(\bigotimes_{k<n} f(k)\right) \otimes a$ und von $\bigotimes_{k<n} (f(k) \otimes a)$ zu unterscheiden.

Wir bemühen hier den Rekursionssatz in der erweiterten Variante, weil auf der rechten Seite von (V2) neben dem Funktionswert der zu definierenden Funktion an der Stelle n auch n selbst – als Argument von f – vorkommt und solche Gleichungen vom einfachen Rekursionssatz nicht abgedeckt werden.

Damit haben wir für jedes $n \in \mathbb{N}$ den Term $\bigotimes_{k<n} f(k)$ definiert. Die Schreibweise suggeriert, daß $\bigotimes_{k<n} f(k)$ die Funktionswerte $f(k)$ für $0 \leq k < n$ verknüpft und von den anderen Funktionswerten nicht abhängt, und genau dies sagt das nächste Lemma aus:

Lemma 1 (L1). *Für $f, g \in \mathcal{F}(\mathbb{N}, G)$ und $n \in \mathbb{N}$ gilt:*

$$f{\updownarrow}A_n = g{\updownarrow}A_n \quad \Rightarrow \quad \bigotimes_{k<n} f(k) = \bigotimes_{k<n} g(k) \, .$$

Beweis. Wir zeigen dies mit Induktion nach n.

$\mathcal{E}(0)$: Nach (V1) ist $\bigotimes_{k<0} f(k) = e = \bigotimes_{k<0} g(k)$.

$\mathcal{E}(n) \Rightarrow \mathcal{E}(n+1)$: Aus $f{\updownarrow}A_{n+1} = g{\updownarrow}A_{n+1}$ folgt $f{\updownarrow}A_n = g{\updownarrow}A_n$ und $f(n) = g(n)$, so daß wir

$$\bigotimes_{k<n+1} f(k) = \bigotimes_{k<n} f(k) \otimes f(n) \tag{V2}$$
$$= \bigotimes_{k<n} g(k) \otimes g(n) \tag{I.V}$$
$$= \bigotimes_{k<n+1} g(k) \tag{V2}$$

erhalten. $\diamond$

Demnach ist der durch f definierte Term $\bigotimes_{k<n} f(k)$ schon durch die Folge $f{\updownarrow}A_n$ festgelegt. Dies erlaubt uns, die Verknüpfung einer gegebenen Folge als die Verknüpfung irgendeiner Funktion, die mit der Folge auf A_n übereinstimmt, zu definieren.

§ 1. Definition endlicher Summen und Produkte   91

Ist T ein Teilstück ganzer Zahlen, so gibt es genau ein $s \in \mathbb{Z}$ und ein $n \in \mathbb{N}$ mit
$$T = \{\, k + s \mid k \in A_n \,\},$$
und damit können wir die Verknüpfung eines Tupels $x \in \underset{k \in T}{\times} G$ auf die Verknüpfung einer Folge $(x_{k-s} \mid k \in A_n)$ zurückführen:
$$\bigotimes_{k \in T} x_k = \bigotimes_{k < n} x_{k-s}.$$

Wir dekorieren das Symbol $\bigotimes$, so daß Indexbereich und Indexvariable eines Tupels erschlossen werden kann. Beispielsweise so:
$$\bigotimes_{\ell < n} x_\ell = \bigotimes_{0 \leq k < n} x_k = \bigotimes_{m=0}^{n-1} x_m = \bigotimes_{\ell=1}^{n} x_{\ell-1}.$$

Für $n < m$ ist $(x_k \mid m \leq k \leq n)$ das leere Tupel und (V1) liest sich als
$$n < m \quad \Rightarrow \quad \bigotimes_{k=m}^{n} x_k = e,$$
und für $m \leq n$ existiert x_n und (V2) liest sich als
$$m \leq n \quad \Rightarrow \quad \bigotimes_{k=m}^{n} x_k = \bigotimes_{m \leq k < n} x_k \otimes x_n.$$

Lemma 1 brauchten wir nur, um die Verknüpfung für Tupel zu definieren, und bis jetzt zogen wir keine speziellen Eigenschaften der Gruppe heran – bis auf die Existenz eines neutralen Elements. Der nächste Satz verallgemeinert (KG1), das Assoziativpostulat.

Lemma 2 (L2). *Für jedes Tupel* $(x_k \mid 0 \leq k < m+n) \in G^{m+n}$ *gilt:*
$$\bigotimes_{0 \leq k < m+n} x_k = \bigotimes_{0 \leq k < m} x_k \otimes \bigotimes_{m \leq k < m+n} x_k.$$

Beweis. Wir zeigen dies mit einer Induktion nach n:

$\mathcal{E}(0)$: Ist $n = 0$, so ist $(x_k \mid m \leq k < m+0) = \varepsilon$, und der Induktionsanfang folgt mit (V1) und (KG3).

4. Endliche Summen und Produkte

$\mathcal{E}(n) \Rightarrow \mathcal{E}(n+1)$: Es gilt

$$\bigotimes_{k=0}^{m+n} x_k = \bigotimes_{0 \leq k < m+n} x_k \otimes x_{m+n} \qquad \text{(V2)}$$

$$= \left(\bigotimes_{0 \leq k < m} x_k \otimes \bigotimes_{m \leq k < m+n} x_k \right) \otimes x_{m+n} \qquad \text{(I.V)}$$

$$= \bigotimes_{0 \leq k < m} x_k \otimes \left(\bigotimes_{m \leq k < m+n} x_k \otimes x_{m+n} \right) \qquad \text{(KG1)}$$

$$= \bigotimes_{0 \leq k < m} x_k \otimes \bigotimes_{k=m}^{m+n} x_k \ . \qquad \diamond \qquad \text{(V2)}$$

Sonst überlasse ich die Begründung einer Gleichung wie der im folgenden Lemma mit einem Verweis auf (RP) oder (KG1,2) dem Leser. Aber wenigstens einmal im Leben sollte jeder so eine Herleitung wirklich durchführen oder zumindest nachvollziehen. Hier bietet sich die Chance:

Lemma 3 (L3). *Für a, b, c und d in G gilt $(a \otimes b) \otimes (c \otimes d) = (a \otimes d) \otimes (c \otimes b)$.*
Beweis. Man rechne nach:

$$(a \otimes b) \otimes (c \otimes d) = (a \otimes b) \otimes (d \otimes c) \qquad \text{(KG2)}$$
$$= a \otimes \big(b \otimes (d \otimes c)\big) \qquad \text{(KG1)}$$
$$= a \otimes \big((d \otimes c) \otimes b\big) \qquad \text{(KG2)}$$
$$= a \otimes \big(d \otimes (c \otimes b)\big) \qquad \text{(KG1)}$$
$$= (a \otimes d) \otimes (c \otimes b) \ . \qquad \diamond \qquad \text{(KG1)}$$

Jetzt haben wir alles zusammen, um auch (KG2), das Kommutativpostulat, zu verallgemeinern.

Lemma 4. *Sei φ eine Bijektion in $\mathcal{B}(A_n)$ und $(x_k \mid 0 \leq k < n) \in G^n$. Dann gilt:*

$$\bigotimes_{0 \leq k < n} x_k = \bigotimes_{0 \leq k < n} x_{\varphi(k)} \ .$$

Beweis. Wir zeigen dies mit Induktion nach n.

$\mathcal{E}(0)$: Nach (V1) steht auf beiden Seiten der Gleichung e.

§ 1. Definition endlicher Summen und Produkte   93

$\mathcal{E}(n) \Rightarrow \mathcal{E}(n+1)$: Der Induktionsschluß ist nicht ganz so einfach. Wir behandeln zunächst den Fall $\varphi(n) = n$ und erhalten wegen $\varphi\updownarrow A_n \in \mathcal{B}(A_n)$:

$$\bigotimes_{k=0}^{n} x_k = \bigotimes_{0 \leq k < n} x_k \otimes x_n \tag{V2}$$

$$= \bigotimes_{0 \leq k < n} x_{\varphi(k)} \otimes x_n \tag{I.V}$$

$$= \bigotimes_{0 \leq k < n} x_{\varphi(k)} \otimes x_{\varphi(n)}$$

$$= \bigotimes_{k=0}^{n} x_{\varphi(k)} . \tag{V2}$$

Ist $\varphi(n) \neq n$, so gibt es ein $m \in A_n$ mit $\varphi(m) = n$. Sei $\tau \in \mathcal{B}(A_{n+1})$ die Vertauschung von m und n. Dann ist $\psi = \varphi \circ \tau \in \mathcal{B}(A_{n+1})$, $\psi(m) = \varphi(n)$, $\psi(n) = \varphi(m) = n$ und $\psi(k) = \varphi(k)$ für $k \in A_{n+1} \setminus \{m, n\}$. Damit können wir diesen Fall auf den letzten zurückführen:

$$\bigotimes_{k=0}^{n} x_k = \bigotimes_{k=0}^{n} x_{\psi(k)}$$

$$= \bigotimes_{k=0}^{m} x_{\psi(k)} \otimes \bigotimes_{k=m+1}^{n} x_{\psi(k)} \tag{L2}$$

$$= \left(\bigotimes_{0 \leq k < m} x_{\psi(k)} \otimes x_{\psi(m)} \right) \otimes \left(\bigotimes_{m+1 \leq k < n} x_{\psi(k)} \otimes x_{\psi(n)} \right) \tag{V2}$$

$$= \left(\bigotimes_{0 \leq k < m} x_{\varphi(k)} \otimes x_{\varphi(n)} \right) \otimes \left(\bigotimes_{m+1 \leq k < n} x_{\varphi(k)} \otimes x_{\varphi(m)} \right)$$

$$= \left(\bigotimes_{0 \leq k < m} x_{\varphi(k)} \otimes x_{\varphi(m)} \right) \otimes \left(\bigotimes_{m+1 \leq k < n} x_{\varphi(k)} \otimes x_{\varphi(n)} \right) \tag{L3}$$

$$= \bigotimes_{k=0}^{m} x_{\varphi(k)} \otimes \bigotimes_{k=m+1}^{n} x_{\varphi(k)} \tag{V2}$$

$$= \bigotimes_{k=0}^{n} x_{\varphi(k)} . \quad \diamond \tag{L2}$$

Mit einem Tupel legen wir seine Komponenten und deren Reihenfolge fest, die nach Lemma 4 für die Verknüpfung keine Rolle spielt. Die folgende Definition ermöglicht uns, die zu verknüpfenden Gruppenelemente anzugeben ohne ihre Reihenfolge zu spezifieren. Sei X eine Menge der Größe n und f eine Funktion von X nach G. Dann gibt es eine Bijektion $\varphi \in \mathcal{B}(A_n, X)$ und wir setzen für das Tupel $\bigl((f \circ \varphi)(k) \mid 0 \leq k < n \bigr) \in G^n$

$$\bigotimes_{x \in X} f(x) = \bigotimes_{0 \leq k < n} (f \circ \varphi)(k) .$$

Diese Definition ist unabhängig von der Wahl der Bijektion φ, denn liegt ψ ebenfalls in $\mathcal{B}(A_n, X)$, so liegt $\chi = \varphi^{-1} \circ \psi$ in $\mathcal{B}(A_n)$, es ist $\varphi \circ \chi = \varphi \circ \varphi^{-1} \circ \psi = \psi$, und mit Lemma 4 ergibt sich:

$$\bigotimes_{0\leq k<n} (f\circ\varphi)(k) = \bigotimes_{0\leq k<n} ((f\circ\varphi)\circ\chi)(k)$$
$$= \bigotimes_{0\leq k<n} (f\circ(\varphi\circ\chi))(k)$$
$$= \bigotimes_{0\leq k<n} (f\circ\psi)(k) .$$

Wenn der Index keine Rolle spielt, etwa bei konstantem f, schreiben wir auch $\bigotimes_X f$ statt $\bigotimes_{x\in X} f(x)$.

§ 2. Rechengesetze für endliche Summen und Produkte

Wir werden nun Formeln der verallgemeinerten Verknüpfung zusammenstellen. Einigen unter ihnen kommt ein ähnlicher Rang wie unseren Postulaten der Zahlbereiche zu. Um dies zu unterstreichen, nennen wir sie „Gesetze".

Im folgenden seien f, g, h Funktionen, deren Zielmengen G enthalten.

Bijektionsgesetz (BIG). *Ist f auf einer endlichen Menge X definiert und liegt φ in $\mathcal{B}(Y,X)$, so gilt:*

$$\bigotimes_{x\in X} f(x) = \bigotimes_{y\in Y} (f\circ\varphi)(y) .$$

Beweis. Nach dem Bijektionssatz ist Y endlich und es gilt $|Y| = |X|$. Setze $n = |Y|$. Dann gibt es ein $\psi \in \mathcal{B}(A_n, Y)$ und $\varphi\circ\psi$ liegt in $\mathcal{B}(A_n, X)$, so daß wir

$$\bigotimes_{y\in Y}(f\circ\varphi)(y) = \bigotimes_{0\leq k<n}((f\circ\varphi)\circ\psi)(k) = \bigotimes_{0\leq k<n}(f\circ(\varphi\circ\psi))(k) = \bigotimes_{x\in X} f(x)$$

erhalten. ◊

Der Spezialfall $X=Y=A_n$ des Bijektionsgesetzes ist gerade Lemma 4. Für $X = Y$ verallgemeinert das Bijektionsgesetz das Kommutativpostulat von der Verknüpfung eines Elementepaares auf die Verknüpfung endlich vieler Elemente. Häufig werden wir auch mit dem Bijektionsgesetz einen Wechsel der Indexmenge begründen.

Der kleine Assoziativsatz (KAS). *Sind die endlichen Mengen X und Y zueinander disjunkt, so ist $Z = X \cup Y$ endlich. Ist f auf Z definiert, so gilt:*

$$\bigotimes_{x \in Z} f(x) = \bigotimes_{x \in X} f(x) \otimes \bigotimes_{x \in Y} f(x) .$$

Beweis. Setze $m = |X|, n = |Y|$ und $Z = X \cup Y$. Dann gibt es ein $\chi \in \mathcal{B}(A_m, X)$ und ein $\psi \in \mathcal{B}(A_n, Y)$, so daß wir die Funktion $\varphi \in \mathcal{B}(A_{m+n}, Z)$ durch

$$\varphi(k) = \chi(k) \qquad \text{für } 0 \leq k < m$$
$$\varphi(k) = \psi(k - m) \qquad \text{für } m \leq k < m + n$$

definieren können. Damit ist Z endlich und mit Lemma 2 erhalten wir

$$\begin{aligned}
\bigotimes_{x \in Z} f(x) &= \bigotimes_{0 \leq k < m+n} (f \circ \varphi)(k) \\
&= \bigotimes_{0 \leq k < m} (f \circ \varphi)(k) \otimes \bigotimes_{m \leq k < m+n} (f \circ \varphi)(k) \\
&= \bigotimes_{0 \leq k < m} (f \circ \chi)(k) \otimes \bigotimes_{m \leq k < m+n} (f \circ \psi)(k - m) \\
&= \bigotimes_{0 \leq k < m} (f \circ \chi)(k) \otimes \bigotimes_{0 \leq k < n} (f \circ \psi)(k) \\
&= \bigotimes_{x \in X} f(x) \bigotimes_{x \in Y} f(x) . \qquad \diamondsuit
\end{aligned}$$

Dieser Satz schließt Lemma 2 und damit eine Verallgemeinerung des Assoziativpostulats als Spezialfall in sich ein. Aber wir können das Assoziativpostulat noch weiter verallgemeinern.

Das Assoziativgesetz (AG). *Ist $\mathcal{Z}$ eine endliche Zerlegung in endliche Mengen, so ist $\bigcup \mathcal{Z}$ endlich. Ist f auf $\bigcup \mathcal{Z}$ definiert, so gilt:*

$$\bigotimes_{X \in \mathcal{Z}} \bigotimes_{x \in X} f(x) = \bigotimes_{x \in \cup \mathcal{Z}} f(x) .$$

Beweis. Induktion nach $n = |\mathcal{Z}|$.

$\mathcal{E}(0)$: Ist $\mathcal{Z} = \emptyset$, so ist $\bigcup \mathcal{Z} = \emptyset$ und der Induktionsanfang folgt aus (V1).

$\mathcal{E}(n) \Rightarrow \mathcal{E}(n+1)$: Ist $|\mathcal{Z}| = n + 1$, so gibt es ein $M \in \mathcal{Z}$ und für $\mathcal{Y} = \mathcal{Z} \setminus \{M\}$ ist $|\mathcal{Y}| = n$, $\mathcal{Y}$ eine endliche Zerlegung in endliche Mengen, wobei $\bigcup \mathcal{Y}$ und M sind zueinander disjunkt sind mit $(\bigcup \mathcal{Y}) \cup M = \bigcup \mathcal{Z}$. Nach (I.V) ist $\bigcup \mathcal{Y}$ endlich. Mit dem kleinen Assoziativsatz folgt, daß $\bigcup \mathcal{Z}$ endlich ist und weiter:

$$\begin{aligned}
\bigotimes_{X \in \mathcal{Z}} \bigotimes_{x \in X} f(x) &= \bigotimes_{X \in \mathcal{Y}} \bigotimes_{x \in X} f(x) \otimes \bigotimes_{x \in M} f(x) & \text{(V2)} \\
&= \bigotimes_{x \in \cup \mathcal{Y}} f(x) \otimes \bigotimes_{x \in M} f(x) & \text{(I.V)} \\
&= \bigotimes_{x \in \cup \mathcal{Z}} f(x) . \qquad \diamondsuit & \text{(KAS)}
\end{aligned}$$

4. Endliche Summen und Produkte

Das Assoziativgesetz schließt den kleinen Assoziativsatz als Spezialfall $\mathcal{Z} = \{X, Y\}$ für $X \neq Y$ in sich ein.

Damit haben vier unserer fünf Rechenpostulate, nämlich die beiden Assoziativ- und die beiden Kommutativpostulate, durch das Bijektions- und das Assoziativgesetz verallgemeinert. Da wir für das Distributivpostulat zwei Gruppen brauchen, können wir nicht mehr viel machen. Aber durch das Distributivpostulat wird die Multiplikation mit einer Zahl a zu einem A-Homomorphismus. Dies wird mit der „Multiplikation mit a-Funktion" deutlich:

$$f \colon \mathbb{C} \to \mathbb{C},\ z \mapsto a \cdot z,$$

denn f ist tatsächlich ein A-Homomorphismus:

$$f(u + v) = a \cdot (u + v) = a \cdot u + a \cdot v = f(u) + f(v).$$

Umgekehrt ist $f \in \mathcal{F}(\mathbb{C})$ ein A-Homomorphismus, wenn sich die Anwendung von f auf eine Summe auf deren Summanden verteilt. In diesem Sinn verallgemeinert der nächste Satz das Distributivpostulat von zwei auf n Summanden.

Verteilungsgesetz. *Ist $\varphi \in \mathcal{F}(G)$ ein Homomorphismus, so gilt:*

$$\varphi\Big(\bigotimes_{x \in X} f(x)\Big) = \bigotimes_{x \in X} (\varphi \circ f)(x).$$

Beweis. Wir führen einen Induktionsbeweis nach $n = |X|$:

$\mathcal{E}(0)$: Mit (V1) und Homomorphiesatz ergibt sich

$$\varphi\Big(\bigotimes_{x \in \emptyset} f(x)\Big) = \varphi(e) = e = \bigotimes_{x \in \emptyset} (\varphi \circ f)(x).$$

$\mathcal{E}(n) \Rightarrow \mathcal{E}(n+1)$: Sei $|X| = n + 1$, $a \in X$ und $Y = X \setminus \{a\}$. Dann gilt

$$\varphi\Big(\bigotimes_{x \in X} f(x)\Big) = \varphi\Big(\bigotimes_{x \in Y} f(x) \otimes f(a)\Big) \tag{V2}$$

$$= \varphi\Big(\bigotimes_{x \in Y} f(x)\Big) \otimes (\varphi \circ f)(a)$$

$$= \bigotimes_{x \in Y} (\varphi \circ f)(x) \otimes (\varphi \circ f)(a) \tag{I.V}$$

$$= \bigotimes_{x \in X} (\varphi \circ f)(x). \quad \diamond \tag{V2}$$

§ 2. Rechengesetze für endliche Summen und Produkte 97

Für Funktionen $f, g \in \mathcal{F}(X, G)$ sei $f \otimes g \in \mathcal{F}(X, G)$ definiert durch

$$f \otimes g \colon X \to G, \; x \mapsto f(x) \otimes g(x) \, .$$

Die so definierte Verknüpfung nennen wir *punktweise Verknüpfung*. Aus dem Zusammenhang wird klar, ob $\otimes$ die Verknüpfung auf G oder die punktweise Verknüpfung auf $\mathcal{F}(X, G)$ bedeutet.

Die Funktionengruppe. *Die Menge $\mathcal{F}(X, G)$ bildet mit der punktweisen Verknüpfung und der Funktion*

$$\mathcal{E} \colon X \to G, \; x \mapsto e$$

als neutralem Element eine kommutative Gruppe. Dabei ist

$$f' \colon X \to G, \; x \mapsto f(x)'$$

das zu f inverse Element.
Beweis. Seien $f, g, h \in \mathcal{F}(X, G)$.

(KG1): Für jedes $x \in X$ gilt

$$\begin{aligned}
((f \otimes g) \otimes h)(x) &= (f \otimes g)(x) \otimes h(x) \\
&= \bigl(f(x) \otimes g(x)\bigr) \otimes h(x) \\
&= f(x) \otimes \bigl(g(x) \otimes h(x)\bigr) \\
&= f(x) \otimes (g \otimes h)(x) \\
&= \bigl(f \otimes (g \otimes h)\bigr)(x) \, .
\end{aligned} \qquad (\text{KG1})$$

Hieraus folgt $(f \otimes g) \otimes h = f \otimes (g \otimes h)$.

(KG2): Für jedes $x \in X$ gilt

$$\begin{aligned}
(f \otimes g)(x) &= f(x) \otimes g(x) \\
&= g(x) \otimes f(x) \\
&= (g \otimes f)(x) \, .
\end{aligned} \qquad (\text{KG2})$$

Hieraus folgt $f \otimes g = g \otimes f$.

(KG3): Für jedes $x \in X$ gilt mit (KG3)

$$(f \otimes \mathcal{E})(x) = f(x) \otimes \mathcal{E}(x) = f(x) \otimes e = f(x) \, .$$

Hieraus folgt $f \otimes \mathcal{E} = f$.

4. Endliche Summen und Produkte

(KG4): Für jedes $x \in X$ gilt mit (KG4)

$$(f \otimes f')(x) = f(x) \otimes f'(x) = f(x) \otimes f(x)' = e = \mathcal{E}(x) \,.$$

Hieraus folgt $f \otimes f' = \mathcal{E}$, also (KG4). $\diamond$

Homomorphiegesetz. *Für jede endliche Menge X ist die Funktion*

$$\mathcal{F}(X, G) \to G, \, f \mapsto \bigotimes_{x \in X} f(x)$$

ein Homomorphismus.

Beweis. Wir zeigen mit Induktion nach $n = |X|$:

$$\bigotimes_{x \in X} (f \otimes g)(x) = \bigotimes_{x \in X} f(x) \otimes \bigotimes_{x \in X} g(x) \,.$$

$\mathcal{E}(0)$: Mit (V1) und (KG3) ergibt sich

$$\bigotimes_{x \in \emptyset} (f \otimes g)(x) = e = e \otimes e = \bigotimes_{x \in \emptyset} f(x) \otimes \bigotimes_{x \in \emptyset} g(x) \,.$$

$\mathcal{E}(n) \Rightarrow \mathcal{E}(n+1)$: Ist $|X| = n+1$, so gibt es ein $a \in X$ und für $Y = X \setminus \{a\}$ ist $|Y| = n$. Damit ergibt sich:

$$\begin{aligned}
\bigotimes_{x \in X} (f \otimes g)(x) &= \bigotimes_{x \in Y} (f \otimes g)(x) \otimes \Big(f(a) \otimes g(a)\Big) & \text{(V2)} \\
&= \Big(\bigotimes_{x \in Y} f(x) \otimes \bigotimes_{x \in Y} g(x)\Big) \otimes \Big(f(a) \otimes g(a)\Big) & \text{(I.V)} \\
&= \Big(\bigotimes_{x \in Y} f(x) \otimes f(a)\Big) \otimes \Big(\bigotimes_{x \in Y} g(x) \otimes g(a)\Big) & \text{(KG1,2)} \\
&= \bigotimes_{x \in X} f(x) \otimes \bigotimes_{x \in X} g(x) \,. \quad \diamond & \text{(V2)}
\end{aligned}$$

Das Homomorphiegesetz kann man sich auch so merken:

$$\bigotimes_{x \in X} \big(f(x) \otimes g(x)\big) = \bigotimes_{x \in X} f(x) \otimes \bigotimes_{x \in X} g(x) \,.$$

Aus Homomorphiesatz und Homomorphiegesetz folgt:

(GH1)
$$e = \bigotimes_{x \in X} \mathcal{E}(x)$$

(GH2)
$$\bigotimes_{x \in X} f'(x) = \Big(\bigotimes_{x \in X} f(x) \Big)'.$$

Diese beiden Formeln verallgemeinern Eigenschaften des neutralen bzw. des inversen Elements einer Gruppe auf endliche Verknüpfungen.

Zeilen, Spalten, Rechtecke. Ein kartesisches Produkt $R = X \times Y$ nichtleerer endlicher Mengen kann man sich als „Rechteck" vorstellen, das aus den $|X|$ „Zeilen"

$$\{x\} \times Y, \text{ für } x \in X$$

und $|Y|$ „Spalten"

$$X \times \{y\} \text{ für } y \in Y$$

besteht. Ist nur Y nichtleer aber X leer, so hat das Rechteck keine Zeilen und eine Spalte, nämlich die leere Menge. Hier versagt, genauso wie bei leerem Y, unsere Intuition. Es ist schwer, sich nichts vorzustellen.

Zeilenweise Verknüpfung. *Das kartesische Produkt $R = X \times Y$ der endlichen Mengen X und Y ist endlich und für $f \in \mathcal{F}(R, G)$ gilt:*

$$\bigotimes_{r \in R} f(r) = \bigotimes_{x \in X} \bigotimes_{y \in Y} f(x, y).$$

Beweis. Sei zunächst $Y \neq \emptyset$ und $w \in Y$. Definiere $\mathcal{Z} = \{ \{x\} \times Y \mid x \in X \}$. Für u, v in X seien $U = \{u\} \times Y$ und $V = \{v\} \times Y$ Elemente aus $\mathcal{Z}$ mit $r \in U \cap V$. Da r in U liegt, ist u die erste Komponente von r und da r in V liegt, ist v die erste Komponente von r. Damit ist $u = v$ und $U = V$. Je zwei Elemente von $\mathcal{Z}$ sind daher zueinander disjunkt und nach dem Assoziativgesetz ist $\bigcup \mathcal{Z}$ als endliche Zerlegung in endliche Mengen endlich.

Ist $r \in R$ und u die erste Komponente von r, so ist $r \in \{u\} \times Y \in \mathcal{Z}$, so daß sich $\bigcup \mathcal{Z} = R$ ergibt und wir mit dem Assoziativgesetz

$$\bigotimes_{r \in R} f(r) = \bigotimes_{U \in \mathcal{Z}} \bigotimes_{r \in U} f(r)$$

erhalten. Sei

$$\varphi \colon X \to \mathcal{Z}, u \mapsto \{u\} \times Y.$$

Ist $\varphi(u) = \varphi(v)$, so ist $(u, w) \in \varphi(v)$, also $u = v$. Damit ist φ injektiv. Da φ auch surjektiv ist, folgt mit dem Bijektionsgesetz:

$$\bigotimes_{U \in \mathcal{Z}} \bigotimes_{r \in U} f(r) = \bigotimes_{x \in X} \bigotimes_{r \in \varphi(x)} f(r).$$

Für jedes $x \in X$ ist die Funktion

$$\psi_x \colon Y \to \varphi(x),\ y \mapsto (x,y)$$

bijektiv und mit dem Bijektionsgesetz folgt:

$$\bigotimes_{x \in X} \bigotimes_{r \in \varphi(x)} f(r) = \bigotimes_{x \in X} \bigotimes_{y \in Y} (f \circ \psi_x)(r) = \bigotimes_{x \in X} \bigotimes_{y \in Y} f(x,y) \ .$$

Jetzt zum Fall $Y = \emptyset$. Dann ist $R = \emptyset$ und mit (V1) erhält man $\bigotimes_{r \in R} f(r) = e$.
Für jedes $x \in X$ folgt ebenso $\bigotimes_{y \in Y} f(x,y) = e$ und mit (GH1) $\bigotimes_{x \in X} \mathcal{E}(x) = e$.
◊

Spaltenweise Verknüpfung. *Ist f auf dem kartesischen Produkt $R = X \times Y$ der endlichen Mengen X und Y definiert, so gilt:*

$$\bigotimes_{r \in R} f(r) = \bigotimes_{y \in Y} \bigotimes_{x \in X} f(x,y) \ .$$

Beweis. Sei $S = Y \times X$ und

$$\sigma \colon S \to R,\ (y,x) \mapsto (x,y) \ .$$

Es ist σ bijektiv, und mit dem Bijektionsgesetz und zeilenweiser Verknüpfung folgt die spaltenweise:

$$\begin{aligned}\bigotimes_{r \in R} f(r) &= \bigotimes_{r \in S} (f \circ \sigma)(r) \\ &= \bigotimes_{y \in Y} \bigotimes_{x \in X} f\big(\sigma(y,x)\big) \\ &= \bigotimes_{y \in Y} \bigotimes_{x \in X} f(x,y) \ . \quad ◊\end{aligned}$$

Übertragung auf A- und M-Gruppen. Damit haben wir die in der Analysis benötigten Rechengesetze der Verknüpfung endlich vieler Gruppenelemente bereitgestellt und kommen zu den A- und M-Gruppen unserer Zahlbereiche zurück.

Statt $\bigotimes$ schreibt man für die endliche Summe $\sum$ und für das endliche Produkt $\prod$. Für eine Funktion f, deren Zielmenge in $\mathbb{C}$ enthalten ist und deren Definitionsmenge die endliche Menge X enthält, schreiben wir $\sum_{x \in X} f(x)$ bzw. $\prod_{x \in X} f(x)$.

§ 2. Rechengesetze für endliche Summen und Produkte   101

Die punktweise Verknüpfung zweier Funktionen wird zur punktweisen Addition bzw. Multiplikation. Die Funktion $x \mapsto 0$ bezeichnen wir mit $\mathcal{O}$ und die Funktion $x \mapsto 1$ mit $\mathcal{E}$.

Das Homomorphiegesetz und (GH1) bzw. (GH2) lesen sich für A- und M-Gruppen als:

$$\sum_{x \in X} \bigl(f(x) + g(x)\bigr) = \sum_{x \in X} f(x) + \sum_{x \in X} g(x)$$

$$\prod_{x \in X} \bigl(f(x) \cdot g(x)\bigr) = \prod_{x \in X} f(x) \cdot \prod_{x \in X} g(x)$$

$$\sum_{x \in X} \mathcal{O}(x) = 0, \qquad \sum_{x \in X} -f(x) = -\sum_{x \in X} f(x)$$

$$\prod_{x \in X} \mathcal{E}(x) = 1, \qquad \prod_{x \in X} \frac{1}{f(x)} = \frac{1}{\prod_{x \in X} f(x)} \; .$$

Für Produkte ist allerdings zu beachten, daß wir in unseren Definitionen und Beweisen die Postulate einer kommutativen Gruppe vorausgesetzt hatten und wir das endliche Produkt nur für Faktoren aus $\mathbb{C}^\times$ definiert hatten. Diese Einschränkung überwinden wir, indem wir $\prod_{x \in X} f(x) = 0$ setzen, wenn immer es ein $a \in X$ gibt mit $f(a) = 0$. Mit dieser Definition bleibt nach dem Nullfaktorsatz (V2) gültig, und damit alle Gesetze, die wir aus (V1), das ebenfalls gültig bleibt, und (V2) abgeleitet haben, ohne die Existenz einer Inversen zu verwenden. Dies sind insbesondere das Bijektions- und das Assoziativgesetz. Es gilt:

$$\prod_{x \in X} f(x) = 0 \quad \Leftrightarrow \quad \text{Es gibt ein } x \in X \text{ mit } f(x) = 0 \; .$$

In der „$\Rightarrow$"-Richtung ist dies die Nullteilerfreiheit, in der „$\Leftarrow$"-Richtung der Nullfaktorsatz für Produkte endlich vieler Faktoren.

Auch hier geht Punktrechnung vor Strichrechnung. So ist für Terme $\mathcal{T}$ und $\mathcal{S}$, die Zahlen bezeichnen,

$$\sum_{x \in X} \mathcal{T} \cdot \mathcal{S} \quad \text{als} \quad \sum_{x \in X} (\mathcal{T} \cdot \mathcal{S})$$

zu lesen und

$$\prod_{x \in X} \mathcal{T} + \mathcal{S} \quad \text{als} \quad \left(\prod_{x \in X} \mathcal{T}\right) + \mathcal{S} \; .$$

Wie schon bei $\bigotimes$ ist

$$\sum_{x \in X} \mathcal{T} + \mathcal{S} \quad \text{als} \quad \left(\sum_{x \in X} \mathcal{T}\right) + \mathcal{S}$$

und

$$\prod_{x \in X} \mathcal{T} \cdot \mathcal{S} \quad \text{als} \quad \left(\prod_{x \in X} \mathcal{T}\right) \cdot \mathcal{S}$$

zu verstehen.

Und wenn wir gerade beim Klammernsparen sind: Wegen des Assoziativgesetzes bezeichnen für Zahlen a, b, c die beiden Terme $(a + b) + c$ und $a + (b + c)$ dieselbe Zahl, die wir auch als $a + b + c$ schreiben. Ebenso bei Produkten.

Im folgenden sollen die Zielmengen der Funktionen f, g, h in $\mathbb{C}$ enthalten sein und die Definitionsmengen die endlichen Mengen X, Y und Z enthalten. Für $z \in \mathbb{C}$ sei die Funktion $z \cdot f$ definiert als

$$z \cdot f \colon X \to \mathbb{C}, \ x \mapsto z \cdot f(x) \ .$$

Kleiner Distributivsatz (KD). *Für $z \in \mathbb{C}$ gilt:*

$$z \cdot \sum_{x \in X} f(x) = \sum_{x \in X} z \cdot f(x) \ .$$

Beweis. Dies folgt aus unserem Verteilungsgesetz, da die Multiplikation mit z ein A-Homomorphismus ist. ◇

Diese Formel läßt sich verallgemeinern: Für das Paar (X, Y) endlicher Mengen und das Paar (f, g) von auf X bzw. Y definierten Funktionen erhalten wir mit zweimaliger Anwendung des kleinen Distributivsatzes und zeilenweiser Addition:

$$\left(\sum_{x \in X} f(x)\right) \cdot \left(\sum_{y \in Y} g(y)\right) = \sum_{x \in X} \left(f(x) \cdot \sum_{y \in Y} g(y)\right)$$
$$= \sum_{x \in X} \sum_{y \in Y} f(x) \cdot g(y)$$
$$= \sum_{(x,y) \in X \times Y} f(x) \cdot g(y) \ .$$

Diese Formel wollen wir vom Produkt eines Summenpaares auf das Produkt einer Folge von Summen verallgemeinern.

Das allgemeine Distributivgesetz (AD). *Für jedes k mit $1 \leq k \leq n$ sei X_k eine endliche Menge und f_k eine auf X_k definierte Funktion mit Zielmenge $\mathbb{C}$. Dann gilt für $X = \underset{k=1}{\overset{n}{\times}} X_k$:*

$$\prod_{k=1}^{n} \sum_{x \in X_k} f_k(x) = \sum_{\varphi \in X} \prod_{k=1}^{n} (f_k \circ \varphi)(k) \ .$$

Beweis. Wir zeigen mit einer Induktion nach n, daß X endlich ist und die Formel gilt.

§ 2. Rechengesetze für endliche Summen und Produkte

$\mathcal{E}(0)$: Auf der linken Seite steht das leere Produkt, und wegen $X = \{\varepsilon\}$ steht rechts ein einziger Summand, der ebenfalls das leere Produkt ist.

$\mathcal{E}(n) \Rightarrow \mathcal{E}(n+1)$: Sei $X = \underset{k=1}{\overset{n+1}{\times}} X_k$ und $Y = \underset{k=1}{\overset{n}{\times}} X_k$. Nach Induktionsvoraussetzung ist Y endlich.

$$\prod_{k=1}^{n+1} \sum_{x \in X_k} f_k(x) = \prod_{k=1}^{n} \sum_{x \in X_k} f_k(x) \cdot \sum_{x \in X_{n+1}} f_{n+1}(x) \tag{V2}$$

$$= \left(\sum_{\varphi \in Y} \prod_{k=1}^{n} (f_k \circ \varphi)(k) \right) \cdot \sum_{x \in X_{n+1}} f_{n+1}(x) \tag{I.V}$$

$$= \sum_{\varphi \in Y} \sum_{x \in X_{n+1}} f_{n+1}(x) \cdot \prod_{k=1}^{n} (f_k \circ \varphi)(k) \tag{KD}$$

$$= \sum_{(\varphi, x) \in Y \times X_{n+1}} \prod_{k=1}^{n} (f_k \circ \varphi)(k) \cdot f_{n+1}(x) \tag{$*$}$$

$$= \sum_{\psi \in X} \prod_{k=1}^{n} (f_k \circ \psi)(k) \cdot (f_{n+1} \circ \psi)(n+1) \tag{$**$}$$

$$= \sum_{\psi \in X} \prod_{k=1}^{n+1} (f_k \circ \psi)(k) \, . \tag{V2}$$

Die Gleichung ($*$) ist eine Anwendung der zeilenweisen Addition, nach der mit Y und X_{n+1} auch $Y \times X_{n+1}$ endlich ist.

Nach dem Bijektionssatz für kartesische Produkte ist

$$\Psi: \underset{k=1}{\overset{n}{\times}} X_k \times X_{n+1} \to \underset{k=1}{\overset{n+1}{\times}} X_k, \ (\varphi, x) \mapsto \psi$$

bijektiv, wobei $\psi(k) = \varphi(k)$ für $1 \leq k \leq n$ und $\psi(n+1) = x$ ist. Die Gleichung ($**$) folgt mit dem Bijektionsgesetz. ◇

Aufgaben

1. Gib ein $n \in \mathbb{N}$ und eine Menge X an, so daß die Funktion

$$A_n \to \{\{k\} \times X \mid k \in A_n\}, \ k \mapsto \{k\} \times X$$

nicht bijektiv ist.

§ 3. Größenformeln

Wir benutzen nun die auf Grundlage des Begriffs der endlichen Menge entwickelte Theorie der Summen und Produkte, um Formeln für Größen endlicher Mengen zu gewinnen. Drei dieser Formeln, die Potenz, die Fakultät und der Binomialkoeffizient, tauchen so oft in der Analysis auf, daß sich Namen und Terme für sie eingebürgert haben. Wir beginnen mit Profanerem.

Konstantensatz für Summen. *Ist X endlich, so gilt für $z \in \mathbb{C}$:*

$$\sum_{x \in X} z = |X| \cdot z \,.$$

Beweis. Induktion nach $n = |X|$:

$\mathcal{E}(0)$: Ist $|X| = 0$, so ist nach (V1) $\sum_{x \in \emptyset} z = 0 = 0 \cdot z$.

$\mathcal{E}(n) \Rightarrow \mathcal{E}(n+1)$: Ist $|X| = n + 1$, so gibt es ein $a \in X$ und für $Y = X \setminus \{a\}$ ist $|Y| = n$. Mit (V2) und (I.V) folgt

$$\sum_{x \in X} z = z + \sum_{x \in Y} z = z + n \cdot z = (n+1) \cdot z \,. \qquad \diamond$$

Für $z = 1$ stiftet der Konstantensatz einen Zusammenhang zwischen Mengengrößen und Summen, nämlich

$$\sum_{x \in X} 1 = 1 \cdot |X| = |X| \,.$$

Disjunktionsformel. *Sind X und Y endliche, zueinander disjunkte Mengen, so ist $X \cup Y$ endlich und es gilt:*

$$|X \cup Y| = |X| + |Y| \,.$$

Beweis. Nach dem kleinen Assoziativsatz ist $X \cup Y$ endlich, und es gilt

$$|X \cup Y| = \sum_{x \in X \cup Y} 1 = \sum_{x \in X} 1 + \sum_{x \in Y} 1 = |X| + |Y| \,. \qquad \diamond$$

Komplementformel. *Ist Y endlich und $X \subseteq Y$, so gilt:*

$$|Y \setminus X| = |Y| - |X| \,.$$

Beweis. Nach dem Teilmengensatz ist $Y \setminus X$ eine endliche Menge. Wegen $X \cap (Y \setminus X) = \emptyset$ folgt mit der Disjunktionsformel

$$|Y| = |X \cup (Y \setminus X)| = |X| + |Y \setminus X|. \quad \diamond$$

Vereinigungsformel. *Sind X und Y endliche Mengen, so gilt:*

$$|X \cup Y| + |X \cap Y| = |X| + |Y|.$$

Beweis. Nach der Komplementformel ist $|X \setminus (X \cap Y)| = |X| - |X \cap Y|$. Nach der Disjunktionsformel ist

$$|X \cup Y| = \left|(X \setminus (X \cap Y)) \cup Y\right| = (|X| - |X \cap Y|) + |Y|. \quad \diamond$$

Mit dem Konstantensatz und dem Assoziativgesetz folgt die

Zerlegungsformel. *Ist $\mathcal{Z}$ eine endliche Zerlegung in endliche Mengen, so gilt:*

$$\sum_{M \in \mathcal{Z}} |M| = \sum_{M \in \mathcal{Z}} \sum_{x \in M} 1 = \sum_{x \in \cup \mathcal{Z}} 1 = \left|\bigcup \mathcal{Z}\right|. \quad \diamond$$

Größe des kartesischen Produkts. *Für das kartesische Produkt $X = \underset{k=1}{\overset{n}{\times}} X_k$ endlicher Mengen gilt:*

$$\left|\underset{k=1}{\overset{n}{\times}} X_k\right| = \prod_{k=1}^{n} |X_k|.$$

Beweis. Mit dem Konstantensatz ergibt sich:

$$\left|\underset{k=1}{\overset{n}{\times}} X_k\right| = \sum_{\varphi \in X} 1 = \sum_{\varphi \in X} \prod_{k=1}^{n} 1 \quad \text{(GH1)}$$

$$= \sum_{\varphi \in X} \prod_{k=1}^{n} (\mathcal{E} \circ \varphi)(k) = \prod_{k=1}^{n} \sum_{x \in X_k} \mathcal{E}(x) \quad \text{(AD)}$$

$$= \prod_{k=1}^{n} \sum_{x \in X_k} 1 = \prod_{k=1}^{n} |X_k|. \quad \diamond$$

Exponential- und Potenzfunktion. Für $z \in \mathbb{C}$ und $n \in \mathbb{N}$ nennt man

$$z^n = \prod_{k=1}^{n} z$$

die „n-te Potenz von z".

Konstantensatz für Produkte. *Ist X endlich mit $|X| = n$, so ist:*

$$\prod_{x \in X} z = z^n .$$

Beweis. Es gibt eine Bijektion von X nach $\{\, k \mid 1 \leq k \leq n \,\}$ so daß sich mit dem Bijektionsgesetz

$$\prod_{x \in X} z = \prod_{k=1}^{n} z = z^n$$

ergibt. $\diamondsuit$

Für $u, v \in \mathbb{C}$ und $m, n \in \mathbb{N}$ stellen wir drei **Potenzgesetze** auf:

Mit dem kleinen Assoziativsatz und dem Konstantensatz für Produkte erhalten wir:

(POT1) $\qquad u^{m+n} = \prod_{k=1}^{m+n} u = \prod_{k=1}^{m} u \cdot \prod_{k=m+1}^{m+n} u = u^m \cdot u^n .$

Mit der Größe des kartesischen Produktes

$$P = \{\, k \mid 1 \leq k \leq m \,\} \times \{\, k \mid 1 \leq k \leq n \,\} ,$$

dem Konstantensatz für Produkte und der zeilenweisen Multiplikation erhalten wir:

(POT2) $\qquad u^{m \cdot n} = \prod_{(k,\ell) \in P} u = \prod_{k=1}^{m} \prod_{\ell=1}^{n} u = \prod_{k=1}^{m} u^n = (u^n)^m .$

Mit dem Homomorphiegesetz erhalten wir

(POT3) $\qquad (u \cdot v)^n = \prod_{k=1}^{n} (u \cdot v) = \prod_{k=1}^{n} u \cdot \prod_{k=1}^{n} v = u^n \cdot v^n .$

Die Potenz gibt Anlaß, zwei Funktionen einzuführen: Für jedes z ist die *Exponentialfunktion* definiert als

$$\mathbb{N} \to \mathbb{C}, \; n \mapsto z^n ,$$

und für jedes $n \in \mathbb{N}$ ist die *Potenzfunktion* definiert als

$$\mathbb{C} \to \mathbb{C}, \; z \mapsto z^n .$$

§ 3. Größenformeln 107

Mit (V1) und (V2) ergeben sich die Rekursionsgleichungen der Exponentialfunktion:

(E1) $$z^0 = 1$$
(E2) $$z^{n+1} = z^n \cdot z \ .$$

Mit (E2) für $n = 0$ erhalten wir $z^1 = z$ und mit (POT1) $z^2 = z^1 \cdot z^1 = z \cdot z$.

Mit der Potenz lassen sich die nächsten beiden Größenformeln schön kurz ausdrücken:

Zahl der Funktionen. *Für endliche Mengen X und Y ist $\mathcal{F}(X,Y)$ endlich und es gilt:*
$$\bigl|\mathcal{F}(X,Y)\bigr| = |Y|^{|X|} \ .$$

Beweis. Sei $n = |X|$ und $T = \{\,k \mid 1 \leq k \leq n\,\}$. Dann gibt es eine bijektive Funktion $\varphi \in \mathcal{B}(X,T)$. Damit definiere

$$\Phi\colon \mathcal{F}(X,Y) \to Y^n \quad \text{durch} \quad \Phi(f)(k) = f\bigl(\varphi^{-1}(k)\bigr) \ .$$

Φ ist injektiv: Seien f, g in $\mathcal{F}(X,Y)$ mit $\Phi(f) = \Phi(g)$. Dann ist $f\bigl(\varphi^{-1}(k)\bigr) = g\bigl(\varphi^{-1}(k)\bigr)$ für jedes $k \in T$, und da φ^{-1} surjektiv ist, folgt $f(x) = g(x)$ für jedes $x \in X$, so daß wir $f = g$ erhalten.

Φ ist surjektiv: Sei y in Y^n. Definiere $f \in \mathcal{F}(X,Y)$ durch $f(x) = y_{\varphi(x)}$. Dann ist $\Psi(f) = y$.

Mit dem Bijektionssatz und der Größe des kartesischen Produkts folgt

$$\bigl|\mathcal{F}(X,Y)\bigr| = |Y^n| = |Y|^n \ . \quad \diamondsuit$$

Größe der Potenzmenge. *Für die endliche Menge X gilt:*
$$|\mathcal{P}(X)| = 2^{|X|} \ .$$

Beweis. Definiere die Funktion

$$\varphi\colon \mathcal{P}(X) \to \mathcal{F}(X, A_2) \quad \text{durch} \quad \varphi(U)(x) = 1 \quad \Leftrightarrow \quad x \in U \ .$$

φ ist surjektiv: Sei $f \in \mathcal{F}(X, A_2)$. Für $U = \{\,x \in X \mid f(x) = 1\,\}$ ist dann $\varphi(U) = f$.

φ ist injektiv: Seien U, V in $\mathcal{P}(X)$ mit $\varphi(U) = \varphi(V)$. Dann ist

$$x \in U \iff \varphi(U)(x) = 1 \iff \varphi(V)(x) = 1 \iff x \in V,$$

also $U = V$.

Somit ist φ bijektiv, und es folgt mit der Formel für die Zahl der Funktionen:

$$|\mathcal{P}(X)| = |\mathcal{F}(X, A_2)| = 2^{|X|}. \quad \diamond$$

Die Fakultät. Für $n \in \mathbb{N}$ sei

$$n! = \prod_{k=1}^{n} k \ .$$

Dabei wird $n!$ nicht etwa als „en Ausrufezeichen", sondern als „en Fakultät" gelesen. Mit (V1) und (V2) ergeben sich die Rekursionsgleichungen der Fakultät:

(F1) $\qquad\qquad\qquad 0! = 1$

(F2) $\qquad\qquad\qquad (n+1)! = n! \cdot (n+1)$.

Da alle Faktoren des Produkts $\prod_{k=1}^{n} k$ in $\mathbb{C}^{\times}$ liegen, liegt auch $n!$ in $\mathbb{C}^{\times}$.

Wir haben die Fakultät hier für die nächste Größenformel eingeführt.

Die Zahl bijektiver Funktionen. *Für endliche Mengen X und Y gleicher Größe n gilt:*

$$|\mathcal{B}(X, Y)| = n! \ .$$

Beweis. Wir zeigen die Formel mit Induktion nach $n = |X|$.

$\mathcal{E}(0)$: Mit (F1) erhalten wir $|\mathcal{B}(\emptyset, \emptyset)| = |\{\varepsilon_\emptyset\}| = 1 = 0!$.

$\mathcal{E}(n) \Rightarrow \mathcal{E}(n+1)$: Ist $|X| = n+1 = |Y|$, so gibt es ein $a \in X$ und für $X' = X \setminus \{a\}$ ist $|X'| = n$. Zu $y \in Y$ sei $B_y = \{ f \in \mathcal{B}(X, Y) \mid f(a) = y \}$. Damit ist $\mathcal{Z} = \{ B_y \mid y \in Y \}$ eine Zerlegung von $\mathcal{B}(X, Y)$, und wir erhalten mit der Zerlegungsformel:

$$|\mathcal{B}(X, Y)| = \sum_{B_y \in \mathcal{Z}} |B_y| \ .$$

Für jedes $y \in Y$ ist die Funktion $B_y \to \mathcal{B}(X', Y)$, $f \mapsto f \updownarrow X'$ bijektiv, so daß sich nach (I.V) $|B_y| = n!$ ergibt. Mit dem Konstantensatz folgt:

$$\sum_{B_y \in \mathcal{Z}} |B_y| = \sum_{B_y \in \mathcal{Z}} n! = |\mathcal{Z}| \cdot n! \ .$$

§ 3. Größenformeln   109

Die Funktion $Y \to \mathcal{Z}$, $y \mapsto B_y$ ist bijektiv, und wir erhalten mit (F2):
$$|\mathcal{Z}| \cdot n! = |Y| \cdot n! = (n+1) \cdot n! = (n+1)! \, . \quad \diamond$$

Binomialkoeffizienten. Für $m, n \in \mathbb{N}$, $n \leq m$, sei
$$\binom{m}{n} = \frac{m!}{n! \cdot (m-n)!} \, .$$

Die Zahl gleich großer Teilmengen. *Ist X eine Menge der Größe m und $\mathcal{U} = \{ U \in \mathcal{P}(X) \mid |U| = n \}$ die Menge der Teilmengen von X der Größe n, so gilt für $n \leq m$:*
$$|\mathcal{U}| = \binom{m}{n} \, .$$

Beweis. Zu $U \in \mathcal{U}$ definiere
$$B_U = \{ f \in \mathcal{B}(X, A_m) \mid f(U) = A_n \} \, .$$
Dann ist $\mathcal{Z} = \{ B_U \mid U \in \mathcal{U} \}$ eine Zerlegung von $\mathcal{B}(X, A_m)$ und wir erhalten mit der Zahl bijektiver Funktionen und der Zerlegungsformel:
$$\sum_{B_U \in \mathcal{Z}} |B_U| = |\mathcal{B}(X, A_m)| = m! \, .$$
Für jedes $U \in \mathcal{U}$ ist die Funktion
$$B_U \to \mathcal{B}(U, A_n) \times \mathcal{B}(X \setminus U, A_m \setminus A_n), \ f \mapsto (f{\updownarrow}U, f{\updownarrow}(X \setminus U))$$
bijektiv, und wir erhalten mit der Größe des kartesischen Produkts, der Zahl bijektiver Funktionen und dem Konstantensatz
$$\sum_{B_U \in \mathcal{Z}} |B_U| = \sum_{B_U \in \mathcal{Z}} n! \cdot (m-n)! = |\mathcal{Z}| \cdot n! \cdot (m-n)! \, .$$
Die Funktion $\mathcal{U} \to \mathcal{Z}$, $U \mapsto B_U$ ist bijektiv, so daß wir $|\mathcal{Z}| = |\mathcal{U}|$ erhalten. Insgesamt ergibt sich:
$$m! = \sum_{B_U \in \mathcal{Z}} |B_U| = |\mathcal{U}| \cdot n! \cdot (m-n)! \, . \quad \diamond$$

Rekursionsgleichungen für Binomialkoeffizienten. *Für $m, n \in \mathbb{N}$ mit $0 \leq n < m$ gilt:*
$$\binom{n}{0} = 1 = \binom{n}{n}$$
$$\binom{m+1}{n+1} = \binom{m}{n} + \binom{m}{n+1} \, .$$

Beweis. Die ersten beiden Gleichungen gelten, weil $\emptyset$ die einzige Teilmenge von X der Größe 0 ist und X die einzige Teilmenge von X der Größe $|X|$ ist.

Zum Beweis der dritten Gleichung definiere

$$\mathcal{W} = \{\, W \in \mathcal{P}(A_{m+1}) \mid |W| = n+1 \,\}$$
$$\mathcal{U} = \{\, K \in \mathcal{W} \mid m \in K \,\}$$
$$\mathcal{V} = \{\, K \in \mathcal{W} \mid m \notin K \,\}\,.$$

Für $\mathcal{U}' = \{\, K \in \mathcal{P}(A_m) \mid |K| = n \,\}$ ist die Funktion

$$\mathcal{U} \to \mathcal{U}', \ K \mapsto K \setminus \{m\}$$

bijektiv, so daß wir $|\mathcal{U}| = |\mathcal{U}'| = \binom{m}{n}$ erhalten.

Wegen $\mathcal{V} = \{\, K \in \mathcal{P}(A_m) \mid |K| = n+1 \,\}$ ist $|\mathcal{V}| = \binom{m}{n+1}$.

Nun ist $\{\mathcal{U}, \mathcal{V}\}$ eine Zerlegung von $\mathcal{W}$, so daß sich nach dem Assoziativgesetz

$$\binom{m+1}{n+1} = |\mathcal{W}| = |\mathcal{U}| + |\mathcal{V}| = \binom{m}{n} + \binom{m}{n+1}$$

ergibt. ◇

Diese Formeln und die Fähigkeit, weitere für Größen endlicher Mengen abzuleiten, lassen sich in Vorteile, etwa beim Abschätzen von Glücksspielen, ummünzen. Die Gewinnchance ist dabei das Verhältnis der Zahl der günstigen Fälle zur Zahl aller Fälle. Beim Lotto 6 aus 49 tippt man auf eine 6-elementige Teilmenge von A_{49}. Die Zahl aller Fälle ist $\binom{49}{6}$, und der günstigen Fälle eins.

Aufgaben

1. Wie hoch ist die Chance, genau „drei Richtige" zu tippen?
2. Kann man $|\mathcal{B}(X)|$ ähnlich wie $|\mathcal{F}(X,Y)|$ als ein Produkt von Summen berechnen?

§ 4. Summen- und Produktformeln

Für die nächsten Kapitel stellen wir drei Gleichungen und eine Ungleichung auf, die man mit Induktionsbeweisen nach der Größe der Indexmengen nahezu mechanisch verifizieren könnte. Induktionsbeweise werden aber mit der Zeit langweilig, deshalb tun wir so, als kennten wir die Formeln nicht, und nutzen die Gelegenheit, Ideen zur Vereinfachung von Summen und Produkten vorzustellen.

1. Teleskopsummen. Man kann eine Summe sehr leicht vereinfachen, wenn es gelingt, sie als Teleskopsumme in der Form

$$\sum_{k=0}^{n} \bigl(f(k) - f(k+1)\bigr)$$

darzustellen. Man erhält nämlich

$$\sum_{k=0}^{n} \bigl(f(k) - f(k+1)\bigr) = \sum_{k=0}^{n} f(k) - \sum_{k=0}^{n} f(k+1) \quad \text{(ID)}$$

$$= \sum_{k=0}^{n} f(k) - \sum_{k=1}^{n+1} f(k) \quad \text{(BIG)}$$

$$= f(0) + \sum_{k=1}^{n} f(k) - \sum_{k=1}^{n} f(k) - f(n+1) \quad \text{(ASS)}$$

$$= f(0) - f(n+1) \, . \quad \text{(RP)}$$

Geometrische Summe. *Für $z \neq 1$ gilt:*

$$\sum_{k=0}^{n} z^k = \frac{z^{n+1} - 1}{z - 1} \, .$$

Beweis.

$$(1-z) \cdot \sum_{k=0}^{n} z^k = \sum_{k=0}^{n} z^k - \sum_{k=0}^{n} z^{k+1}$$

$$= \sum_{k=0}^{n} \bigl(z^k - z^{k+1}\bigr) = z^0 - z^{n+1} \, . \quad \diamond$$

Differenzenquotient der Potenzfunktion. *Für $u \neq v$ und $1 \leq n$ gilt:*

$$\frac{u^n - v^n}{u - v} = \sum_{k=0}^{n-1} u^k \cdot v^{n-1-k} \, .$$

4. Endliche Summen und Produkte

Beweis.

$$(v-u) \cdot \sum_{k=0}^{n-1} u^k \cdot v^{n-1-k} = \sum_{k=0}^{n-1} \left(u^k \cdot v^{n-k} - u^{k+1} \cdot v^{n-(k+1)} \right)$$
$$= v^n - u^n \ .$$

2. Binomische Formel. Bei deren Berechnung stellen wir ein Produkt von Summen nach dem allgemeinen Distributivgesetz als Summe von Produkten dar und vereinfachen dann diese Summe, indem wir gleiche Summanden zusammenfassen und darauf den Konstantensatz für Summen anwenden. Das Produkt von Summen ist $(u+v)^n$ für $u, v \in \mathbb{C}$ und $n \in \mathbb{N}$. Mit $X = (A_2)^n$ und einem $f \in \mathcal{F}(A_2, \mathbb{C})$ mit $f(0) = u$ und $f(1) = v$ ergibt sich nach dem Distributivgesetz:

$$(u+v)^n = \prod_{k=1}^{n} \sum_{\ell=0}^{1} f(\ell) = \sum_{x \in X} \prod_{k=1}^{n} f(x_k) \ .$$

Zwei Tupel $x, y \in X$ liefern dasselbe Produkt, wenn die Zahl der k mit $x_k = 0$ übereinstimmt mit der Zahl der k mit $y_k = 0$. Dies legt die Zerlegung von X in $Z_\ell = \{\, x \in X \mid |\{\, k \mid x_k = 0 \,\}| = \ell \,\}$ für $0 \leq \ell \leq n$ nahe. Mit dem Assoziativgesetz folgt:

$$\sum_{x \in X} \prod_{k=1}^{n} f(x_k) = \sum_{\ell=0}^{n} \sum_{x \in Z_\ell} \prod_{k=1}^{n} f(x_k) \ .$$

Zu jedem $x \in X$ sind $U_x = \{\, k \mid x_k = 0 \,\}$ und $V_x = \{\, k \mid x_k = 1 \,\}$ zueinander disjunkte Teilmengen von $T = \{\, k \mid 1 \leq k \leq n \,\}$, so daß wir mit dem Assoziativgesetz und dem Konstantensatz für Produkte für jedes $x \in Z_\ell$ erhalten:

$$\prod_{k=1}^{n} f(x_k) = \prod_{k \in U_x} f(x_k) \cdot \prod_{k \in V_x} f(x_k)$$
$$= \prod_{k \in U_x} u \cdot \prod_{k \in V_x} v$$
$$= u^\ell \cdot v^{n-\ell} \ .$$

Die Funktion
$$Z_\ell \to \{\, U \in \mathcal{P}(T) \mid |U| = \ell \,\}, \ x \mapsto U_x$$

ist für jedes ℓ bijektiv, so daß wir über die Zahl der Teilmengen der Größe ℓ die Gleichung

$$|Z_\ell| = \binom{n}{\ell}$$

erhalten. Damit ergibt sich:

$$(u+v)^n = \sum_{\ell=0}^{n} \sum_{x \in Z_\ell} \prod_{k=1}^{n} f(x_k)$$

$$= \sum_{\ell=0}^{n} \sum_{x \in Z_\ell} u^\ell \cdot v^{n-\ell}$$

$$= \sum_{\ell=0}^{n} |Z_\ell| \cdot u^\ell \cdot v^{n-\ell}$$

$$= \sum_{\ell=0}^{n} \binom{n}{\ell} \cdot u^\ell \cdot v^{n-\ell} .$$

Unser Ergebnis halten wir fest:

Binomische Formel. *Für $u, v \in \mathbb{C}$ und $n \in \mathbb{N}$ gilt:*

$$(u+v)^n = \sum_{k=0}^{n} \binom{n}{k} \cdot u^k \cdot v^{n-k} .$$

3. Ungleichungen. Die Monotonie der Addition läßt sich mit einem „Induktionsbeweis im Kopf" nach der Größe der Indexmenge auf endliche Summen verallgemeinern: Für reelle Funktionen f, g, die auf der endlichen Menge X definiert sind, und für die $f(x) \leq g(x)$ für jedes $x \in X$ ist, erhalten wir die Ungleichung

$$\sum_{x \in X} f(x) \leq \sum_{x \in X} g(x) .$$

Ist zusätzlich $f(a) < g(a)$ für ein $a \in X$, so erhält man mit $Y = X \setminus \{a\}$:

$$\sum_{x \in X} f(x) = \sum_{x \in Y} f(x) + f(a)$$
$$< \sum_{x \in Y} f(x) + g(a)$$
$$\leq \sum_{x \in Y} g(x) + g(a)$$
$$= \sum_{x \in X} g(x) .$$

CAUCHYsche Ungleichung. *Für α, β in $\mathbb{R}^n$ gilt:*

$$\left(\sum_{k=1}^{n} \alpha_k \cdot \beta_k \right)^2 \leq \left(\sum_{k=1}^{n} \alpha_k^2 \right) \cdot \left(\sum_{k=1}^{n} \beta_k^2 \right) .$$

4. Endliche Summen und Produkte

Beweis. Für die Indexmenge $Q = \{k \mid 1 \leq k \leq n\}^2$ erhalten wir mit dem Homomorphiegesetz:

$$\sum_{(k,\ell) \in Q} (\alpha_k \cdot \beta_\ell - \alpha_\ell \cdot \beta_k)^2$$
$$= \sum_{(k,\ell) \in Q} (\alpha_k^2 \cdot \beta_\ell^2 - 2 \cdot \alpha_k \cdot \beta_\ell \cdot \alpha_\ell \cdot \beta_k + \alpha_\ell^2 \cdot \beta_k^2)$$
$$= \sum_{(k,\ell) \in Q} \alpha_k^2 \cdot \beta_\ell^2 - 2 \cdot \sum_{(k,\ell) \in Q} \alpha_k \cdot \beta_\ell \cdot \alpha_\ell \cdot \beta_k + \sum_{(k,\ell) \in Q} \alpha_\ell^2 \cdot \beta_k^2 \, .$$

Mit dem Distributivgesetz ergibt sich für die beiden äußeren Summen

$$\sum_{(k,\ell) \in Q} \alpha_k^2 \cdot \beta_\ell^2 = \left(\sum_{k=1}^n \alpha_k^2 \right) \cdot \left(\sum_{k=1}^n \beta_k^2 \right)$$
$$= \sum_{(k,\ell) \in Q} \alpha_\ell^2 \cdot \beta_k^2$$

und für die mittlere Summe

$$\sum_{(k,\ell) \in Q} \alpha_k \cdot \beta_\ell \cdot \alpha_\ell \cdot \beta_k = \sum_{(k,\ell) \in Q} \alpha_k \cdot \beta_k \cdot \alpha_\ell \cdot \beta_\ell$$
$$= \left(\sum_{k=1}^n \alpha_k \cdot \beta_k \right)^2 ,$$

so daß wir

$$0 \leq \sum_{(k,\ell) \in Q} (\alpha_k \cdot \beta_\ell - \alpha_\ell \cdot \beta_k)^2 = 2 \cdot \left(\sum_{k=1}^n \alpha_k^2 \right) \cdot \left(\sum_{k=1}^n \beta_k^2 \right) - 2 \cdot \left(\sum_{k=1}^n \alpha_k \cdot \beta_k \right)^2$$

erhalten, woraus die CAUCHYsche Ungleichung folgt. ◊

Kapitel 5. Ganze und rationale Zahlen

> *Definieren Sie Universum*
> *und geben Sie zwei Beispiele*
> Aus einer Prüfung

Einleitung. In jeder Analysiseinführung wird bewiesen, daß $\sqrt{2}$ keine rationale Zahl ist. So auch hier, wobei wir allerdings die Begründungen ausführlicher als üblich darstellen und in eine kleine Teilbarkeitstheorie einbetten, die wir den Elementen EUKLIDS entleihen.

Unser Studium der ganzen Zahlen stützt sich auf die charakteristischen Eigenschaften der natürlichen Zahlen, nämlich den Lückensatz und die Wohlordnung, die wir auf $\mathbb{Z}$ übertragen.

Die ganzen Zahlen spielen eine wichtige Rolle als Lieferant von Exponenten von Potenzen mit Basen aus beliebigen Gruppen, denen wir hier mehr Raum geben, als in Analysisveranstaltungen üblich.

Im folgenden sollen k, ℓ, m, n ganze, α, β, γ reelle, und u, v, z komplexe Zahlen bezeichnen.

§ 1. Die Symmetrie der Ordnungsrelation

Um Lückensatz und die Wohlordnung der natürlichen Zahlen auf die ganzen Zahlen zu übertragen, erweist es sich als praktisch, symmetrische Eigenschaften der Ordnungsrelation auf $\mathbb{Z}$ auszunutzen.

Zu $M \subseteq \mathbb{C}$ sei ihre *Gegenmenge* $-M$ definiert durch

$$z \in -M \quad \Leftrightarrow \quad -z \in M\,.$$

Nach dem Involutionssatz gilt $-(-z) = z$ und damit auch $-(-M) = M$. Beide Gleichungen werden wir ohne viel Aufhebens verwenden.

Gegenschrankensatz. *Für $M \subseteq \mathbb{R}$ gilt:*

σ ist obere Schranke von M $\quad \Leftrightarrow \quad$ $-\sigma$ ist untere Schranke von $-M$.

Beweis. Sei σ eine obere Schranke von M und $\alpha \in -M$. Dann ist $-\alpha \in M$ und $-\alpha \leq \sigma$, so daß mit dem Gegenzahlsatz $-\sigma \leq \alpha$ folgt.

116   5. Ganze und rationale Zahlen

Sei $-\sigma$ eine untere Schranke von $-M$ und $\alpha \in M$. Dann ist $-\alpha \in -M$ und $-\sigma \leq -\alpha$, so daß nach dem Gegenzahlsatz $\alpha \leq \sigma$ folgt. $\diamondsuit$

Gegenmengensatz für das Maximum. *Eine Menge M reeller Zahlen hat ein Maximum genau dann, wenn ihre Gegenmenge ein Minimum hat. Gegebenenfalls gilt:*
$$\min(-M) = -\max(M) \, .$$

Beweis.
Sei $\sigma = \max(M)$. Dann liegt $-\sigma$ in $-M$ und ist nach dem Gegenschrankensatz eine untere Schranke von $-M$.

Sei $\sigma = \min(-M)$. Dann liegt $-\sigma$ in M und ist nach dem Gegenschrankensatz eine obere Schranke von M. $\diamondsuit$

Satz von ARCHIMEDES. *Es gibt in $\mathbb{R}$ weder eine untere noch eine obere Schranke von $\mathbb{Z}$.*
Beweis. Wäre $\mathbb{Z}$ oben beschränkt, so gäbe es nach (R2) $\sigma = \sup \mathbb{Z}$. Weil $\sigma - 1 < \sigma$ ist, wäre $\sigma - 1$ keine obere Schranke von $\mathbb{Z}$, so daß es ein n mit $\sigma - 1 < n$ gäbe. Hieraus folgte $\sigma < n + 1$, so daß σ nicht das Supremum von $\mathbb{Z}$ sein kann.

Wäre $\mathbb{Z}$ unten beschränkt, so wäre $-\mathbb{Z}$ nach dem Gegenschrankensatz oben beschränkt, was wegen $-\mathbb{Z} = \mathbb{Z}$ dem eben Gezeigten widerspricht. $\diamondsuit$

Im Umkehrschluß zu diesem Satz gibt es zu jedem α ein m und ein n mit $m < \alpha < n$.

Satz. *Es ist $\mathbb{Z}_0 = \mathbb{N}$.*
Beweis. Sei $n \in \mathbb{Z}_0$. Dann gibt es wegen (Z3) k, m in $\mathbb{N}$ mit $n = m - k$ und es ist $0 \leq m - k$, also $k \leq m$. Wegen (ED) gibt es $i \in \mathbb{N}$ mit $m = k + i$ und hieraus folgt $n = (k + i) - k = i$, also $n \in \mathbb{N}$.
Sei jetzt umgekehrt $n \in \mathbb{N}$. Dann ist wegen (MIN) $0 \leq n$ und wegen (Z1) $n \in \mathbb{Z}$, also $n \in \mathbb{Z}_0$. $\diamondsuit$

Nach diesem Satz gelten alle Eigenschaften natürlicher Zahlen auch für nichtnegative ganze Zahlen. Insbesondere sind dies der Lückensatz und die Wohlordnung, die wir in den nächsten beiden Beweisen von $\mathbb{Z}_0$ auf $\mathbb{Z}$ übertragen werden.

§ 1. Die Symmetrie der Ordnungsrelation

Lückensatz für ganze Zahlen. *Ist $m \leq n < m+1$ so ist $m = n$.*
Beweis. Aus der Voraussetzung folgt $0 \leq n - m < 1$, so daß $n - m$ in $\mathbb{Z}_0$ liegt und wir mit dem Lückensatz natürlicher Zahlen $n - m = 0$ erhalten. ◇

Im Umkehrschluß zum Lückensatz folgt aus $m < n$ die Ungleichung $m + 1 \leq n$.

Minimumsatz ganzer Zahlen. *Ist M eine unten beschränkte nichtleere Menge ganzer Zahlen, so hat M ein Minimum.*
Beweis. Sei α eine untere Schranke von M. Nach ARCHIMEDES gibt es ein m mit $m \leq \alpha$. Da m eine untere Schranke von M ist, erhalten wir

$$N = \{\, k - m \mid k \in M \,\} \subseteq \mathbb{Z}_0 \,.$$

Da N nichtleer und $\mathbb{Z}_0$ wohlgeordnet ist, existiert $n = \min N$, und es ist $n + m = \min M$. ◇

Im Beweis des Satzes von ARCHIMEDES haben wir (R2) benutzt und so eine Eigenschaft ganzer Zahlen, den Minimumsatz, aus einer Eigenschaft reeller Zahlen gefolgert. Dies unterstreicht die Rolle der Analysis für die Theorie der ganzen Zahlen.

Maximumsatz ganzer Zahlen. *Ist M eine oben beschränkte nichtleere Menge ganzer Zahlen, so hat M ein Maximum.*
Beweis. Mit M ist auch $-M$ nichtleer und eine Teilmenge ganzer Zahlen. Nach dem Gegenschrankensatz ist $-M$ unten beschränkt und hat nach dem Minimumsatz ein Minimum. Mit dem Gegenmengensatz folgt, daß M ein Maximum hat. ◇

Nach ARCHIMEDES ist die Menge $\{\, k \in \mathbb{Z} \mid k \leq \alpha \,\}$ nichtleer. Da sie auch oben beschränkt ist, hat sie nach dem Maximumsatz ein Maximum, das man mit der „GAUSSschen Klammer" $[\alpha]$ bezeichnet. Demnach ist

$$[\alpha] = \max\{\, n \in \mathbb{Z} \mid n \leq \alpha \,\} \,.$$

Abschätzung der GAUSSschen Klammer. *Es gilt:*

$$[\alpha] \leq \alpha < [\alpha] + 1 \,.$$

Beweis. Sei $M = \{\, k \in \mathbb{Z} \mid k \leq \alpha \,\}$. Es gilt

$$[\alpha] = \max M \quad \Rightarrow \quad [\alpha] \in M \quad \Rightarrow \quad [\alpha] \leq \alpha \,.$$

Wäre $[\alpha] + 1 \leq \alpha$, so wäre $[\alpha] + 1 \in M$ und also $[\alpha] + 1 \leq [\alpha]$, was $1 \leq 0$ zur Folge hätte. Also ist $\alpha < [\alpha] + 1$. ◇

5. Ganze und rationale Zahlen

Für $\alpha \in \mathbb{R}$ und $\beta \in \mathbb{R}^+$ bezeichnen wir den *ganzzahligen Quotienten* bzw. den *Divisionsrest* mit

$$\mathrm{div}(\alpha, \beta) = [\alpha/\beta] \quad \text{und} \quad \mathrm{mod}(\alpha, \beta) = \alpha - [\alpha/\beta] \cdot \beta \ .$$

Abschätzung des Divisionsrests. *Für $\alpha \in \mathbb{R}$, $\beta \in \mathbb{R}^\times$ gilt:*

$$0 \leq \mathrm{mod}(\alpha, \beta) < \beta \ .$$

Beweis. Wir erhalten die äquivalenten Formeln

$$\begin{aligned}
0 \leq \mathrm{mod}(\alpha, \beta) < \beta \quad &\Leftrightarrow \quad 0 \leq \alpha - [\alpha/\beta] \cdot \beta < \beta \\
&\Leftrightarrow \quad 0 \leq \alpha/\beta - [\alpha/\beta] < 1 \\
&\Leftrightarrow \quad [\alpha/\beta] \leq \alpha/\beta < [\alpha/\beta] + 1 \ ,
\end{aligned}$$

und die letzte Formel ist die Abschätzung der GAUSSschen Klammer. ◊

Für $m \in \mathbb{Z}$ ist auch $\mathrm{mod}(m, 2)$ eine ganze Zahl, die $0 \leq \mathrm{mod}(m, 2) < 2$ erfüllt. Mit dem Lückensatz ergibt sich $\mathrm{mod}(m, 2) \in \{0, 1\}$. Ist $\mathrm{mod}(m, 2) = 0$, so nennen wir m *gerade*, im anderen Fall *ungerade*.

Um zu demonstrieren, daß unsere Theorie endlicher Mengen auch für die Analysis nutzbar ist, zeigen wir zwei Sätze, die traditionell ohne Beweis verwendet werden, denn traditionell bleibt der Begriff der endlichen Menge im Anschaulichen und mit Anschauung lassen sich bestenfalls Glaubenssätze aber keine Sätze begründen.

Satz. *Ist $M \subseteq \mathbb{Z}$ oben und unten beschränkt, so ist M endlich.*
Beweis. Sei ℓ untere und k obere Schranke von M. Dann ist

$$N = \{ j - \ell \mid j \in M \} \subseteq A_{(k-\ell)+1} \ .$$

Nach dem Teilmengensatz ist N endlich. Weil die Funktion

$$M \to N, \ j \mapsto j - \ell$$

bijektiv ist, ist nach dem Bijektionssatz M ebenfalls endlich. ◊

Satz. *Eine nichtleere endliche Menge M reeller Zahlen besitzt Maximum und Minimum.*
Beweis. Wir beweisen mit Induktion nach n: Ist $M \subseteq \mathbb{R}$, $M \neq \emptyset$ und $|M| = n$, so gibt es $\max(M)$.

$\mathcal{E}(0)$: Aus $|M| = 0$ folgt $M = \emptyset$, so daß die Voraussetzung nicht erfüllbar ist.

$\mathcal{E}(n) \Rightarrow \mathcal{E}(n+1)$: Ist $|M| = n + 1$, so gibt es ein $\alpha \in M$ und $N = M \setminus \{\alpha\}$ hat nach dem Komplementsatz die Größe n. Ist $n = 0$, so ist $\alpha = \max(M)$. Andernfalls ist N nichtleer, hat nach (I.V) ein Maximum und eine der Zahlen α und $\max(N)$ erweist sich als $\max(M)$.

Mit M ist auch $-M$ eine nichtleere Teilmenge reeller Zahlen. Da M endlich und die Funktion
$$M \to -M, \ x \mapsto -x$$
bijektiv ist, ist nach dem Bijektionssatz $-M$ eine endliche Menge und hat als solche nach dem eben Gezeigten ein Maximum. Mit dem Gegenmengensatz folgt, daß M ein Minimum hat. ◇

Wäre ℕ endlich, so hätte nach diesem Satz ℕ ein Maximum – im Widerspruch zum Satz von ARCHIMEDES. Also ist ℕ unendlich.

Aufgaben

1. Wie groß ist $\{\, k \in \mathbb{Z} \mid \alpha \leq k < \beta \,\}$ für $\alpha, \beta \in \mathbb{R}$?

§ 2. Primzahlen und Teilbarkeit

1. Ein Satz von EUKLID. Nach EUKLID, Elemente, Buch VII, § 30 teilt eine Primzahl ein Produkt natürlicher Zahlen nur dann, wenn sie mindestens einen der Faktoren teilt. Dieser Satz, der jedem von uns offensichtlich erscheint, wird häufig herangezogen, um die Irrationalität von Wurzeln zu zeigen. Versucht man, ihn zu beweisen, so wird man vermutlich wie ich feststellen, daß das gar nicht so einfach ist. Nicht nur der Satz, sondern auch die Idee des hier gegebenen Beweises stammt von EUKLID. Wenn nicht anders angegeben, bezeichnen in diesem Abschnitt alle Variablen ganze Zahlen, wobei p und q stets positiv seien.

Wir sagen, q sei ein *Teiler* von n oder q *teile* n, wenn es ein k mit $k \cdot q = n$ gibt. Für „q teilt n" schreiben wir auch $q \mid n$ und $q \nmid n$ für „q teilt nicht n".

Wir nennen das Paar (m,p) *gekürzt*, wenn aus $m/p = n/q$ stets $p \leq q$ folgt. Zu jedem $r \in \mathbb{Q}$ gibt es ein gekürztes Paar (m,p) mit $m/p = r$, denn die Menge

$$\{\, q \in \mathbb{Z}^+ \mid \text{es gibt ein } m \in \mathbb{Z} \text{ mit } r = m/q \,\}$$

hat als nichtleere, unten beschränkte Menge ganzer Zahlen ein Minimum p, und es gibt ein $m \in \mathbb{Z}$ mit $r = m/p$.

Kürzungssatz für rationale Zahlen. *Ist $m/p = n/q$ und p kein Teiler von q, so ist (m,p) nicht gekürzt.*
Beweis. Sei $k = \operatorname{div}(q,p)$ und $\ell = \operatorname{mod}(q,p)$. Dann ist $q = k \cdot p + \ell$ und $0 \leq \ell < p$. und es folgt für

$$\begin{aligned}
x &= \frac{m}{p} \cdot \ell = \frac{m}{p} \cdot (q - k \cdot p) = \frac{m}{p} \cdot q - m \cdot k \\
&= \frac{n}{q} \cdot q - m \cdot k = n - m \cdot k \in \mathbb{Z}\,.
\end{aligned}$$

Da p kein Teiler von q ist, ist $\ell \neq 0$, so daß $x/\ell = m/p$ ist. Wegen $\ell < p$ ist damit (m,p) nicht gekürzt. ◇

Wir sagen, p sei eine *Primzahl*, wenn $2 \leq p$ ist und für alle $m, n \in \mathbb{N}$ gilt:

$$p = m \cdot n \quad \Rightarrow \quad p = m \text{ oder } p = n\,.$$

Ist $2 \leq p$ und p keine Primzahl, so gibt es im Umkehrschluß natürliche Zahlen m und n mit $p = m \cdot n$, so daß $p \neq m$ und $p \neq n$ ist. Wir sagen, k sei ein *echter Teiler* von p, wenn k ein Teiler von p ist und $k \neq p$ gilt. Primzahlen sind also genau die natürlichen Zahlen, die größer als eins sind und keine echten Teiler haben.

EUKLID. *Ist p eine Primzahl, so gilt für $m, n \in \mathbb{N}$:*

$$p \mid m \cdot n \quad \Rightarrow \quad p \mid m \text{ oder } p \mid n\,.$$

Beweis. Sei (r,s) das gekürzte Paar mit

$$r/s = m/p\,.$$

Nach dem Kürzungssatz gibt es ein k mit $p = k \cdot s$. Da p eine Primzahl ist, folgt $p = k$ oder $p = s$.

Ist $p = k$, so ist $s = 1$ und $m = p \cdot r$, und wir erhalten demnach $p \mid m$.

Ist $p = s$, so ist $m = r$, und $(m,p) = (r,s)$ ist gekürzt. Ist $n = 0$, so folgt $p \mid n$. Andernfalls gibt es wegen $p \mid m \cdot n$ ein $\ell \in \mathbb{N}$ mit $m/p = \ell/n$, und mit dem Kürzungssatz folgt $p \mid n$. ◇

Rationale Wurzeln natürlicher Zahlen. *Hat $n \in \mathbb{N}^+$ eine rationale Wurzel, so ist n eine Quadratzahl.*
Beweis. Sei $n = p^2/q^2$ mit dem gekürzten Paar (p,q). Dann ist $(n \cdot q)/p = p/q$, und es gibt nach dem Kürzungssatz ein k mit $q \cdot k = p$. Es folgt $k^2 = p^2/q^2 = n$. ◇

Ist also im Umkehrschluß n keine Quadratzahl, so hat n keine rationale Wurzel. Insbesondere gilt dies für 2. Ob 2 eine komplexe oder sogar eine reelle Wurzel hat, werden wir im nächsten Kapitel untersuchen.

Aufgaben

1. Wird $\mathbb{N}$ durch die Relation „ist Teiler von" linear geordnet?
2. Hat $\mathbb{N}$ ein Minimum oder ein Maximum bzgl. der „ist Teiler von"-Relation?

§ 3. Potenzen mit ganzzahligen Exponenten

Die Exponentialfunktion $\mathbb{N} \to \mathbb{C}$ wäre wegen $z^{m+n} = z^m \cdot z^n$ ein Gruppenhomomorphismus in die M-Gruppe $\mathbb{C}^\times$, wenn nur ihre Definitionsmenge eine A-Gruppe wäre. Wir werden die Exponentialfunktion in zwei Richtungen verallgemeinern: Zum ersten dehnen wir die Definitionsmenge von $\mathbb{N}$ auf $\mathbb{Z}$ aus und zum zweiten nehmen wir als Zielmenge eine beliebige Gruppe an.

1. Die Gruppe. Eine Menge G bilde mit einer Verknüpfung

$$G \times G \to G, \ (a,b) \mapsto a \circ b$$

und einem *neutralem Element* $e \in G$ eine *Gruppe* $(G, \circ, e)$, wenn für jedes a, b und c in G gilt:

(G1) $(a \circ b) \circ c = a \circ (b \circ c)$

(G2) $a \circ e = a = e \circ a$

(G3)   Zu jedem a gibt es eine Inverse b mit $a \circ b = e = b \circ a$.

In Kap. 1, § 2 bewiesen wir den Injektivitätssatz für kommutative Gruppen, ohne dabei das Kommutativgesetz benutzt zu haben. Die Funktion

$$G \to G, \ b \mapsto a \circ b$$

ist also auch in beliebigen Gruppen injektiv. Damit ist auch in beliebigen Gruppen das zu a inverse Element a' durch $a \circ a' = e$ eindeutig bestimmt. Wegen (G3) ist a die Inverse zu a', so daß sich $a = (a')'$ ergibt und sich der Involutionssatz auf beliebige Gruppen erstreckt.

2. Die Exponentialfunktion. Im folgenden sei $(G, \circ, e)$ eine Gruppe und a, b, c seien Elemente in G. Für jedes Gruppenelement a definieren wir die *Exponentialfunktion*

$$\mathbb{N} \to G, \ n \mapsto a^n$$

rekursiv durch:

(E1) $\qquad\qquad\qquad a^0 = e$

(E2) $\qquad\qquad\qquad a^{n+1} = a^n \circ a$.

Man nennt a die *Basis* und n den *Exponenten* des Terms a^n, der *n-ten Potenz von a*.

Wir erweitern die Exponentialfunktion gleich auf ganzzahlige Exponenten, und zwar so, daß (E2) für alle $n \in \mathbb{Z}$ erhalten bleibt. Hierzu setzen wir für $n \in \mathbb{Z}^-$

(E3) $\qquad\qquad\qquad a^n = (a')^{-n}$

und erhalten so tatsächlich (E2) auch für $n \in \mathbb{Z}^-$:

$$\begin{aligned}
a^n \circ a &= (a')^{-n} \circ a & \text{(E3)} \\
&= (a')^{(-n-1)+1} \circ a & \\
&= ((a')^{-(n+1)} \circ a') \circ a & \text{(E2)} \\
&= (a')^{-(n+1)} \circ (a' \circ a) & \text{(G1)} \\
&= (a')^{-(n+1)} \circ e & \text{(G3)} \\
&= (a')^{-(n+1)} & \text{(G2)} \\
&= a^{n+1} \ . & \text{(E3)}
\end{aligned}$$

Die Gleichung (E3) gilt wegen (E1) auch für $n = 0$. Für $n \in \mathbb{N}^+$ erhält man mit den Involutionssätzen in $\mathbb{Z}$ und G und wegen $-n \in \mathbb{Z}^-$

$$a^n = \left((a')'\right)^{-(-n)} = (a')^{-n},$$

so daß auch (E3) für alle $n \in \mathbb{Z}$ gilt.

§ 3. Potenzen mit ganzzahligen Exponenten

Im folgenden seien k, m, n ganze Zahlen.

Die ersten beiden Potenzformeln. *Es gilt:*

(POT1) $\qquad a^{m+n} = a^m \circ a^n$
(POT2) $\qquad (a^m)^n = a^{m \cdot n}$.

Beweis. Wir zeigen mit einer Induktion nach n: Für $m \in \mathbb{Z}$ und $n \in \mathbb{N}$ gilt

(N-POT1) $\qquad a^{m+n} = a^m \circ a^n$.

$\mathcal{E}(0)$: Mit (G2) und (E1) folgt: $a^{m+0} = a^m = a^m \circ e = a^m \circ a^0$.

$\mathcal{E}(n) \Rightarrow \mathcal{E}(n+1)$: Wir erhalten:

$$\begin{align} a^{m+(n+1)} = a^{(m+n)+1} &= a^{m+n} \circ a & \text{(E2)} \\ &= (a^m \circ a^n) \circ a & \text{(I.V)} \\ &= a^m \circ (a^n \circ a) & \text{(G1)} \\ &= a^m \circ a^{n+1} & \text{(E2)} \end{align}$$

Für $n \in \mathbb{Z}^-$ ist $-n \in \mathbb{N}$ und es folgt:

$$\begin{align} a^{m+n} &= (a')^{-m-n} & \text{(E3)} \\ &= (a')^{-m} \circ (a')^{-n} & \text{(N-POT1)} \\ &= a^m \circ a^n & \text{(E3)} \end{align}$$

Damit ist (POT1) für alle ganzen Zahlen m und n nachgewiesen.

Wir wenden uns nun dem Beweis von (POT2) zu und zeigen zunächst mit einer Induktion nach n: Für $m \in \mathbb{Z}$ und $n \in \mathbb{N}$ gilt

(N-POT2) $\qquad (a^m)^n = a^{m \cdot n}$.

$\mathcal{E}(0)$: Mit (E1) folgt: $(a^m)^0 = e = a^0 = a^{m \cdot 0}$.

$\mathcal{E}(n) \Rightarrow \mathcal{E}(n+1)$: Wir erhalten:

$$\begin{align} (a^m)^{n+1} &= (a^m)^n \circ a^m & \text{(E2)} \\ &= a^{m \cdot n} \circ a^m & \text{(I.V)} \\ &= a^{m \cdot n + m} & \text{(POT1)} \\ &= a^{m \cdot (n+1)} & \end{align}$$

5. Ganze und rationale Zahlen

Es gilt

(*) $$(a^m)' = a^{-m} ,$$

denn wir erhalten mit (POT1) und (E1) $a^{-m} \cdot a^m = a^{-m+m} = a^0 = e$, so daß sich a^{-m} als die Inverse von a^m erweist.

Für $n \in \mathbb{Z}^-$ ist $-n \in \mathbb{N}$ und es folgt:

$$\begin{align} a^{m \cdot n} = a^{(-m) \cdot (-n)} &= (a^{-m})^{-n} & \text{(N-POT2)} \\ &= ((a^m)')^{-n} & (*) \\ &= (a^m)^n . \quad \diamond & \text{(E3)} \end{align}$$

Für jedes $n \in \mathbb{Z}$ definieren wir die *Potenzfunktion* durch

$$G \to G, \; a \to a^n .$$

Wir sagen, a sei mit b *vertauschbar*, wenn $a \circ b = b \circ a$ gilt. Jedes Element ist mit sich selbst vertauschbar. Ist a mit b vertauschbar, so ist auch b mit a vertauschbar, diese Relation ist also reflexiv und symmetrisch. Nach (G2) ist e mit jedem Element vertauschbar, nach (G3) sind zueinander inverse Elemente miteinander vertauschbar. In kommutativen Gruppen sind je zwei Elemente miteinander vertauschbar.

Vertauschungssatz für Potenzen (VP). *Sind m und n ganze Zahlen und ist a mit b vertauschbar, so ist a^m sowohl mit b^n als auch mit $(a \circ b)^n$ vertauschbar.*

Beweis. Wir zeigen mit einer Induktion: Für $n \in \mathbb{N}$ gilt

(N-VP) $$a^n \circ b = b \circ a^n .$$

$\mathcal{E}(0)$: Mit (E1) und (G2) erhalten wir $a^0 \circ b = e \circ b = b \circ e = b \circ a^0$.

$\mathcal{E}(n) \Rightarrow \mathcal{E}(n+1)$: Es gilt

$$\begin{align} a^{n+1} \circ b &= (a^n \circ a) \circ b & \text{(E2)} \\ &= a^n \circ (a \circ b) & \text{(G1)} \\ &= a^n \circ (b \circ a) & \text{(Vor.)} \\ &= (a^n \circ b) \circ a & \text{(G1)} \\ &= (b \circ a^n) \circ a & \text{(I.V)} \\ &= b \circ (a^n \circ a) & \text{(G1)} \\ &= b \circ a^{n+1} . & \text{(E2)} \end{align}$$

§ 3. Potenzen mit ganzzahligen Exponenten

Sei jetzt $n \in \mathbb{Z}^-$. Dann ist $-n \in \mathbb{N}$ und wir erhalten:

$$a^n \circ b = (a^n \circ b) \circ e \tag{G2}$$
$$= (a^n \circ b) \circ a^0 \tag{E1}$$
$$= (a^n \circ b) \circ (a^{-n} \circ a^n) \tag{POT1}$$
$$= \left(a^n \circ (b \circ a^{-n})\right) \circ a^n \tag{G1}$$
$$= \left(a^n \circ (a^{-n} \circ b)\right) \circ a^n \tag{N-VP}$$
$$= (a^n \circ a^{-n}) \circ (b \circ a^n) \tag{G1}$$
$$= a^0 \circ (b \circ a^n) \tag{POT1}$$
$$= e \circ (b \circ a^n) \tag{E1}$$
$$= b \circ a^n \ . \tag{G2}$$

Wir haben bis jetzt gezeigt, daß aus der Vertauschbarkeit von a und b die Vertauschbarkeit von a^m und b für jede ganze Zahl m folgt. Diesen Schluß können wir nun auf das Paar (b, a^m) anstelle von (a, b) anwenden und erhalten, daß a^m mit b^n für ganzzahlige Exponenten vertauschbar ist.

Weiter ist a mit $a \circ b$ vertauschbar, denn mit (G1) und der Vertauschbarkeit von a und b erhalten wir $a \circ (a \circ b) = a \circ (b \circ a) = (a \circ b) \circ a$. Hieraus ergibt sich schließlich die Vertauschbarkeit von a^m und $(a \circ b)^n$. ◇

Die dritte Potenzformel. *Ist a mit b vertauschbar, so gilt:*

(POT3) $\qquad\qquad (a \circ b)^n = a^n \circ b^n \ .$

Beweis. Wir zeigen induktiv: Für $n \in \mathbb{N}$ gilt

(N-POT3) $\qquad\qquad (a \circ b)^n = a^n \circ b^n \ .$

$\mathcal{E}(0)$: Mit (E1) und (G2) erhalten wir: $(a \circ b)^0 = e = e \circ e = a^0 \circ b^0$.

$\mathcal{E}(n) \Rightarrow \mathcal{E}(n+1)$: Es ergibt sich:

$$(a \circ b)^{n+1} = (a \circ b)^n \circ (a \circ b) \tag{E2}$$
$$= (a^n \circ b^n) \circ (a \circ b) \tag{I.V}$$
$$= a^n \circ \left(b^n \circ (a \circ b)\right) \tag{G1}$$
$$= a^n \circ \left((a \circ b) \circ b^n\right) \tag{VP}$$
$$= (a^n \circ a) \circ (b \circ b^n) \tag{G1}$$
$$= (a^n \circ a) \circ (b^n \circ b) \tag{VP}$$
$$= a^{n+1} \circ b^{n+1} \ . \tag{E2}$$

126   5. Ganze und rationale Zahlen

Sei jetzt $n \in \mathbb{Z}^-$. Dann ist $-n \in \mathbb{N}$ und es ergibt sich:

$$
\begin{align}
(a \circ b)^{-n} \circ (a^n \circ b^n) &= (a \circ b)^{-n} \circ (b^n \circ a^n) \tag{VP}\\
&= (a^{-n} \circ b^{-n}) \circ (b^n \circ a^n) \tag{N-POT3}\\
&= a^{-n} \circ \big((b^{-n} \circ b^n) \circ a^n\big) \tag{G1}\\
&= a^{-n} \circ (b^0 \circ a^n) \tag{POT1}\\
&= a^{-n} \circ (e \circ a^n) \tag{E1}\\
&= a^{-n} \circ a^n \tag{G2}\\
&= a^0 \tag{POT1}\\
&= e \,. \tag{E1}
\end{align}
$$

Damit ist $a^n \circ b^n$ die Inverse von $(a \circ b)^{-n}$, so daß wir $a^n \circ b^n = (a \circ b)^n$ auch für $n \in \mathbb{Z}^-$ erhalten. ◇

Für die Gruppe $(\mathbb{C}, +, 0)$ lauten die Rekursionsgleichungen für die durch z definierte Exponentialfunktion:

$$z^0 = 0$$
$$z^{n+1} = z^n + z\,.$$

Diese Gleichungen werden aber auch von der Funktion $\mathbb{N} \to \mathbb{C}$, $z \mapsto z \cdot n$ erfüllt und mit der Eindeutigkeitsaussage des Rekursionssatzes erhalten wir $z \cdot n = z^n$ und wir haben nur zwei Terme für dasselbe erhalten – viel Aufwand für wenig Ertrag. Diese Gleichungen vergessen wir daher wieder, halten aber fest, daß für jedes $z \in \mathbb{C}$ die Funktion

$$\mathbb{Z} \to \mathbb{C},\ n \mapsto n \cdot z$$

wegen (POT1) ein Gruppenhomomorphismus ist. Nach dem Homomorphiesatz ist daher für jedes $z \in \mathbb{C}$ die Menge der Vielfachen von z, also

$$\{\, n \cdot z \mid n \in \mathbb{Z} \,\}\,,$$

als Bild eines Homomorphismus eine A-Gruppe.

Für die Gruppe $(\mathbb{C}^\times, \cdot, 1)$ lauten die Rekursionsgleichungen für die durch $z \in \mathbb{C}^\times$ definierte Exponentialfunktion:

(E1) $\qquad\qquad\qquad z^0 = 1$
(E2) $\qquad\qquad\qquad z^{n+1} = z^n \cdot z\,,$

die mit denen der alten, über $z^n = \prod_{k=1}^{n} z$ definierten Exponentialfunktion übereinstimmen. Wegen des Rekursionssatzes erweist sich die Einschränkung der neuen Exponentialfunktion auf $\mathbb{N}$ als die alte Exponentialfunktion.

§ 3. Potenzen mit ganzzahligen Exponenten

Wegen (POT1) ist für jedes $z \in \mathbb{C}^\times$ die Funktion

$$\mathbb{Z} \to \mathbb{C}^\times,\ n \mapsto z^n$$

ein Gruppenhomomorphismus. Damit ist für jedes $z \in \mathbb{C}^\times$ die Menge der Potenzen von z, also

$$\{\,z^n \mid n \in \mathbb{Z}\,\}\,,$$

eine M-Gruppe.

Alle bisher entdeckten Gruppen sind kommutativ, so daß man meinen könnte, daß (KG2) aus den übrigen Postulaten einer kommutativen Gruppen folgt. Nun bildet die Menge bijektiver Funktionen $\mathcal{B}(X)$ für jede Menge X mit der Verkettung als Verknüpfung und id_X als neutralem Element eine Gruppe, wobei die Inverse von f ihre Umkehrfunktion ist, was, nebenbei gesagt, die Bezeichnung f^{-1} erklärt. Es ist

$$(\tau_{0,1} \circ \tau_{1,2})(0) = 1 \neq 2 = (\tau_{1,2} \circ \tau_{0,1})(0)\,,$$

so daß in $\bigl(\mathcal{B}(A_3),\ \circ,\ \mathrm{id}_{A_3}\bigr)$ das Kommutativgesetz verletzt ist.

Aufgaben

1. Gib alle $z \in \mathbb{C}$ an, für die $\{\,k \cdot z \mid k \in \mathbb{Z}\,\}$ ein Unterbereich von $\mathbb{C}$ ist.

Kapitel 6. Reelle Zahlen

*Tradition ist die Weitergabe des Feuers
und nicht die Anbetung der Asche*
GUSTAV MAHLER

Einleitung.

Wir haben Potenzen für natürliche und dann für ganzzahlige Exponenten so definiert, daß die drei Potenzformeln erhalten bleiben. Nun wollen wir Potenzen für rationale und reelle Exponenten so konstruieren, daß die Potenzformeln erhalten bleiben.

Unsere Konstruktionen gründen wir auf die Theorie des metrischen Raums und der stetigen Funktion. So lernen wir Sätze kennen und im metrischen Raum der reellen Zahlen anzuwenden, mit denen die Analysis typischerweise ihren Herausforderungen begegnet.

§ 1. Der metrische Raum

Der Abstand zwischen zwei Punkten des realen Raums ist eine Zahl, nämlich das Verhältnis der Länge ihrer Verbindungsstrecke zu einer Einheitslänge. Wir ordnen je zwei Punkten ihren Abstand voneinander zu. Gerade mal drei Eigenschaften dieser Abstandsfunktion wählen wir als Postulate des metrischen Raumes:

(I) Der Abstand der Punkte A und B ist dann und nur dann 0, wenn A und B denselben Punkt bezeichnen.
(II) Der dem Punktepaar (A, B) zugeordnete Abstand stimmt mit dem Abstand des Punktepaares (B, A) überein.
(III) In einem Dreieck ist die Länge einer Seite höchstens so groß wie die Summe der Längen der beiden anderen Seiten.

Mit den Begriffen der Mengenlehre liest sich dies als:

Eine Menge X bildet zusammen mit einer *Metrik* $d \in \mathcal{F}(X \times X, \mathbb{R})$ einen *metrischen Raum* (X, d), wenn für x, y, z in X die drei Postulate erfüllt sind:

(M1) $\qquad d(x,y) = 0 \quad \Leftrightarrow \quad x = y$

(M2) $\qquad\qquad\qquad d(x,y) = d(y,x)$

(M3) $\qquad\qquad\qquad d(x,y) \leq d(x,z) + d(z,y)$.

Im folgenden seien x, y, z Elemente eines metrischen Raumes (X,d).

Nach dem Satz des PYTHAGORAS ist im Quadrat das Verhältnis von Diagonale zur Seite $\sqrt{2}$, und wir hatten im letzten Kapitel gezeigt, daß $\sqrt{2}$ keine rationale Zahl ist. Deshalb hat EUDOXOS ganzzahlige Verhältnisse auf das erweitert, was wir reelle Zahlen nennen, und deshalb wählen wir $\mathbb{R}$ statt $\mathbb{Q}$ als Zielmenge der Metrik. Die Zahl $\sqrt{2}$ ist real, und wir hoffen, sie sei reell.

Der Abstand zweier Punkte ist positiv. Dies gilt in jedem metrischen Raum, denn wir erhalten mit den Postulaten (M1), (M3) und (M2) in dieser Reihenfolge:

$$0 = d(x,x) \leq d(x,y) + d(y,x) = d(x,y) + d(x,y) = 2 \cdot d(x,y) ,$$

und hieraus folgt

(M4) $\qquad\qquad\qquad 0 \leq d(x,y)$.

Die diskrete Metrik. Die Anschaulichkeit des realen Raumes liefert reichlich Vermutungen über metrische Räume. Bevor man einen Beweis versucht, sollte man prüfen, ob es Gegenbeispiele gibt. Hier leistet die *diskrete* Metrik gute Dienste, die durch

$$x = y \;\Rightarrow\; d(x,y) = 0$$
$$x \neq y \;\Rightarrow\; d(x,y) = 1$$

definiert ist.

Die induzierte Metrik. Keines der Postulate ist eine Existenzaussage. Für jede Teilmenge K von X ist daher mit (X,d) auch

$$(K,\; d{\downarrow}(K \times K))$$

ein metrischer Raum. Wir sagen, $d{\downarrow}(K \times K)$ sei die *auf K induzierte Metrik.*

1. Die Umgebung. Im folgenden sei (X,d) ein metrischer Raum. Wir sagen, $K \subseteq X$ sei eine *Umgebung von $x \in X$ mit dem Radius $\varrho \in \mathbb{R}^+$*, wenn

$$K = \{\, y \in X \mid d(x,y) < \varrho \,\}$$

ist. Wir schreiben $U(\varrho, x)$ für eine Umgebung von x mit dem Radius ϱ.

§ 1. Der metrische Raum

Im realen Raum ist jede Umgebung eines Punktes P das Innere einer Kugel mit dem Mittelpunkt P und jede solcher Kugeln ist eine Umgebung von P. Wir wollen untersuchen, welche der Eigenschaften konzentrischer Kugeln schon aus den Postulaten folgen.

Keine Umgebung ist leer, denn wegen (M1) ist $x \in U(\varrho, x)$.

Für $\alpha, \beta \in \mathbb{R}^+$ gilt

(U1) $$\alpha \leq \beta \quad \Rightarrow \quad U(\alpha, x) \subseteq U(\beta, x),$$

denn ist $y \in U(\alpha, x)$, so ist $d(x, y) < \alpha \leq \beta$ und damit $y \in U(\beta, x)$.

Der Durchschnitt endlich vieler Umgebungen ist eine Umgebung. *Ist M eine endliche Teilmenge von $\mathbb{R}^+$ und*

$$\mathcal{U} = \{ U(\varrho, x) \mid \varrho \in M \},$$

so ist $\bigcap \mathcal{U}$ eine Umgebung von x.
Beweis. Als endliche Menge positiver reeller Zahlen hat M ein positives Minimum α und mit (U1) erhalten wir für jedes $\beta \in M$

$$U(\alpha, x) \subseteq U(\beta, x) \quad \Rightarrow \quad U(\alpha, x) \subseteq \bigcap \mathcal{U}.$$

Zusammen mit $\bigcap \mathcal{U} \subseteq U(\alpha, x)$ folgt $U(\alpha, x) = \bigcap \mathcal{U}$. ◇

Identitätssatz für Umgebungsmittelpunkte. *Haben je zwei Umgebungen von x und von y stets einen nichtleeren Schnitt, so ist $x = y$.*
Beweis. Wir zeigen den Umkehrschluß: Sei hierzu $x \neq y$. Dann ist wegen (M1) und (M4) $d(x, y) \in \mathbb{R}^+$. Gäbe es nun ein

$$z \in U\bigl(d(x,y)/2,\, x\bigr) \cap U\bigl(d(x,y)/2,\, y\bigr),$$

so folgte der Widerspruch

$$d(x,y) \leq d(x,z) + d(z,y) < \frac{d(x,y)}{2} + \frac{d(x,y)}{2} = d(x,y). \quad ◇$$

Im Umkehrschluß lautet der Identitätssatz: Ist $x \neq y$, so gibt es zueinander disjunkte Umgebungen U von x und V von y. Diese Eigenschaft aller metrischer Räume formulierte FELIX HAUSDORFF als Trennungspostulat.

Für $K \subseteq X$, $x \in K$ und jede Umgebung $U(\varrho, x)$ von x ist die Menge

$$U_K(\varrho, x) = \{ y \in K \mid y \in U(\varrho, x) \} = U(\varrho, x) \cap K$$

eine Umgebung von x bzgl. der auf K induzierten Metrik.

2. Die offene Menge. Eine Menge $K \subseteq X$ sei *offen*, wenn für jedes $x \in K$ eine Umgebung von x in K enthalten ist. Wir stellen einige Eigenschaften offener Mengen zusammen.

Die Menge X ist offen, denn es ist $U(1, x) \subseteq X$.

Die leere Menge ist offen, denn es gibt dann ja kein x, zu dem es eine Umgebung geben müßte, die in $\emptyset$ enthalten ist.

Die Vereinigung offener Mengen ist offen. *Ist $\mathcal{M} \subseteq \mathcal{P}(X)$ eine Menge offener Mengen, so ist $\bigcup \mathcal{M}$ offen.*
Beweis. Zu $x \in \bigcup \mathcal{M}$ gibt es ein $K \in \mathcal{M}$ mit $x \in K$. Als offene Menge enthält K eine Umgebung von x, und diese ist in $\bigcup \mathcal{M}$ enthalten. $\diamond$

Der Durchschnitt endlich vieler offener Mengen ist offen. *Ist $\mathcal{M} \subseteq \mathcal{P}(X)$ eine endliche Menge offener Mengen, so ist auch $\bigcap \mathcal{M}$ offen.*
Beweis. Liegt $x \in \bigcap \mathcal{M}$, so liegt es in jedem $K \in \mathcal{M}$. Als offene Menge enthält jedes dieser K eine Umgebung von x. Der Durchschnitt dieser Umgebungen ist in $\bigcap \mathcal{M}$ enthalten und als Durchschnitt endlich vieler Umgebungen von x selbst eine solche. $\diamond$

Umgebungen sind offen.
Beweis. Sei $y \in U(\varrho, x)$. Dann ist $\sigma = \varrho - d(x, y) \in \mathbb{R}^+$. Mit (M3) folgt für $z \in U(\sigma, y)$

$$d(x, z) \leq d(x, y) + d(y, z) < d(x, y) + \sigma = d(x, y) + \bigl(\varrho - d(x, y)\bigr) = \varrho \,,$$

so daß wir $U(\sigma, y) \subseteq U(\varrho, x)$ erhalten. $\diamond$

Im folgenden seien K und L Teilmengen von X. Dann ist $K \cap L$ bzgl. der auf L induzierten Metrik genau dann offen, wenn es zu jedem $x \in K \cap L$ ein $\varrho \in \mathbb{R}^+$ gibt, so daß

$$U_L(\varrho, x) = \{ y \in L \mid d(y, x) < \varrho \} = U(\varrho, x) \cap L$$

in K enthalten ist. Wir sagen in diesem Fall, K sei *offen in L*.

Ist $K \cap L = \emptyset$, so ist demnach K offen in L und L offen in K.

Offen und offen in. *Ist $K \subseteq L$ und L offen, so gilt:*

$$K \text{ ist offen} \quad \Leftrightarrow \quad K \text{ ist in } L \text{ offen}.$$

„$\Rightarrow$": Sei $x \in K$. Nach Voraussetzung gibt es eine Umgebung U von x, die in K enthalten ist. Damit ist auch $U \cap L \subseteq K$, und es ist K in L offen.

„$\Leftarrow$": Sei wieder $x \in K$. Nach Voraussetzung gibt es eine Umgebung U von x, so daß $U \cap L$ in K enthalten ist. Nun ist $x \in U \cap L$, und $U \cap L$ ist als Schnitt offener Mengen offen. Deshalb gibt es eine Umgebung V von x mit $V \subseteq U \cap L \subseteq K$, und K erweist sich als offen. $\diamond$

3. Die abgeschlossene Menge. Eine Teilmenge K von X sei *abgeschlossen*, wenn $X \setminus K$ offen ist. Demnach sind X, $\emptyset$, der Durchschnitt abgeschlossener Mengen und die Vereinigung endlich vieler abgeschlossener Mengen abgeschlossen.

Endliche Mengen. *Ist $K \subseteq X$ endlich, so ist K abgeschlossen.*
Beweis. Zunächst zeigen wir, daß die einelementige Menge $\{x\} \subseteq X$ abgeschlossen ist. Sei $y \in X \setminus \{x\}$. Dann ist $y \neq x$ und es gibt nach dem Trennungspostulat eine Umgebung U von y mit $x \notin U$. Damit ist $U \subseteq X \setminus \{x\}$, $X \setminus \{x\}$ offen und $\{x\}$ abgeschlossen.

Nun ist jede endliche Menge eine endliche Vereinigung einelementiger Mengen und als endliche Vereinigung abgeschlossener Menge abgeschlossen. $\diamond$

Lemma. *Für jedes $x \in X$ und $\varrho \in \mathbb{R}_0$ ist die Menge*

$$K = \{\, y \mid d(x,y) \leq \varrho \,\}$$

abgeschlossen.
Beweis. Sei $y \in K \setminus X$. Dann ist $\varrho < d(x,y)$ und mit $\sigma = d(x,y) - \varrho \in \mathbb{R}^+$ erhalten wir für jedes $z \in U(\sigma, y)$

$$\varrho + \sigma = d(x,y) \leq d(x,z) + d(y,z) < d(x,z) + \sigma$$

und hieraus $\varrho < d(x,z)$. Demnach ist die Umgebung $U(\sigma, y)$ eine Teilmenge von $K \setminus X$ und K erweist sich als abgeschlossen. $\diamond$

134   6. Reelle Zahlen

Definiere zu $K \subseteq X$ die Menge $\mathcal{H}(K) \subseteq \mathcal{P}(X)$ durch

$$L \in \mathcal{H}(K) \quad \Leftrightarrow \quad K \subseteq L \text{ und } L \text{ ist abgeschlossen.}$$

Da $X \in \mathcal{H}(K)$ ist, ist $\mathcal{H}(K)$ nichtleer, so daß wir den Durchschnitt

$$\overline{K} = \bigcap \mathcal{H}(K)$$

bilden können, der als Durchschnitt abgeschlossener Mengen abgeschlossen ist. Wir nennen $\overline{K}$ die *abgeschlossene Hülle* oder auch *Abschluß* von K.

Eigenschaften der abgeschlossenen Hülle. *Es gilt:*

(AH1) $K \subseteq L$ und L ist abgeschlossen $\Rightarrow$ $\overline{K} \subseteq L$

(AH2) $K \subseteq L$ $\Rightarrow$ $K \subseteq \overline{L}$

(AH3) $K \subseteq L$ $\Rightarrow$ $\overline{K} \subseteq \overline{L}$

(AH4) $\overline{K \cup L} = \overline{K} \cup \overline{L}$

(AH5) $\overline{K \cap L} \subseteq \overline{K} \cap \overline{L}$.

Beweis. (AH1): Aus $L \in \mathcal{H}(K)$ folgt $\overline{K} \subseteq L$.

(AH2): Es ist K in jedem Element von $\mathcal{H}(L)$ enthalten und damit auch in $\overline{L}$.

(AH3): Nach (AH1) ist $L \subseteq \overline{L}$ und damit $K \subseteq \overline{L}$, und mit (AH1) folgt $\overline{K} \subseteq \overline{L}$.

(AH4): Nach (AH2) ist $K \cup L \subseteq \overline{K} \cup \overline{L}$, und hieraus folgt mit (AH1)

$$\overline{K \cup L} \subseteq \overline{K} \cup \overline{L}.$$

Andererseits gilt:

$$K \subseteq K \cup L \text{ und } L \subseteq K \cup L \quad \Rightarrow \quad \overline{K} \subseteq \overline{K \cup L} \text{ und } \overline{L} \subseteq \overline{K \cup L} \text{ (AH3)}$$
$$\Rightarrow \quad \overline{K} \cup \overline{L} \subseteq \overline{K \cup L}.$$

(AH5): Nach (AH2) ist $K \cap L \subseteq \overline{K} \cap \overline{L}$, und hieraus folgt mit (AH1)

$$\overline{K \cap L} \subseteq \overline{K} \cap \overline{L}. \quad \diamond$$

Trennungssatz für den Abschluß von Umgebungen. *Wenn $x \neq y$ ist, gibt es Umgebungen U von x und V von x, so daß $\overline{U} \cap V = \emptyset = U \cap \overline{V}$ ist.*
Beweis. Nach dem Trennungspostulat gibt es Umgebungen U von x und V von y mit $U \cap V = \emptyset$. Damit ist $U \subseteq X \setminus V$. Da $X \setminus V$ abgeschlossen ist, folgt mit (AH1) $\overline{U} \subseteq X \setminus V$ und hieraus $\overline{U} \cap V = \emptyset$. Ebenso ergibt sich $\overline{V} \cap U = \emptyset$. $\quad \diamond$

Ist also $x \neq y$, so gibt es nach diesem Satz Umgebungen U von x und V von y mit $x \notin \overline{V}$ und $y \notin \overline{U}$.

4. Beschränkte Mengen und deren Durchmesser. Wir sagen, $K \subseteq X$ sei *beschränkt*, wenn die Menge der Abstände

$$A = \{\, d(x,y) \mid x,y \in K \,\}$$

eine obere Schranke hat.

Ist K nichtleer und beschränkt, so ist auch A nichtleer und nach oben beschränkt. Mit dem Vollständigkeitspostulat folgt, daß das Supremum von A existiert. Dieses nennen wir Durchmesser von K und bezeichnen es mit $\oslash(K)$. Es ist also für nichtleeres und beschränktes K

$$\oslash(K) = \sup \{\, d(x,y) \mid x,y \in K \,\}.$$

Endliche Mengen sind beschränkt. *Ist K endlich, so ist K beschränkt.*
Beweis. Mit K ist auch $K \times K$ als kartesisches Produkt endlicher Mengen endlich, für $A = \{d(x,y) \mid x,y \in K\}$ ist die Funktion

$$K \times K \to A,\ (x,y) \mapsto d(x,y)$$

surjektiv, so daß nach der Größenabschätzung endlicher Mengen A eine endliche Teilmenge reeller Zahlen ist, und als solche ist A beschränkt. $\diamondsuit$

Die endliche Vereinigung beschränkter Mengen ist beschränkt. *Ist $\mathcal{M}$ eine endliche Menge beschränkter Mengen, so ist $\bigcup \mathcal{M}$ beschränkt.*
Beweis. Induktion nach $n = |\mathcal{M}|$.

$\mathcal{E}(0)$: Es ist $\bigcup \emptyset = \emptyset$ und die Menge der Abstände von Elementen in $\emptyset$ ist als leere Menge oben beschränkt.

$\mathcal{E}(n) \Rightarrow \mathcal{E}(n+1)$: Sei $|\mathcal{M}| = n+1$. Dann gibt es eine beschränkte Menge $K \in \mathcal{M}$ und nach (I.V) ist $L = \bigcup(\mathcal{M} \setminus \{K\})$ beschränkt. Ist $K = \emptyset$, so ist $\bigcup \mathcal{M} = L$ und beschränkt; ist $L = \emptyset$, so ist $\bigcup \mathcal{M} = K$ und beschränkt. Andernfalls gibt es $u \in K$ und $v \in L$. Sei x, y in $\bigcup \mathcal{M} = K \cup L$. Liegen beide x und y in K bzw. in L, so ist $d(x,y) \leq \oslash(K)$ bzw. $d(x,y) \leq \oslash(L)$. Liegt dagegen x in K und y in L, so folgt:

$$d(x,y) \leq d(x,u) + d(u,y) \qquad \text{(M3)}$$
$$\leq d(x,u) + d(u,v) + d(v,y) \qquad \text{(M3)}$$
$$\leq \oslash(K) + d(u,v) + \oslash(L) \,,$$

so daß sich $\oslash(K) + d(u,v) + \oslash(L)$ als obere Schranke der Abstände erweist. ◇

Durchmesserabschätzung für den Abschluß einer Umgebung. *Für $x \in X$, $\varrho \in \mathbb{R}^+$ und $U = U(\varrho, x)$ gilt:*

$$\oslash(\overline{U}) \leq 2 \cdot \varrho \,.$$

Beweis. Sei $K = \{y \mid d(x,y) \leq \varrho\}$. Dann ist $K \neq \emptyset$ und für y, z in K erhält man:

$$d(y,z) \leq d(y,x) + d(z,x) \leq \varrho + \varrho \,,$$

so daß $\oslash(K) \leq 2 \cdot \varrho$ ist. Nach unserem Lemma ist K abgeschlossen. Wegen $U \subseteq K$ folgt mit (AH1) $\overline{U} \subseteq K$ und hieraus

$$\oslash(\overline{U}) \leq \oslash(K) \leq 2 \cdot \varrho \,. \qquad ◇$$

5. Dichte Mengen. Man sagt, eine Teilmenge $K \subseteq X$ sei *dicht*, wenn in jeder nichtleeren offenen Teilmenge von X ein Element von K liegt. Das heißt

$$L \subseteq X,\ L \neq \emptyset \text{ und offen} \quad \Rightarrow \quad L \cap K \neq \emptyset \,.$$

§ 2. Stetige Funktionen

Im folgenden seien (X, d_X) und (Y, d_Y) metrische Räume und $f \in \mathcal{F}(X, Y)$.

Wir sagen, eine Funktion f sei *stetig*, wenn für jede offene Teilmenge L von Y das Urbild $f^{-1}(L)$ offen ist.

Wir sagen, f *sei an der Stelle* $x \in X$ *U-V-stetig*, wenn es zu jeder Umgebung V von $f(x)$ eine Umgebung U von x gibt, so daß $f(U) \subseteq V$ gilt.

Wir sagen f sei *U-V-stetig*, wenn f an jeder Stelle $x \in X$ U-V-stetig ist.

Stetig und U-V-stetig ist dasselbe. *Eine Funktion $f \in \mathcal{F}(X, Y)$ ist genau dann stetig, wenn sie U-V-stetig ist.*

„⇒": Sei f stetig, $x \in X$ und V eine Umgebung von $f(x)$. Dann ist V als Umgebung offen und damit auch $f^{-1}(V)$ als stetiges Urbild einer offenen Menge. Weil x in $f^{-1}(V)$ liegt, gibt es eine Umgebung U von x mit $U \subseteq f^{-1}(V)$. Hieraus folgt $f(U) \subseteq V$.

„⇐": Sei f U-V-stetig und $L \subseteq Y$ offen. Liegt x in $f^{-1}(L)$, so liegt $f(x)$ in L und es gibt eine Umgebung V von $f(x)$ mit $V \subseteq L$. Da f U-V-stetig ist, gibt es eine Umgebung U von x mit $f(U) \subseteq V$. Nun ist $U \subseteq f^{-1}(V) \subseteq f^{-1}(L)$. ◇

Ersetzt man die Umgebungen U bzw. V durch ihre Radien δ bzw. ε, wird aus der U-V-Stetigkeit die uns allen aus der Schule bekannte „$\varepsilon - \delta$"-Stetigkeit.

Der springende Punkt ist hier, daß es zu einer beliebig kleinen Umgebung von $f(x)$ eine genügend kleine Umgebung von x gibt, die in die Umgebung von $f(x)$ abgebildet wird. Anders ausgedrückt: Liegen Argumente von f nahe zusammen, so liegen auch deren Funktionswerte nahe zusammen. In der Natur beobachtet man diese Eigenschaft bei Funktionen, die jedem Zeitpunkt etwa die Position des Mondes zuordnet: liegen zwei Zeitpunkte nahe zusammen, so liegen die zugehörigen Positionen auch nahe zusammen. Der Mond ruckelt nicht über den Himmel. Es sind solche „stetigen" Bewegungen, zu deren Beherrschung die Analysis entwickelt wurde, in der es demnach keine „springenden Punkte" gibt.

Im folgenden seien $f \in \mathcal{F}(X,Y)$ stetig, $K, L \subseteq X$ und $V, W \subseteq Y$.

Stetige Urbilder abgeschlossener Mengen sind abgeschlossen. *Mit V ist auch $f^{-1}(V)$ abgeschlossen.*
Beweis. Mit $Y \setminus V$ ist auch $f^{-1}(Y \setminus V)$ offen. Wegen

$$X \setminus f^{-1}(Y \setminus V) = X \setminus \bigl(f^{-1}(Y) \setminus f^{-1}(V)\bigr)$$
$$= X \setminus \bigl(X \setminus f^{-1}(V)\bigr)$$
$$= f^{-1}(V)$$

ist $f^{-1}(V)$ als Komplement einer offenen Menge abgeschlossen.

Konstante Funktionen sind stetig. *Ist $f \in \mathcal{F}(X,Y)$ mit $f(x) = y$ für jedes $x \in X$, so ist f stetig.*
Beweis. Sei $L \subseteq Y$ offen. Ist $y \in L$, so ist $f^{-1}(L) = X$. Ist dagegen $y \notin L$, so ist $f^{-1}(L) = \emptyset$. In jedem Fall ist also $f^{-1}(L)$ offen. ◊

Die Identität auf X ist stetig.
Beweis. Sei $f = \mathrm{id}_X$. Dann ist $f^{-1}(K) = K$ für jede Teilmenge K von X. Insbesondere ist damit das Urbild jeder offenen Menge offen. ◊

Die Verkettung stetiger Funktionen ist stetig. *Sind $f \in \mathcal{F}(X,Y)$ und $g \in \mathcal{F}(Y,Z)$ stetig, so gilt dies auch für $g \circ f$.*
Beweis. Ist $M \subseteq Z$ offen, so sind auch $g^{-1}(M)$ und

$$f^{-1}\bigl(g^{-1}(M)\bigr) = (g \circ f)^{-1}(M)$$

offen. ◊

Wir sagen, die Mengen K und L seien *voneinander getrennt*, wenn die Schnitte $K \cap \overline{L}$ und $\overline{K} \cap L$ leer sind. Eine Menge M, die sich nicht als Vereinigung voneinander getrennter nichtleerer Mengen darstellen läßt, heißt *zusammenhängend*.

Stetige Bilder zusammenhängender Mengen sind zusammenhängend.
Ist für die stetige Funktion $f \in \mathcal{F}(X,Y)$ die Menge $f(M)$ nicht zusammenhängend, so ist gilt dies auch für M.
Beweis. Sei $f(M)$ eine Vereinigung der nichtleeren, voneinander getrennten Mengen V und W. Setze

$$K = f^{-1}(V) \cap M$$
$$L = f^{-1}(W) \cap M \ .$$

Da V bzw. W nichtleer sind, sind auch K bzw. L nichtleer.

Wegen $f(M) = V \cup W$ folgt:

$$\begin{aligned}
x \in M &\Leftrightarrow f(x) \in f(M) \text{ und } x \in M \\
&\Leftrightarrow \bigl(f(x) \in V \text{ oder } f(x) \in W\bigr) \text{ und } x \in M \\
&\Leftrightarrow x \in f^{-1}(V) \cap M \text{ oder } x \in f^{-1}(W) \cap M \\
&\Leftrightarrow x \in K \cup L \,.
\end{aligned}$$

Als stetiges Urbild der abgeschlossenen Menge $\overline{V}$ ist $f^{-1}(\overline{V})$ abgeschlossen. Hieraus folgt wegen $f^{-1}(V) \subseteq f^{-1}(\overline{V})$

$$(*) \qquad \overline{f^{-1}(V)} \subseteq f^{-1}(\overline{V}) \,.$$

Nun ist

$$\begin{aligned}
x \in \overline{K} &\Rightarrow x \in \overline{f^{-1}(V)} \\
&\Rightarrow x \in f^{-1}(\overline{V}) \qquad\qquad (*) \\
&\Rightarrow f(x) \in \overline{V} \\
&\Rightarrow f(x) \notin W \\
&\Rightarrow x \notin L \,.
\end{aligned}$$

Demnach ist $\overline{K} \cap L = \emptyset$. Ebenso zeigt man $\overline{L} \cap K = \emptyset$. Damit ist M als Vereinigung der voneinander getrennten nichtleeren Mengen K und L nicht zusammenhängend. ◇

Identitätssatz stetiger Funktionen. *Sind f und g stetige Funktionen in $\mathcal{F}(X,Y)$ und ist $f{\downarrow}K = g{\downarrow}K$ für eine dichte Teilmenge K von X, so ist $f = g$.*
Beweis. Sei $x \in X$, V eine Umgebung von $f(x)$ und W eine Umgebung von $g(x)$. Dann ist U=$f^{-1}(V) \cap g^{-1}(W)$ offen mit $x \in U$. Da K dicht ist, gibt es ein $r \in U \cap K$. Nun liegt $f(r) = g(r)$ in $V \cap W$. Damit ist nach dem Identitätssatz für Umgebungsmittelpunkte $f(x) = g(x)$. ◇

Aufgaben

1. Gib alle metrischen Räume an, in deren Umgebungen je nur ein Element liegt.

2. Gib alle metrischen Räume an, in denen jede Vereinigung von Umgebungen eines Elements x wieder eine Umgebung von x ist.

3. Gib alle metrischen Räume an, in denen jeder Durchschnitt von Umgebungen eines Elements x wieder eine Umgebung von x ist.

4. Gib alle metrischen Räume an, in denen jede Teilmenge offen ist.

5. Gib alle metrischen Räume an, in denen jede Teilmenge geschlossen ist.

6. Gib alle metrischen Räume an, in denen $\alpha \leq \beta \Leftrightarrow U(\alpha, x) \subseteq U(\beta, x)$ für jedes Paar (α, β) und jedes x gilt.

7. Für welche K ist $X \setminus \overline{K} = K$?

8. Und für welche ist $\overline{X \setminus K} = K$?

9. Für welche metrischen Räume ist stets $\overline{U(\varrho, x)} = \{ y \mid d(x,y) \leq \varrho \}$?

10. Ist die Umkehrung jeder bijektiven stetigen Funktion stetig?

§ 3. Der metrische Raum der reellen Zahlen

Im folgenden bedeuten griechische Kleinbuchstaben reelle Zahlen.

1. Der Betrag. Der *Betrag* $|\alpha|$ sei

$$|\alpha| = \max\{\alpha, -\alpha\} \, .$$

Diese Definition liefert die **Äquivalenzformel für den Betrag**:

(AFB) $\qquad\qquad \alpha \leq \beta \text{ und } -\alpha \leq \beta \quad \Leftrightarrow \quad |\alpha| \leq \beta \, .$

Eigenschaften des Betrages. *Es gilt:*

(B1) $\qquad\qquad |\alpha| = |-\alpha|$

(B2) $\qquad\qquad |\alpha| = 0 \quad \Leftrightarrow \quad \alpha = 0$

(B3) $\qquad\qquad |\alpha + \beta| \leq |\alpha| + |\beta| \, .$

Beweis. (B1): Weil $-(-\alpha) = \alpha$ ist, sind die Mengen $\{\alpha, -\alpha\}$ und $\{-(-\alpha), -\alpha\}$ und damit auch ihre Maxima gleich.

(B2) „$\Rightarrow$": Ist $|\alpha| = 0$, so gelten die beiden Ungleichungen $\alpha \leq 0$ und $-\alpha \leq 0$. Aus der letzten folgt $0 \leq \alpha$ und hieraus mit der ersten $\alpha = 0$.

(B2) „$\Leftarrow$": Da $0 = -0$ ist, ist $\{0, -0\} = \{0\}$.

(B3): Aus $\alpha \leq |\alpha|$ und $\beta \leq |\beta|$ folgt

$$\alpha + \beta \leq |\alpha| + |\beta|,$$

und aus $-\alpha \leq |\alpha|$ und $-\beta \leq |\beta|$ folgt

$$-(\alpha + \beta) \leq |\alpha| + |\beta|,$$

so daß wir mit (AFB) $|\alpha + \beta| \leq |\alpha| + |\beta|$ erhalten. ◇

Aus (B2), (B1) und (B3) folgen für die Funktion

$$\mathbb{R} \times \mathbb{R} \to \mathbb{R}, \ (\alpha, \beta) \mapsto |\alpha - \beta|$$

der Reihe nach die Metrikpostulate (M1), (M2) und (M3). Diese Metrik nennen wir *Betragsmetrik* und studieren im folgenden den von $\mathbb{R}$ mit der Betragsmetrik gebildeten metrischen Raum.

Mit (M4) folgt $0 \leq |\alpha - 0| = |\alpha|$.

Im realen Raum entspricht $\mathbb{R}$ den Punkten einer Geraden. Einem Punkt wird die Rolle des *Nullpunktes* zugewiesen. Jedem Punkt rechts des Nullpunktes wird sein Abstand vom Nullpunkt, jedem Punkt links des Nullpunktes die Gegenzahl seines Abstandes vom Nullpunkt zugeordnet.

In jeder Umgebung des Elements x eines metrischen Raumes liegt mindestens ein Element, nämlich x, und es gibt tatsächlich metrische Räume mit einelementigen Umgebungen. Dies ist in $\mathbb{R}$ anders. Nach dem nächsten Satz liegt in jeder Umgebung einer reellen Zahl α sogar eine rationale Zahl $r \neq \alpha$.

Dichte der rationalen Zahlen. *Zwischen je zwei reellen Zahlen $\alpha < \beta$ liegt eine rationale Zahl r mit $\alpha < r < \beta$.*
Beweis. Nach ARCHIMEDES gibt es ein $p \in \mathbb{N}^+$ mit $1 < p \cdot (\beta - \alpha)$, ein $m \in \mathbb{Z}$ mit $m < \beta \cdot p$ und nach dem Maximumsatz ganzer Zahlen ein größtes solches $n \in \mathbb{Z}$. Damit erhalten wir $n/p < \beta$,

$$\beta \leq \frac{n+1}{p} = \frac{n}{p} + \frac{1}{p} < \frac{n}{p} + (\beta - \alpha)$$

und hieraus $\alpha < \dfrac{n}{p} < \beta$. ◇

Vertauschungssatz für das Supremum. *Ist $f \in \mathcal{F}(\mathbb{R})$ monoton steigend und stetig und $X \subseteq \mathbb{R}$ nichtleer und beschränkt, so ist auch $f(X)$ nichtleer und beschränkt und es gilt:*
$$\sup f(X) = f(\sup X) \ .$$

Beweis. Sei $y \in f(X)$. Dann gibt es x in X mit $y = f(x)$. Weil $\sup X$ eine obere Schranke von X ist, ist $x \leq \sup X$ und mit der Monotonie folgt $y = f(x) \leq f(\sup X)$. Damit ist $f(\sup X)$ eine obere Schranke von $f(X)$.

Sei $\alpha < f(\sup X)$. Dann gibt es nach dem Trennpostulat eine Umgebung V von $f(\sup X)$ mit $\alpha \notin V$. Weil f stetig ist, gibt es eine Umgebung U von $\sup X$ mit $f(U) \subseteq V$. Sei ϱ der Radius von U. Weil $\sup X$ kleinste obere Schranke von X ist, gibt es ein $x \in X$ mit $\sup X - \varrho < x$. Zusammen mit $x \leq \sup X$ folgt $x \in U$ und hieraus $f(x) \in V$ und weiter $\alpha < f(x)$. Damit ist $f(\sup X)$ die kleinste obere Schranke von $f(X)$.   ◇

Die Gegenmenge einer Umgebung. *Ist U eine Umgebung von α mit Radius ϱ, so ist $-U$ eine Umgebung von $-\alpha$ ebenfalls mit Radius ϱ.*
Beweis. Aus $|\beta - \alpha| = |-(\beta - \alpha)| = |(-\beta) - (-\alpha)|$ ergibt sich die Äquivalenz
$$\beta \in U(\varrho, \alpha) \quad \Leftrightarrow \quad -\beta \in U(\varrho, -\alpha) \ . \qquad \diamond$$

Die Gegenmenge einer offenen Menge ist offen. *Ist $M \subseteq \mathbb{R}$ offen, so ist auch $-M$ offen.*
Beweis. Liegt α in $-M$, so liegt $-\alpha$ in M und es gibt eine Umgebung U von $-\alpha$, die in M enthalten ist. Nun ist $-U$ eine Umgebung von $-(-\alpha) = \alpha$, die in $-M$ enthalten ist.   ◇

Nach dem letzten Satz ist die Gegenzahlfunktion $\alpha \mapsto -\alpha$ stetig.

2. Intervalle. Wir sagen, eine Menge $K \subseteq \mathbb{R}$ sei ein *Intervall*, wenn mit $\alpha, \beta \in K$ auch alle reellen Zahlen zwischen α und β in K liegen, wenn also gilt:
$$\{ x \in \mathbb{R} \mid \alpha < x < \beta \} \subseteq K \ .$$

§ 3. Der metrische Raum der reellen Zahlen 143

Demnach sind $\mathbb{R}$, die leere Menge und einelementige Mengen Intervalle. Wir führen Bezeichnungen für Mengen ein, die sich alle als Intervalle erweisen:

$$\begin{aligned}
\gamma \in (\alpha, +\infty) &\Leftrightarrow \alpha < \gamma \\
\gamma \in (-\infty, \alpha) &\Leftrightarrow \gamma < \alpha \\
\gamma \in [\alpha, +\infty) &\Leftrightarrow \alpha \leq \gamma \\
\gamma \in (-\infty, \alpha] &\Leftrightarrow \gamma \leq \alpha \\
\gamma \in (\alpha, \beta) &\Leftrightarrow \alpha < \gamma < \beta \\
\gamma \in [\alpha, \beta) &\Leftrightarrow \alpha \leq \gamma < \beta \\
\gamma \in (\alpha, \beta] &\Leftrightarrow \alpha < \gamma \leq \beta \\
\gamma \in [\alpha, \beta] &\Leftrightarrow \alpha \leq \gamma \leq \beta \, .
\end{aligned}$$

Wir zeigen beispielsweise, daß (α, β) ein Intervall ist: Liegen x und y in (α, β), dann erfüllt jedes $z \in R$ mit $x < z < y$ die Ungleichungen $\alpha < x < z < y < \beta$, so daß sich $\alpha < z < \beta$ und damit $z \in (\alpha, \beta)$ ergibt.

Wir stellen einige Eigenschaften der Intervalle zusammen.

Offene Intervalle. *Die Mengen* $(-\infty, \alpha)$, $(\alpha, +\infty)$ *und* (α, β) *sind offen.*
Beweis.

Ist $\gamma < \alpha$, so ist $0 < \varrho = \alpha - \gamma$. Für $x \in U(\varrho, \gamma)$ ist $x - \gamma \leq |x - \gamma| < \varrho$. Hieraus folgt $x < \varrho + \gamma = \alpha$, so daß sich $U(\varrho, \gamma) \subseteq (-\infty, \alpha)$ ergibt.

Ist $\alpha < \gamma$, so ist $0 < \varrho = \gamma - \alpha$. Für $x \in U(\varrho, \gamma)$ ist $\gamma - x \leq |\gamma - x| < \varrho$. Hieraus folgt $\alpha = \gamma - \varrho < x$, so daß sich $U(\varrho, \gamma) \subseteq (\alpha, +\infty)$ ergibt.

Das Intervall (α, β) ist als Durchschnitt der offenen Mengen $(-\infty, \beta)$ und $(\alpha, +\infty)$ offen. $\diamond$

Abgeschlossene Intervalle. *Die Mengen* $(-\infty, \alpha]$, $[\alpha, +\infty)$ *und* $[\alpha, \beta]$ *sind abgeschlossen.*
Beweis. Die Intervalle $(-\infty, \alpha]$ bzw. $[\alpha, +\infty)$ sind als Komplemente der offenen Intervalle $(\alpha, +\infty)$ bzw. $(-\infty, \alpha)$ abgeschlossen.

Das Intervall $[\alpha, \beta]$ ist als Durchschnitt der abgeschlossenen Mengen $(-\infty, \beta]$ und $[\alpha, +\infty)$ abgeschlossen. $\diamond$

6. Reelle Zahlen

Charakterisierung zusammenhängender Mengen als Intervalle. *Für* $M \subseteq \mathbb{R}$ *gilt:*

M ist nicht zusammenhängend $\Leftrightarrow$ M ist kein Intervall.

„$\Rightarrow$": Wenn M nicht zusammenhängend ist, ist M die Vereinigung zweier voneinander getrennten nichtleeren Mengen, in jeder der beiden Mengen liegt also eine Zahl. Sei α die kleinere der beiden Zahlen und β die größere, K die Menge mit $\alpha \in K$ und L die Menge mit $\beta \in L$.

Es liegt α in der Menge $K \cap [\alpha, \beta]$, die zudem durch β nach oben beschränkt ist, so daß nach dem Vollständigkeitspostulat

$$\sigma = \sup(K \cap [\alpha, \beta])$$

existiert.

Mit dem Supremumsatz und (AH5) erhalten wir $\sigma \in \overline{K \cap [\alpha, \beta]} \subseteq \overline{K} \cap [\alpha, \beta]$. Wegen $\overline{K} \cap L = \emptyset$ ist $\sigma \notin L$, so daß sich

$$\alpha \leq \sigma < \beta$$

ergibt. Ist $\sigma \notin K$, so folgt weiter $\alpha < \sigma < \beta$ und $\sigma \notin M$.

Ist dagegen $\sigma \in K$, so liegt σ wegen $K \cap \overline{L} = \emptyset$ im Komplement von $\overline{L}$. Dieses enthält als offene Menge eine Umgebung U von σ, und in U gibt es nach dem Dichtesatz ein x mit $\sigma < x$.

Wäre $\beta < x$, so läge β in U und damit im Komplement von $\overline{L}$. Dies widerspricht aber $\beta \in L \subseteq \overline{L}$, so daß wir $x \in [\alpha, \beta]$ erhalten. Wäre nun $x \in K$, so wäre $x \in K \cap [\alpha, \beta]$ und es wäre $x \leq \sigma$. Somit haben wir $\alpha < x < \beta$ und $x \notin M$.

„$\Leftarrow$": Wenn M kein Intervall ist, gibt es α, β, γ, so daß α und β in M liegen, $\alpha < \gamma < \beta$ ist und γ nicht in M liegt. Setze

$$K = (-\infty, \gamma) \cap M$$
$$L = (\gamma, +\infty) \cap M .$$

Wegen $\alpha \in K$ bzw. $\beta \in L$ sind K bzw. L nichtleer.

Wegen $K \subseteq M$ und $L \subseteq M$ ist $K \cup L \subseteq M$. Wegen $M \subseteq (-\infty, \gamma) \cup (\gamma, +\infty)$ ist

$$M \subseteq \big((-\infty, \gamma) \cup (\gamma, +\infty)\big) \cap M = K \cup L ,$$

so daß wir $M = K \cup L$ erhalten.

Da $(-\infty, \gamma]$ abgeschlossen ist und $K \subseteq (-\infty, \gamma]$ ist, ist $\overline{K} \subseteq (-\infty, \gamma]$. Damit folgt

$$\overline{K} \cap L \subseteq (-\infty, \gamma] \cap L \subseteq (-\infty, \gamma] \cap (\gamma, +\infty) = \emptyset,$$

also $\overline{K} \cap L = \emptyset$. Ähnlich ergibt sich $K \cap \overline{L} = \emptyset$, so daß K und L voneinander getrennt sind.

Damit ist M als Vereinigung der voneinander getrennten nichtleeren Mengen K und L nicht zusammenhängend. ◇

Aufgaben

1. Eine Teilmenge von $\mathbb{R}$ ist genau dann offen, wenn sie die Vereinigung offener Intervalle ist.

Aufgaben Eine Teilmenge von $\mathbb{R}$ ist genau dann abgeschlossen, wenn sie die Vereinigung abgeschlossener Intervalle ist.

§ 4. Stetige reelle Funktionen

1. Intervalle, Monotonie und Stetigkeit.

Zwischenwertsatz. *Ist $f \in \mathcal{F}(K, \mathbb{R})$ stetig und K ein Intervall, so ist $f(K)$ ebenfalls ein Intervall.*
Beweis. K ist als Intervall zusammenhängend, so daß $f(K)$ als Bild einer zusammenhängenden Menge ebenfalls zusammenhängend und damit ein Intervall ist. ◇

Der Zwischenwertsatz wird nach BERNARD BOLZANO auch „Satz von BOLZANO" genannt.

Monotonie und Stetigkeit. *Ist $D \subseteq \mathbb{R}$, $f: D \to \mathbb{R}$ eine monotone Funktion und $f(D)$ ein Intervall, so ist f stetig.*
Beweis. Sei $L \subseteq \mathbb{R}$ offen, $\alpha \in f^{-1}(L)$ und $U = U\bigl(\varrho, f(\alpha)\bigr) \subseteq L$. Zunächst sei f monoton steigend.

Ist $f(\alpha) = \min f(D)$, so ergibt sich für $A = (-\infty, \alpha]$ mit der Monotonie von f

$$A \cap D =\subseteq f^{-1}(U),$$

denn für jedes $x \in A \cap D$ ist wegen der Monotonie $f(x) \leq f(\alpha) \leq f(x)$.

Andernfalls gibt es ein $x \in D$ mit $f(x) < f(\alpha)$. Da $f(D)$ ein Intervall ist, gibt es auch ein $\beta \in D$ mit $f(\alpha) - \varrho < f(\beta) < f(\alpha)$. Für $y \in (\beta, \alpha] \cap D$ ergibt sich mit der Monotonie

$$f(\alpha) - \varrho < f(\beta) \leq f(y) \leq f(\alpha).$$

Aus $f(\beta) < f(\alpha)$ folgt mit der Monotonie $\beta < \alpha$, und wir erhalten für $A = (\beta, \alpha]$ auch in diesem Fall

$$A \cap D \subseteq f^{-1}(U).$$

Ist $f(\alpha)$ das Maximum von $f(D)$, so ergibt sich ähnlich wie oben für $B = [\alpha, +\infty)$

$$B \cap D \subseteq f^{-1}(U).$$

Andernfalls gibt es ein $x \in D$ mit $f(\alpha) < f(x)$. Symmetrisch zu oben gibt es ein γ, so daß $\alpha < \gamma$ ist und sich für $B = [\alpha, \gamma)$

$$B \cap D \subseteq f^{-1}(U)$$

ergibt.

In jedem Fall liegt α in der offenen Menge $C = A \cup B$ und es ist

$$C \cap D \subseteq f^{-1}(U) \subseteq f^{-1}(L),$$

so daß $f^{-1}(L)$ offen in D ist und f sich als stetig erweist.

Sei nun f monoton fallend. Dann ist $-f$ monoton steigend, und mit $f(D)$ ist auch $(-f)(D) = -(f(D))$ ein Intervall, so daß $-f$ nach dem oben Gezeigten stetig ist. Nun ist f als Verkettung der stetigen Gegenzahlfunktion

$$-f(D) \to f(D),\ x \mapsto -x$$

nach $-f$ ebenfalls stetig. $\diamond$

§ 5. Wurzeln reeller Zahlen

1. Die Wurzel als Umkehrung der Potenz. Die folgenden Sätze dienen dazu, die Umkehrung der Potenzfunktion für nichtnegative Basen und positive Exponenten zu gewinnen und ihre Stetigkeit nachzuweisen.

Stetigkeit der Multiplikation. *Für $\alpha \in \mathbb{R}_0$ ist die Funktion*
$$f: \mathbb{R} \to \mathbb{R},\ \beta \mapsto \alpha \cdot \beta$$
stetig.
Beweis. Seien x, y in $f(\mathbb{R})$ und $x < z < y$. Dann gibt es x', y' in $\mathbb{R}$ mit $x = \alpha \cdot x'$ und $y = \alpha \cdot y'$. Da $\alpha \cdot x' \neq \alpha \cdot y'$ ist, ist $\alpha \neq 0$ und $z = f((1/\alpha) \cdot z) \in f(\mathbb{R})$, so daß sich $f(\mathbb{R})$ als Intervall erweist. Da f monoton steigend ist, ist f nach dem Satz über Monotonie und Stetigkeit stetig. ◇

Stetigkeit der Potenzfunktion. *Ist $n \in \mathbb{N}^+$, so ist die Funktion*
$$f: \mathbb{R}_0 \to \mathbb{R},\ \alpha \mapsto \alpha^n$$
stetig.
Beweis. Dies beweisen wir mit einer Induktion nach n.

$\mathcal{E}(0)$: Hier ist nichts zu zeigen, da die Voraussetzung nicht erfüllt ist.

$\mathcal{E}(n) \Rightarrow \mathcal{E}(n+1)$: Sei $g: \mathbb{R}_0 \to \mathbb{R},\ \alpha \mapsto \alpha^n$. Ist $n = 0$, so ist g als konstante Funktion stetig, und ist $n \in \mathbb{N}^+$, so ist g nach (I.V) stetig. Weil die Multiplikation mit α, also die Funktion $h: \mathbb{R} \to \mathbb{R},\ \beta \mapsto \beta \cdot \alpha$, stetig ist, ist die Funktion $h \circ g: \mathbb{R}_0 \to \mathbb{R},\ \alpha \mapsto \alpha^n \cdot \alpha$ als Verkettung stetiger Funktionen ebenfalls stetig. ◇

Monotonie der Potenzfunktion. *Ist $n \in \mathbb{N}^+$, so ist die Funktion*
$$\mathbb{R}_0 \to \mathbb{R},\ \alpha \mapsto \alpha^n$$
streng monoton steigend.
Beweis. Sei $0 \leq \alpha < \beta$. Wir hatten mit Hilfe einer Teleskopsumme
$$\beta^n - \alpha^n = (\beta - \alpha) \cdot \sum_{k=1}^{n} \beta^{n-k} \cdot \alpha^{k-1}$$
gezeigt. Wegen $0 \leq \alpha < \beta$ sind alle Summanden nichtnegativ und der erste Summand sogar positiv, so daß die Summe positiv ist. Da $\beta - \alpha$ ebenfalls positiv ist, ist $\beta^n - \alpha^n$ als Produkt positiver Faktoren positiv. ◇

Monotonie der Exponentialfunktion. *Für $\alpha \in (0,1)$ ist die Funktion*

$$\mathbb{N}^+ \to \mathbb{R},\ n \mapsto \alpha^n$$

streng monoton fallend, und für $\alpha \in (1, +\infty)$ ist sie streng monoton steigend.
Beweis. Für $\alpha \in \mathbb{R}^+$ und $n \in \mathbb{N}^+$ ergibt die strenge Monotonie der Potenzfunktion $0 = 0^n < \alpha^n$. Seien $m, n \in \mathbb{N}^+$ und $m < n$, also $n - m \in \mathbb{N}^+$.

Ist $0 < \alpha < 1$, so ergibt die strenge Monotonie der Potenzfunktion

$$\alpha^{n-m} < 1^{n-m} = 1\ .$$

Hieraus folgt wegen der strengen Monotonie der Multiplikation mit $\alpha^m \in \mathbb{R}^+$

$$\alpha^n < \alpha^m\ .$$

Ist $1 < \alpha$, so ergibt die strenge Monotonie der Potenzfunktion

$$1 = 1^{n-m} < \alpha^{n-m}\ .$$

Hieraus folgt wegen der strengen Monotonie der Multiplikation mit α^m

$$\alpha^m < \alpha^n\ . \quad \Diamond$$

Wegen der Monotonie der Potenzfunktion liegt mit α auch α^n in $\mathbb{R}_0$, und dies erlaubt, die Zielmenge der Potenzfunktion auf $\mathbb{R}_0$ einzuschränken.

Umkehrung der Potenzfunktion. *Für $n \in \mathbb{N}^+$ ist die Funktion*

$$f\colon \mathbb{R}_0 \to \mathbb{R}_0,\ \alpha \mapsto \alpha^n$$

bijektiv und f^{-1} ist stetig.
Beweis. Da f stetig ist, ist nach BOLZANO $f(\mathbb{R}_0)$ ein Intervall. Da $0 = 0^n$ und $1 = 1^n$ in $f(\mathbb{R}_0)$ liegen, folgt $[0,1] \subseteq f(\mathbb{R}_0)$.

Sei $\beta \in [1, +\infty)$. Mit der Monotonie der Exponentialfunktion folgt $1 \leq \beta = \beta^1 \leq \beta^n$. Da $f(\mathbb{R}_0)$ ein Intervall ist, folgt $\beta \in f(\mathbb{R}_0)$. Insgesamt ergibt sich

$$f(\mathbb{R}_0) = [0,1] \cup [1, +\infty) = \mathbb{R}_0\ .$$

Damit ist f surjektiv. Da f wegen der strengen Monotonie auch injektiv ist, ist f bijektiv, so daß f^{-1} existiert. Mit f ist auch f^{-1} streng monoton. Es ist $f^{-1}(\mathbb{R}_0) = \mathbb{R}_0$ und damit ein Intervall, so daß sich nach dem Satz über Monotonie und Stetigkeit f^{-1} als stetig erweist. ◇

Im folgenden seien $\alpha, \beta \in \mathbb{R}_0$ und $p, q \in \mathbb{N}^+$.

Die Umkehrung der Potenzfunktion $\mathbb{R}_0 \to \mathbb{R}_0$, $\alpha \mapsto \alpha^p$ nennen wir *Wurzelfunktion*. Wir bezeichnen $f^{-1}(\alpha)$ mit $\sqrt[p]{\alpha}$ und für $\sqrt[2]{\alpha}$ schreiben wir auch $\sqrt{\alpha}$.

Monotonie der Wurzelfunktion. *Die Funktion*

$$\mathbb{R}_0 \to \mathbb{R}_0, \; \alpha \mapsto \sqrt[p]{\alpha}$$

ist streng monoton steigend.
Beweis. Die Wurzelfunktion ist die Umkehrung der streng monoton steigenden Potenzfunktion und als solche ebenfalls streng monoton steigend. ◇

Mit der Potenzformel (POT2) erhalten wir für $n \in \mathbb{Z}$ und $\alpha \in \mathbb{R}^+$

$$\left(\left(\sqrt[p]{\alpha}\right)^n\right)^p = \left(\sqrt[p]{\alpha}\right)^{n \cdot p} = \left(\left(\sqrt[p]{\alpha}\right)^p\right)^n = \alpha^n = \left(\sqrt[p]{\alpha^n}\right)^p$$

und hieraus die Gleichung

(WUR1) $$\left(\sqrt[p]{\alpha}\right)^n = \sqrt[p]{\alpha^n}.$$

Mit der Potenzformel (POT3) erhalten wir für $\alpha \in \mathbb{R}_0$

$$\left(\sqrt[p]{\alpha} \cdot \sqrt[p]{\beta}\right)^p = \left(\sqrt[p]{\alpha}\right)^p \cdot \left(\sqrt[p]{\beta}\right)^p = \alpha \cdot \beta = \left(\sqrt[p]{\alpha \cdot \beta}\right)^p$$

und hieraus die Gleichung

(WUR2) $$\sqrt[p]{\alpha} \cdot \sqrt[p]{\beta} = \sqrt[p]{\alpha \cdot \beta}.$$

§ 6. Potenzen mit rationalen Exponenten

Für $\alpha \in \mathbb{R}^+$, $m, n \in \mathbb{Z}$ und $p, q \in \mathbb{N}^+$ mit $\dfrac{m}{p} = \dfrac{n}{q}$ erhält man mit der Potenzformel (POT2):

$$\left(\sqrt[p]{\alpha^m}\right)^{p \cdot q} = \left(\left(\sqrt[p]{\alpha^m}\right)^p\right)^q = (\alpha^m)^q = \alpha^{m \cdot q}.$$

Ebenso ist
$$\left(\sqrt[q]{\alpha^n}\right)^{p \cdot q} = \alpha^{n \cdot p}.$$

Mit $m \cdot q = n \cdot p$ folgt

$$\left(\sqrt[p]{\alpha^m}\right)^{p \cdot q} = \left(\sqrt[q]{\alpha^n}\right)^{p \cdot q},$$

und hieraus mit der Injektivität der Potenzfunktion

$$\sqrt[p]{\alpha^m} = \sqrt[q]{\alpha^n}.$$

Damit ist die Zahl $\sqrt[p]{\alpha^m}$ schon durch den Wert m/p bestimmt, so daß wir für $r = m/p$

$$\alpha^r = \sqrt[p]{\alpha^m}$$

definieren können.

Für $r = m/1$ beschert uns dies eine zweite Bedeutung des Terms α^r, und wir laufen Gefahr, das Ersetzungsprinzip zu verletzen. Aber wegen $\sqrt[1]{\alpha^m} = \alpha^m$ ist dies nicht der Fall.

Auf diese Weise haben wir die Definitionsmenge der Exponentialfunktion von $\mathbb{Z}$ auf $\mathbb{Q}$ erweitert. Wie bei der Erweiterung von $\mathbb{N}$ auf $\mathbb{Z}$ müssen wir uns auch diesmal keine neuen Formeln merken.

Potenzformeln für rationale Exponenten. *Für α, β in $\mathbb{R}^+$ und r, s in $\mathbb{Q}$ gilt:*

(POT1) $\qquad\qquad\qquad \alpha^{r+s} = \alpha^r \cdot \alpha^s$
(POT2) $\qquad\qquad\qquad (\alpha^r)^s = \alpha^{r \cdot s}$
(POT3) $\qquad\qquad\qquad (\alpha \cdot \beta)^r = \alpha^r \cdot \beta^r$

Beweis. Sei $r = m/p$ und $s = n/q$ für m, n in $\mathbb{Z}$ und p, q in $\mathbb{N}^+$. Wir kennzeichnen Potenzformeln für ganzzahlige Exponenten mit „Z-".

(POT1): Es gilt

$$\begin{aligned}\alpha^{r+s} &= \sqrt[p\cdot q]{\alpha^{m\cdot q+n\cdot p}} \\ &= \sqrt[p\cdot q]{\alpha^{m\cdot q}\cdot \alpha^{n\cdot p}} &\text{(Z-POT1)}\\ &= \sqrt[p\cdot q]{\alpha^{m\cdot q}}\cdot \sqrt[p\cdot q]{\alpha^{n\cdot p}} &\text{(WUR2)}\\ &= \alpha^r \cdot \alpha^s\ .\end{aligned}$$

(POT2): Es gilt

$$\begin{aligned}(\alpha^r)^s &= \sqrt[q]{(\alpha^r)^n} = \sqrt[q]{\left(\sqrt[p]{(\alpha^m)}\right)^n}\\ &= \sqrt[q]{\sqrt[p]{(\alpha^m)^n}} &\text{(WUR1)}\\ &= \sqrt[q]{\sqrt[p]{\alpha^{m\cdot n}}} &\text{(Z-POT2)}\\ &= \sqrt[q]{\alpha^{(m\cdot n)/p}} = \alpha^{(m\cdot n)/(p\cdot q)} = \alpha^{r\cdot s}\ .\end{aligned}$$

(POT3): Es gilt

$$\begin{aligned}(\alpha \cdot \beta)^r &= \sqrt[p]{(\alpha\cdot \beta)^m}\\ &= \sqrt[p]{\alpha^m \cdot \beta^m} &\text{(Z-POT3)}\\ &= \sqrt[p]{\alpha^m}\cdot \sqrt[p]{\beta^m} &\text{(WUR2)}\\ &= \alpha^r \cdot \beta^r\ . \quad \diamond\end{aligned}$$

Monotonie der Potenzfunktion. *Die Funktion*

$$f\colon \mathbb{R}^+ \to \mathbb{R}^+,\ \alpha \mapsto \alpha^r$$

ist für $r \in \mathbb{Q}^+$ streng monoton steigend und für $r \in \mathbb{Q}^-$ streng monoton fallend.
Beweis. Sei $r = n/p$ für $n \in \mathbb{Z}^\times$ und $p \in \mathbb{Z}^+$. Für $n \in \mathbb{Z}^+$ ist f als Verkettung $g \circ h$ der streng monotonen steigenden Funktionen $\alpha \mapsto \alpha^n$ und $\alpha \mapsto \sqrt[p]{\alpha}$ ebenfalls streng monoton steigend.

Für den Fall $n \in \mathbb{Z}^-$ definiere die Kehrwertfunktion

$$g\colon \mathbb{R}^+ \to \mathbb{R},\ \alpha \mapsto 1/\alpha\ .$$

Sie ist streng monoton fallend und f ist als Verkettung der streng monoton steigenden Funktion

$$h\colon \mathbb{R}^+ \to \mathbb{R}^+,\ \alpha \mapsto \alpha^{-r}$$

mit der streng monoton fallenden Funktion g ebenfalls streng monoton fallend.
$\diamond$

6. Reelle Zahlen

Die Potenzfunktion ist bijektiv und stetig. *Für $r \in \mathbb{Q}^\times$ ist die Funktion*
$$f: \mathbb{R}^+ \to \mathbb{R}^+, \; \alpha \mapsto \alpha^r$$
bijektiv und stetig.

Beweis. Für $\alpha \in \mathbb{R}^+$ ist $\alpha^{1/r} \in \mathbb{R}^+$ und $f(\alpha^{1/r}) = \alpha$, und f erweist sich als surjektiv. Da f streng monoton ist, ist f injektiv.

Da $f(\mathbb{R}^+) = \mathbb{R}^+$ ein Intervall ist und f monoton ist, ist f nach dem Satz über Monotonie und Stetigkeit stetig. ◇

Monotonie der Exponentialfunktion. *Für $\alpha \in (1, +\infty)$ ist die Funktion*
$$\mathbb{Q} \to \mathbb{R}^+, \; r \mapsto \alpha^r$$
streng monoton steigend.

Beweis. Ist $r < s$, so ist $0 < s - r$ und für $1 < \alpha$ folgt aus der strengen Monotonie der Potenzfunktion $1 = 1^{s-r} < \alpha^{s-r} = \alpha^s/\alpha^r$. Die streng monotone Multiplikation mit α^r ergibt $\alpha^r < \alpha^s$. ◇

Schrankensatz der Exponentialfunktion. *Zu $\alpha \in (1, +\infty)$, $\beta \in \mathbb{R}$ gibt es ein $n \in \mathbb{N}$, so daß $\beta < \alpha^n$.*

Beweis. Nach ARCHIMEDES gibt es ein $n \in \mathbb{N}^+$ mit $\beta < n \cdot (\alpha - 1)$. Mit der Binomischen Formel erhalten wir:
$$\beta < n \cdot (\alpha - 1) = \binom{n}{1} \cdot (\alpha - 1)$$
$$\leq \sum_{k=0}^{n} \binom{n}{k} \cdot (a-1)^k = (1 + (\alpha - 1))^n = \alpha^n \, . \quad \Diamond$$

Halbdichtesatz für Potenzen. *Für $\alpha \in (1, +\infty)$, $r \in \mathbb{Q}$ und $\beta, \gamma \in \mathbb{R}^+$ mit $\beta < \alpha^r < \gamma$ gibt es $s, t \in \mathbb{Q}$ mit:*
$$\beta < \alpha^s < \alpha^r < \alpha^t < \gamma \, .$$

Beweis. Nach dem Schrankensatz gibt es $p, q \in \mathbb{N}$ mit
$$\alpha < \left(\frac{\alpha^r}{\beta}\right)^p \quad \text{und} \quad \alpha < \left(\frac{\gamma}{\alpha^r}\right)^q \, .$$

Hieraus folgt mit (POT1) und der strengen Monotonie von Wurzel- und Exponentialfunktion für $s = r - 1/p$ und $t = r + 1/q$:
$$\beta < \alpha^s < \alpha^r < \alpha^t < \gamma \, . \quad \Diamond$$

Aufgaben

1. Ich hätte gerne statt des Halbdichtesatzes den Dichtesatz für Potenzen gezeigt: Für $\alpha \in \mathbb{R}^+ \setminus \{1\}$ liegt $\{\alpha^r \mid r \in \mathbb{Q}\}$ dicht in $\mathbb{R}^+$.

§ 7. Potenzen mit reellen Exponenten

Forsetzung der Exponentialfunktion von $\mathbb{Q}$ auf $\mathbb{R}$. Für $\alpha \in (1, +\infty)$ sei

$$f \colon \mathbb{Q} \to \mathbb{R}^+,\ r \mapsto \alpha^r\ .$$

Die Exponentialfunktion f von $\mathbb{Q}$ auf $\mathbb{R}$ fortzusetzen heißt, eine Funktion

$$g \colon \mathbb{R} \to \mathbb{R}^+,\ \sigma \mapsto \alpha^\sigma\ .$$

anzugeben, die mit f auf $\mathbb{Q}$ übereinstimmt. So eine Fortsetzung ist schnell gegeben, indem man etwa $g(\sigma) = f(\sigma)$ für $\sigma \in \mathbb{Q}$ und $g(\sigma) = 0$ für $\sigma \in \mathbb{R} \setminus \mathbb{Q}$ definiert. Unsere Aufgabe ist etwas anspruchsvoller: Wir verlangen, daß die Fortsetzung stetig ist. Dies soll die folgende Definition leisten.

Für $\sigma \in \mathbb{R}$ sei
$$M_\sigma = \{\,r \in \mathbb{Q} \mid r \leq \sigma\,\}\ .$$

Es gibt ein $s \in \mathbb{Q}$ mit $s \leq \sigma$, so daß $\alpha^s \in f(M_\sigma)$ und $f(M_\sigma)$ nichtleer ist. Es gibt ein $t \in \mathbb{Q}$ mit $\sigma \leq t$ und mit der Monotonie von f folgt für jedes $r \in M_\sigma$

$$r \leq \sigma \leq t \quad \Rightarrow \quad f(r) \leq f(t)\ ,$$

so daß sich $f(t)$ als obere Schranke von $f(M_\sigma)$ erweist. Nach dem Vollständigkeitspostulat existiert $\sup f(M_\sigma)$. Wegen $f(r) \in \mathbb{R}^+$ für jedes $r \in \mathbb{Q}$ ist auch $\sup f(M_\sigma) \in \mathbb{R}^+$. Demnach können wir die Funktion

$$g \colon \mathbb{R} \to \mathbb{R}^+,\ \sigma \mapsto \sup f(M_\sigma)\ .$$

definieren.

154   6. Reelle Zahlen

Für $\sigma \in \mathbb{Q}$ ist $\sup M_\sigma = \max M_\sigma = \sigma$ und nach dem Vertauschungssatz für Maxima existiert wegen der Monotonie von f auch $\max f(M_\sigma)$, so daß wir

$$g(\sigma) = \sup f(M_\sigma) = \max f(M_\sigma) = f(\max M_\sigma) = f(\sigma)$$

erhalten. Damit ist g tatsächlich eine Fortsetzung von f, und wir können für alle $\sigma \in \mathbb{R}$ und $\alpha \in (1, +\infty)$

$$\alpha^\sigma = g(\sigma)$$

definieren, ohne einen Konflikt mit der alten Bedeutung von α^r zu riskieren. Die Potenzschreibweise α^σ für $g(\sigma)$ ist durch die Potenzregeln gerechtfertigt. Wir werden zeigen, daß sie auch für reelle Exponenten gelten.

Eigenschaften der Exponentialfunktion. *Für $\alpha \in (1, +\infty)$ ist die Funktion*

$$f \colon \mathbb{R} \to \mathbb{R}^+, \ \alpha \mapsto \alpha^\sigma$$

streng monoton steigend, surjektiv und stetig.

Beweis. Zur Monotonie: Es sei $\varrho < \sigma$. Nach dem Dichtesatz gibt es $r, s \in \mathbb{Q}$ mit $\varrho \leq r < s \leq \sigma$. Für $q \in M_\varrho$ ist $q \leq \varrho \leq r$, also $\alpha^q \leq \alpha^r$, so daß α^r obere Schranke von $f(M_\varrho)$ ist und wir $\alpha^\varrho \leq \alpha^r$ erhalten. Wegen $s \leq \sigma$ ist $\alpha^s \in f(M_\sigma)$ also $\alpha^s \leq \alpha^\sigma$. Mit der strengen Monotonie der Exponentialfunktion auf $\mathbb{Q}$ folgt:

$$\alpha^\varrho \leq \alpha^r < \alpha^s \leq \alpha^\sigma \ .$$

Um die Surjektivität von f zu zeigen, definiere zu $\beta \in \mathbb{R}^+$

$$K_\beta = \{\, r \in \mathbb{Q} \mid \alpha^r \leq \beta \,\}.$$

Nach dem Schrankensatz gibt es $n \in \mathbb{N}$ mit $\beta < \alpha^n$. Für jedes $r \in K_\beta$ ist $\alpha^r \leq \beta < \alpha^n$, und wegen der Monotonie von f ist $r < n$, so daß n eine obere Schranke von K_β ist. Ebenso gibt es ein $\ell \in \mathbb{N}$ mit $1/\beta < \alpha^\ell$, also $\alpha^{-\ell} < \beta$, so daß $-\ell$ in K_β liegt. Damit ist K_β nichtleer und nach oben beschränkt, so daß nach dem Vollständigkeitspostulat

$$\sigma = \sup K_\beta$$

existiert. Wir zeigen $\alpha^\sigma = \beta$ durch doppelten Widerspruch:

Annahme $\beta < \alpha^\sigma$: Dann ist β keine obere Schranke von $f(M_\sigma)$, so daß es ein $r \in M_\sigma$ gibt mit $\beta < \alpha^r$. Nach dem Halbdichtesatz gibt es dann auch ein s mit $\beta < \alpha^s < \alpha^r$. Damit haben wir

$$\beta < \alpha^s < \alpha^r \leq \alpha^\sigma \ .$$

Mit der Monotonie von f folgt $s < \sigma$, so daß s keine obere Schranke von K_β ist und es ein $t \in K_\beta$ mit $s < t$ gibt. Mit der Monotonie von f ergibt sich nun der Widerspruch

$$\beta < \alpha^s < \alpha^t \leq \beta \ .$$

§ 7. Potenzen mit reellen Exponenten   155

Annahme $\alpha^\sigma < \beta$: Dann ist $1 < \beta/\alpha^\sigma$, so daß es nach dem Schrankensatz ein $p \in \mathbb{N}$ mit $\alpha < (\beta/\alpha^\sigma)^p$ gibt. Hieraus folgt $\alpha^\sigma \cdot \alpha^{1/p} < \beta$. Wegen $1 < \alpha^{1/p}$ ist $\alpha^\sigma/\alpha^{1/p} < \alpha^\sigma$, so daß $\alpha^\sigma/\alpha^{1/p}$ keine obere Schranke von $f(M_\sigma)$ ist und es ein $r \in M_\sigma$ mit $\alpha^\sigma/\alpha^{1/p} < \alpha^r$ gibt. Für $s = r + 1/p$ folgt

$$\alpha^\sigma < \alpha^s.$$

Wegen $r \in M_\sigma$ folgt

$$\alpha^s = \alpha^r \cdot \alpha^{1/p} \leq \alpha^\sigma \cdot \alpha^{1/p} < \beta,$$

so daß $s \in K_\beta$ liegt und daher $s \leq \sigma$ ist. Mit der Monotonie von f folgt der Widerspruch $\alpha^s \leq \alpha^\sigma$.

Für jedes $\beta \in \mathbb{R}^+$ gibt es damit ein $\sigma \in \mathbb{R}$ mit $\alpha^\sigma = \beta$, so daß f surjektiv ist.

Da $f(\mathbb{R})$ ein Intervall ist, ist nach unserem Satz über Monotonie und Stetigkeit f stetig.   ◇

Soweit haben wir Potenzen α^σ für reelles σ und $\alpha \in (1, +\infty)$ definiert aber für rationale σ sogar für $\alpha \in \mathbb{R}^+$. Wir erweitern jetzt die Definition von Potenzen mit reellen Exponenten für $\alpha \in (0, 1]$, so daß sie für rationale Exponenten mit der alten Definition übereinstimmen.

Für $r \in \mathbb{Q}$ ist $1^r = 1$, so daß wir

$$1^\sigma = 1$$

für $\sigma \in \mathbb{R}$ setzen können.

Für $\alpha \in (0, 1)$ ist $1/\alpha \in (1, +\infty)$, $\alpha^r = (1/\alpha)^{-r}$ und $(1/\alpha)^\sigma$ für jedes $\sigma \in \mathbb{R}$ definiert, so daß wir

$$\alpha^\sigma = (1/\alpha)^{-\sigma}$$

setzen können, ohne mit der Definition für rationales σ in einen Konflikt zu geraten. Für $\alpha \in (0,1)$ ist die Funktion

$$f: \mathbb{R} \to \mathbb{R}^+, \ \sigma \mapsto \alpha^\sigma$$

als Verkettung der stetigen, streng monoton steigenden Exponentialfunktion $\sigma \mapsto (1/\alpha)^\sigma$ nach der stetigen, streng monoton fallenden Gegenzahlfunktion $\sigma \mapsto -\sigma$ stetig und streng monoton fallend.

Potenzformeln für reelle Exponenten. *Die Potenzformeln für $\alpha, \beta \in \mathbb{R}^+$ und rationale Exponenten gelten auch für reelle Exponenten.*

156   6. Reelle Zahlen

Beweis. Für σ, τ in $\mathbb{Q}$ ist $\alpha^{\sigma+\tau} = \alpha^\sigma \cdot \alpha^\tau$. Weil $\mathbb{Q}$ dicht und die Exponentialfunktion stetig ist, folgt mit dem Identitätssatz für stetige Funktionen die Formel für alle $\sigma \in \mathbb{R}$ und aus dieser folgt aus demselben Grund die Formel für alle $\tau \in \mathbb{R}$.

Genauso begründet man mit den Formeln $(\alpha^\sigma)^\tau = \alpha^{\sigma \cdot \tau}$ bzw. $(\alpha \cdot \beta)^\sigma = \alpha^\sigma \cdot \beta^\sigma$ für rationale Exponenten dieselben Formeln für reelle Exponenten. $\diamond$

Der Logarithmus. Für jedes $\alpha \in \mathbb{R}^+ \setminus \{1\}$ ist die Exponentialfunktion
$$\mathbb{R} \to \mathbb{R}^+,\ \sigma \mapsto \alpha^\sigma$$
streng monoton und hat daher eine Umkehrfunktion, die *Logarithmusfunktion*
$$\log_\alpha : \mathbb{R}^+ \to \mathbb{R} \quad \text{mit} \quad \log_\alpha \beta = \sigma \quad \Leftrightarrow \quad \alpha^\sigma = \beta \ .$$
Diese Funktion ist bijektiv, für $\alpha \in (0,1)$ streng monoton fallend, für $\alpha \in (1,+\infty)$ streng monoton steigend und für $\alpha = 1$ nicht definiert. Da $\log_\alpha$ monoton und $\log_\alpha(\mathbb{R}^+)$ ein Intervall ist, ist $\log_\alpha$ nach dem Satz über Monotonie und Stetigkeit stetig.

Logarithmusformeln. *Für g, h in $\mathbb{R}^+ \setminus \{1\}$, α, β in $\mathbb{R}^+$ und $\varrho \in \mathbb{R}$ gilt:*

(LOG1) $\log_g(\alpha \cdot \beta) = \log_g \alpha + \log_g \beta$

(LOG2) $\log_g \alpha^\varrho = \varrho \cdot \log_g \alpha$

(LOG3) $\log_g \alpha = \log_g h \cdot \log_h \alpha$.

Beweis. Zu (LOG1): Sei $\varrho = \log_g \alpha$ und $\sigma = \log_g \beta$. Dann ist $g^\varrho = \alpha$, $g^\sigma = \beta$, und wir erhalten:
$$\log_g(\alpha \cdot \beta) = \log_g(g^\varrho \cdot g^\sigma) = \log_g g^{\varrho+\sigma} \qquad \text{(POT1)}$$
$$= \varrho + \sigma = \log_g \alpha + \log_g \beta \ .$$

Zu (LOG2): Sei $\sigma = \log_g \alpha$. Dann ist $g^\sigma = \alpha$, und wir erhalten für jedes $\varrho \in \mathbb{R}$:
$$\log_g \alpha^\varrho = \log_g(g^\sigma)^\varrho = \log_g g^{\varrho \cdot \sigma} \qquad \text{(POT2)}$$
$$= \varrho \cdot \sigma = \varrho \cdot \log_g \alpha \ .$$

Zu (LOG3): Sei $\sigma = \log_h \alpha$. Dann ist $h^\sigma = \alpha$, und wir erhalten:
$$\log_h \alpha \cdot \log_g h = \sigma \cdot \log_g h = \log_g h^\sigma \qquad \text{(LOG2)}$$
$$= \log_g \alpha \ . \qquad \diamond$$

Aufgaben

1. Den Dichtesatz für Potenzen kann man jetzt leicht beweisen. Nämlich wie?

Kapitel 7. Komplexe Zahlen

Wenn mehr als drei Zahlen fallen,
steigt das Publikum aus
FRANK PLASBERG

Einleitung. Wir kennen Potenzen mit reellen Exponenten, und es liegt nahe, diese auf komplexe Exponenten zu erweitern, und genau dies ist das Programm des letzten Kapitels.

Um eine Exponentialfunktion für komplexe Exponenten zu konstruieren, statten wir $\mathbb{C}$ mit einer Metrik aus und bauen die Theorie des metrischen Raumes gerade so weit aus, wie es für unsere Konstruktion nötig ist.

§ 1. Der metrische Raum der komplexen Zahlen

Im folgenden seien u, v, w, z komplexe, α, β, γ, ... reelle und k, ℓ, m, n natürliche Zahlen.

1. Die Komponenten einer komplexen Zahl. Nach dem Postulat (C4) gibt es zu jeder komplexen Zahl z ein Paar reeller Zahlen (α, β) mit $z = \alpha + \mathrm{i} \cdot \beta$. Wir wollen zeigen, daß es genau so ein Paar gibt:

Sei $\alpha + \mathrm{i} \cdot \beta = \alpha' + \mathrm{i} \cdot \beta'$. Wäre $\beta' \neq \beta$, so wäre

$$\mathrm{i} = \frac{\alpha - \alpha'}{\beta' - \beta} \in \mathbb{R}$$

und damit $\mathrm{i}^2 \in \mathbb{R}_0$. Nach (C2) ist aber $\mathrm{i}^2 = -1$, so daß wir den Widerspruch $0 \leq -1$ erhalten. Demnach ist $\beta' = \beta$, und hieraus folgt $\alpha = \alpha'$.

Wir nennen α den *Realteil* und β den *Imaginärteil* von z. Den Realteil bezeichnen wir mit dem Term $\operatorname{Re} z$ und den Imaginärteil mit $\operatorname{Im} z$. Real- und Imaginärteil sind die beiden *Komponenten* von z.

Die Komponenten von Summe und Produkt. *Es gilt:*

(REA) $\qquad \operatorname{Re}(u + v) = \operatorname{Re} u + \operatorname{Re} v$

(IMA) $\quad\quad\quad\quad \operatorname{Im}(u+v) = \operatorname{Im} u + \operatorname{Im} v$
(REM) $\quad\quad\quad\quad \operatorname{Re}(u\cdot v) = \operatorname{Re} u \cdot \operatorname{Re} v - \operatorname{Im} u \cdot \operatorname{Im} v$
(IMM) $\quad\quad\quad\quad \operatorname{Im}(u\cdot v) = \operatorname{Re} u \cdot \operatorname{Im} v + \operatorname{Im} u \cdot \operatorname{Re} v$.

Beweis. Sei $u = \alpha + \mathrm{i}\cdot\beta$ und $v = \varrho + \mathrm{i}\cdot\sigma$. Dann ist
$$u + v = (\alpha + \mathrm{i}\cdot\beta) + (\varrho + \mathrm{i}\cdot\sigma) = (\alpha + \varrho) + \mathrm{i}\cdot(\beta + \sigma)$$
$\Rightarrow\quad \operatorname{Re}(u+v) = \alpha + \varrho \quad\text{und}\quad \operatorname{Im}(u+v) = \beta + \sigma$.

Für das Produkt erhalten wir
$$\begin{aligned}
u\cdot v &= (\alpha + \mathrm{i}\cdot\beta)\cdot(\varrho + \mathrm{i}\cdot\sigma) \\
&= \alpha\cdot\varrho + \alpha\cdot\mathrm{i}\cdot\sigma + \mathrm{i}\cdot\beta\cdot\varrho + \mathrm{i}\cdot\beta\cdot\mathrm{i}\cdot\sigma \\
&= \alpha\cdot\varrho + \mathrm{i}^2\cdot\beta\cdot\sigma + \mathrm{i}\cdot(\alpha\cdot\sigma + \beta\cdot\varrho) \\
&= \alpha\cdot\varrho - \beta\cdot\sigma + \mathrm{i}\cdot(\alpha\cdot\sigma + \beta\cdot\varrho)
\end{aligned} \quad (\text{C2})$$
$\Rightarrow\quad \operatorname{Re}(u\cdot v) = \alpha\cdot\varrho - \beta\cdot\sigma \quad\text{und}\quad \operatorname{Im}(u\cdot v) = \alpha\cdot\sigma + \beta\cdot\varrho$. $\quad\diamondsuit$

Nach (REA) und (IMA) sind die Komponentenfunktion A-Homomorphismen, so daß wir mit dem Homomorphiesatz bzw. dem Verteilungsgesetz erhalten:
$$\operatorname{Re}(-z) = -\operatorname{Re} z \quad\text{und}\quad \operatorname{Im}(-z) = -\operatorname{Im} z$$
$$\operatorname{Re}\left(\sum_{k=0}^{n} u_k\right) = \left(\sum_{k=0}^{n} \operatorname{Re} u_k\right) \quad\text{und}\quad \operatorname{Im}\left(\sum_{k=0}^{n} u_k\right) = \left(\sum_{k=0}^{n} \operatorname{Im} u_k\right) .$$

2. Die konjugierte Zahl. Wir sagen, die Zahl
$$\overline{z} = \operatorname{Re} z - \mathrm{i}\cdot\operatorname{Im} z$$
sei die zu z *konjugierte* Zahl.

Für die Komponenten der zu z konjugierten Zahl $\overline{z}$ ergibt sich damit:
$$\operatorname{Re}\overline{z} = \operatorname{Re} z \quad\text{und}\quad \operatorname{Im}\overline{z} = -\operatorname{Im} z .$$
Reelle Zahlen sind zu sich selbst konjugiert, weil ihr Imaginärteil null ist. Ist umgekehrt eine komplexe Zahl z zu sich selbst konjugiert, ist also $\operatorname{Im} z = \operatorname{Im}\overline{z} = -\operatorname{Im} z$, so ist $\operatorname{Im} z = 0$ und demnach $z \in \mathbb{R}$.

Die Konjugation ist ein Involution. *Die Funktion*
$$\mathbb{C} \to \mathbb{C},\ z \mapsto \overline{z}$$
ist ihre eigene Umkehrung.
Beweis. Es ist
$$\operatorname{Re}\overline{\overline{z}} = \operatorname{Re}\overline{z} = \operatorname{Re} z$$
und
$$\operatorname{Im}\overline{\overline{z}} = -\operatorname{Im}\overline{z} = -(-\operatorname{Im} z) = \operatorname{Im} z .$$
Da beide Komponenten von $\overline{\overline{z}}$ und z übereinstimmen, ist $\overline{\overline{z}} = z$. $\quad\diamondsuit$

§ 1. Der metrische Raum der komplexen Zahlen

Demnach ist die Konjugation bijektiv.

Die Konjugierte von Summe und Produkt. *Es gilt:*

(KA) $$\overline{u+v} = \overline{u} + \overline{v}$$
(KM) $$\overline{u \cdot v} = \overline{u} \cdot \overline{v}$$

Beweis. (KA): Es gilt

$$\operatorname{Re}\overline{u+v} = \operatorname{Re}(u+v) = \operatorname{Re} u + \operatorname{Re} v \qquad \text{(REA)}$$
$$= \operatorname{Re}\overline{u} + \operatorname{Re}\overline{v} = \operatorname{Re}(\overline{u}+\overline{v}) \qquad \text{(REA)}$$

und

$$\operatorname{Im}\overline{u+v} = -\operatorname{Im}(u+v) = -(\operatorname{Im} u + \operatorname{Im} v) \qquad \text{(IMA)}$$
$$= -\operatorname{Im} u - \operatorname{Im} v = \operatorname{Im}(-u) + \operatorname{Im}(-v) \qquad \text{(IMA)}$$
$$= \operatorname{Im}\overline{u} + \operatorname{Im}\overline{v} = \operatorname{Im}(\overline{u}+\overline{v}) \ . \qquad \text{(IMA)}$$

Da beide Komponenten von $\overline{u+v}$ und $\overline{u}+\overline{v}$ übereinstimmen, folgt (KA).

(KM): Es gilt

$$\operatorname{Re}\overline{u \cdot v} = \operatorname{Re}(u \cdot v) = \operatorname{Re} u \cdot \operatorname{Re} v - \operatorname{Im} u \cdot \operatorname{Im} v \qquad \text{(REM)}$$
$$= \operatorname{Re}\overline{u} \cdot \operatorname{Re}\overline{v} - (-\operatorname{Im} u) \cdot (-\operatorname{Im} v)$$
$$= \operatorname{Re}\overline{u} \cdot \operatorname{Re}\overline{v} - (\operatorname{Im}\overline{u}) \cdot (\operatorname{Im}\overline{v})$$
$$= \operatorname{Re}(\overline{u} \cdot \overline{v}) \qquad \text{(REM)}$$

und

$$\operatorname{Im}\overline{u \cdot v} = -\operatorname{Im}(u \cdot v) = -\operatorname{Re} u \cdot \operatorname{Im} v - \operatorname{Im} u \cdot \operatorname{Re} v \qquad \text{(IMM)}$$
$$= \operatorname{Re} u \cdot (-\operatorname{Im} v) + (-\operatorname{Im} u) \cdot \operatorname{Re} v$$
$$= \operatorname{Re}\overline{u} \cdot \operatorname{Im}\overline{v} + \operatorname{Im}\overline{u} \cdot \operatorname{Re}\overline{v}$$
$$= \operatorname{Im}(\overline{u} \cdot \overline{v}) \ .$$

Da beide Komponenten von $\overline{u \cdot v}$ und $\overline{u} \cdot \overline{v}$ übereinstimmen, folgt (KM). ◇

Wegen (KA) ist die Konjugation ein A-Homomorphismus, und wegen (KM) ein M-Homomorphismus. Mit dem Homomorphiesatz bzw. dem Verteilungsgesetz folgt:

$$\overline{-u} = -\overline{u} \quad \text{und} \quad \overline{\sum_{k=0}^{n} u_k} = \sum_{k=0}^{n} \overline{u_k}$$

und für v, v_k in $\mathbb{C}^\times$, $n \in \mathbb{Z}$:

$$\overline{1/v} = 1/\overline{v}, \quad \overline{v^n} = (\overline{v})^n \quad \text{und} \quad \overline{\prod_{k=0}^{n} v_k} = \prod_{k=0}^{n} \overline{v_k} \ .$$

7. Komplexe Zahlen

3. Der Betrag einer komplexen Zahl. Für $z = \alpha + \mathrm{i}\cdot\beta$ ist

$$z\cdot\overline{z} = (\alpha+\mathrm{i}\cdot\beta)\cdot(\alpha-\mathrm{i}\cdot\beta) = \alpha^2 + \beta^2\ .$$

Nach der Vorzeichenregel liegen α^2 und β^2 in $\mathbb{R}_0$ und damit auch $z\cdot\overline{z}$, so daß $\sqrt{z\cdot\overline{z}}$ existiert und wir den *Betrag von z*

$$|z| = \sqrt{z\cdot\overline{z}}$$

definieren können.

Im letzten Kapitel hatten wir $|\alpha| = \max\{-\alpha,\alpha\}$ definiert. Glücklicherweise stimmen beide Definitionen überein: Ist nämlich $0 \leq \alpha$, so ist

$$\max\{\alpha,-\alpha\} = \alpha = \sqrt{\alpha^2} = \sqrt{\alpha\cdot\overline{\alpha}}\ ,$$

und ist $\alpha \leq 0$, so ist

$$\max\{\alpha,-\alpha\} = -\alpha = \sqrt{(-\alpha)^2} = \sqrt{(-\alpha)\cdot\overline{(-\alpha)}}\ .$$

Eigenschaften des Betrages. *Es gilt:*

(B1) $\quad\quad |u| = |-u|$
(B2) $\quad\quad |u| = |\overline{u}|$
(B3) $\quad\quad |u| = 0 \quad\Leftrightarrow\quad u = 0$
(B4) $\quad\quad |u\cdot v| = |u|\cdot|v|\quad\text{und}\quad |1/u| = 1/|u|\text{ für }u\neq 0$
(B5) $\quad\quad |\operatorname{Re} u| \leq |u|\quad\text{und}\quad |\operatorname{Im} u| \leq |u|$
(B6) $\quad\quad |u+v| \leq |u|+|v|\ .$
(B7) $\quad\quad ||u|-|v|| \leq |u-v|\ .$

Beweis. (B1): Es ist $|u|^2 = u\cdot\overline{u} = -u\cdot-\overline{u} = -u\cdot\overline{-u} = |-u|^2$, und mit der Injektivität der Quadratfunktion auf $\mathbb{R}_0$ folgt (B1).

(B2): Da die Konjugation ihre eigene Umkehrung ist, ist

$$|\overline{u}| = \sqrt{\overline{u}\cdot\overline{\overline{u}}} = \sqrt{\overline{u}\cdot u} = |u|\ .$$

(B3) „$\Rightarrow$": Aus $|u| = 0$ folgt $(\operatorname{Re} u)^2 + (\operatorname{Im} u)^2 = 0$ und hieraus $\operatorname{Im} u = \operatorname{Re} u = 0$, also $u = 0$.

(B3) „⇐": Aus $u = 0$ folgt $u \cdot \overline{u} = 0$ und hieraus $|u| = 0$.

(B4): Es gilt:

$$|u \cdot v|^2 = (u \cdot v) \cdot \overline{u \cdot v} = (u \cdot v) \cdot (\overline{u} \cdot \overline{v}) \quad \text{(KM)}$$
$$= (u \cdot \overline{u}) \cdot (v \cdot \overline{v}) = |u|^2 \cdot |v|^2 = \bigl(|u| \cdot |v|\bigr)^2 . \quad \text{(POT3)}$$

Mit der Injektivität der Quadratfunktion auf $\mathbb{R}_0$ folgt (B4).

Sei $u \neq 0$. Dann ist nach dem eben Gezeigten $|1/u| \cdot |u| = |(1/u) \cdot u| = |1| = 1$, so daß sich $|1/u|$ als der Kehrwert von $|u|$ erweist.

(B5): Sei $u = \alpha + \mathrm{i} \cdot \beta$. Mit der Monotonie der Wurzelfunktion auf $\mathbb{R}_0$ folgt:

$$|\alpha| = \sqrt{|\alpha|^2} \leq \sqrt{|\alpha|^2 + |\beta|^2} = \sqrt{\alpha^2 + \beta^2} = |u| .$$

Ebenso ergibt sich $|\beta| \leq |u|$.

(B6): Mit (KM) und der Involution der Konjugation erhalten wir

$$(*) \qquad \frac{u \cdot \overline{v} + v \cdot \overline{u}}{2} = \frac{u \cdot \overline{v} + \overline{u \cdot \overline{v}}}{2} = \operatorname{Re}(u \cdot \overline{v}) .$$

Nun folgt

$$|u + v|^2 = (u + v) \cdot (\overline{u + v}) = (u + v) \cdot (\overline{u} + \overline{v}) \quad \text{(KA)}$$
$$= u \cdot \overline{u} + u \cdot \overline{v} + v \cdot \overline{u} + v \cdot \overline{v}$$
$$= |u|^2 + 2 \cdot \operatorname{Re}(u \cdot \overline{v}) + |v|^2 \quad (*)$$
$$\leq |u|^2 + 2 \cdot |u \cdot \overline{v}| + |v|^2 \quad \text{(B5)}$$
$$= |u|^2 + 2 \cdot |u| \cdot |\overline{v}| + |v|^2 \quad \text{(KM)}$$
$$= |u|^2 + 2 \cdot |u| \cdot |v| + |v|^2 \quad \text{(B2)}$$
$$= \bigl(|u| + |v|\bigr)^2 .$$

Mit der strengen Monotonie der Quadratfunktion auf $\mathbb{R}_0$ folgt (B6).

(B7): Mit B6 ergibt sich:

$$|u| = |u - v + v| \leq |u - v| + |v| \quad \Rightarrow \quad |u| - |v| \leq |u - v|$$
$$|v| = |v - u + u| \leq |v - u| + |u| \quad \Rightarrow \quad |v| - |u| \leq |v - u|$$

Hieraus folgt (B7). ◇

4. Die Betragsmetrik komplexer Zahlen. Wie für reelle Zahlen definieren wir die *Betragsmetrik* auf $\mathbb{C}$ durch

$$\mathbb{C} \times \mathbb{C} \to \mathbb{R}, \ (u,v) \mapsto |u - v|\,.$$

Diese Metrik stimmt mit der Betragsmetrik auf $\mathbb{R}$ überein. Aus (B3), (B1) und (B6) folgen der Reihe nach die Postulate einer Metrik (M1), (M2) und (M3) und mit (M4) folgt umgekehrt $0 \leq |z - 0| = |z|$.

5. Beschränkte Zahlenmengen. Für eine Menge $M \subseteq \mathbb{R}$ reeller Zahlen bedeutet „beschränkt" zweierlei: Einmal, daß M sowohl eine untere als auch eine obere Schranke hat, und zum anderen, daß die Menge der Abstände

$$A = \{\,|\alpha - \beta|\ |\ \alpha, \beta \in M\,\}$$

eine obere Schranke hat.

Dies ist aber nicht schlimm, da beide Definitionen übereinstimmen:

Sei M im ersten Sinn beschränkt, σ untere und ϱ obere Schranke von M. Für $\alpha, \beta \in M$ folgt

$$\alpha - \beta \leq \sigma - \varrho \leq |\sigma - \varrho|$$
$$\beta - \alpha \leq \varrho - \sigma \leq |\sigma - \varrho|\,,$$

so daß sich $|\sigma - \varrho|$ als obere Schranke von A erweist.

Sei M im zweiten Sinn beschränkt und σ eine obere Schranke von A. Ist $M = \emptyset$, so ist jede reelle Zahl sowohl obere als auch untere Schranke von M. Andernfalls gibt es ein $\alpha \in M$ und für jedes $\beta \in M$ folgt:

$$\alpha - \beta \leq |\alpha - \beta| \leq \sigma \quad \Rightarrow \quad \alpha - \sigma \leq \beta$$
$$\beta - \alpha \leq |\beta - \alpha| \leq \sigma \quad \Rightarrow \quad \beta \leq \alpha + \sigma\,,$$

so daß sich $\alpha - \sigma$ als untere und $\alpha + \sigma$ als obere Schranke von M erweist.

Betragsmengensatz. *Sei $K \subseteq \mathbb{C}$ und $L = \{\,|u|\ |\ u \in K\,\}$. Dann gilt:*

$$K \text{ ist beschränkt} \quad \Leftrightarrow \quad L \text{ ist beschränkt}\,.$$

„$\Rightarrow$": Ist $K = \emptyset$, so ist auch $L = \emptyset$ und als leere Menge beschränkt. Andernfalls gibt es ein $v \in K$ und für jedes $u \in K$ folgt mit (B6)

$$|u| = |u - v + v| \leq |u - v| + |v| \leq \oslash(K) + |v|\,.$$

„$\Leftarrow$": Sei σ eine obere Schranke von L. Für u, v in K folgt mit (B6) und (B1)

$$|u - v| \leq |u| + |-v| = |u| + |v| \leq \sigma + \sigma\,. \quad \diamond$$

Aufgaben

Man nennt eine Menge X abzählbar, wenn es in $\mathcal{F}(\mathbb{N}, X)$ eine surjektive Funktion gibt.

1. Die leere Menge ist nicht abzählbar.
2. Jede nichtleere endliche Menge ist abzählbar.
3. Sind X und Y abzählbar, so sind auch $X \cup Y$ und $X \times Y$ abzählbar.
4. Ist X_k für jedes $k \in \mathbb{N}$ abzählbar, so ist auch $\bigcup \{ X_k \mid k \in \mathbb{N} \}$ abzählbar.
5. $\mathbb{Q}$ ist abzählbar.
6. $Q = \{ r + s \cdot i \mid r, s \in \mathbb{Q}\}$ ist abzählbar.
7. Q liegt dicht in $\mathbb{C}$.
8. Zu jeder offenen Teilmenge A von $\mathbb{C}$ gibt es eine abzählbare Menge $\mathcal{U}$ von Umgebungen in $\mathbb{C}$ mit $A = \bigcup \mathcal{U}$.

§ 2. Konvergenz in metrischen Räumen

Ist X eine Menge, so nennt man Funktionen in $\mathcal{F}(\mathbb{N}, X)$ auch (unendliche) Folgen in X. Ähnlich wie bei endlichen Folgen schreiben wir für die Funktion $k \mapsto x_k$ auch $(x_k \mid 0 \leq k)$ oder kürzer (x_k). Folgen wie $(1/(k+1) \mid 0 \leq k)$ schreiben wir kurz als $(1/k \mid 1 \leq k)$.

Im folgenden sei (X, d) ein metrischer Raum, x, y, z seien Elemente in X, (x_k), (y_k) Folgen in X und k, ℓ, m, n natürliche Zahlen.

1. Konvergenz von Folgen. Wir sagen, die Folge (x_k) sei *konvergent*, wenn es ein $a \in X$ gibt, so daß es zu jeder Umgebung U von a ein $n \in \mathbb{N}$ gibt mit

$$x_k \in U \text{ für alle } k \text{ mit } n \leq k \,.$$

Wir sagen dann, a sei ein *Grenzwert* der Folge (x_k) und (x_k) *konvergiere gegen* a. Wir schreiben dafür

$$x_k \to a \quad (k \to \infty) \,.$$

Wir schreiben „$(k \to \infty)$" nur, um für Folgenglieder wie $\sqrt[n]{m}$ die Indexvariable anzugeben, um also zwischen den Folgen $(\sqrt[n]{m} \mid n \in \mathbb{N})$ und $(\sqrt[n]{m} \mid m \in \mathbb{N})$ zu unterscheiden.

7. Komplexe Zahlen

Trifft eine Aussage auf alle bis auf höchstens endlich viele natürlichen Zahlen zu, so sagt man auch, die Aussage gelte für *fast alle* natürlichen Zahlen. So gesprochen konvergiert die Folge (x_k) gegen x, wenn in jeder Umgebung U von x für fast alle k die x_k in U liegen. Traditionell – aber irreführend – sagt man auch, „fast alle x_k" liegen in U. Irreführend ist dies etwa bei einer konstanten Folge. Hier gibt es nämlich höchstens ein Folgenglied, das in U liegen könnte, aber „fast alle" Folgenglieder suggeriert, es hielten sich viel, viel mehr in U auf.

Erstaunlicherweise ist diese Sprechweise noch nicht in der öffentlichen Kommunikation angekommen, denn sonst hätte OBAMA schon längst den Chinesen versichert, alle Staatsschulden der USA wären beglichen.

Gilt die Aussage $\mathcal{A}$ für fast alle k und gilt die Aussage $\mathcal{B}$ für fast alle k, so gilt auch die Aussage
$$\mathcal{A} \text{ und } \mathcal{B}$$
für fast alle k, denn es gibt dann endliche Mengen $A \subseteq \mathbb{N}$, $B \subseteq \mathbb{N}$, so daß $\mathcal{A}$ für $k \in \mathbb{N} \setminus A$ gilt und $\mathcal{B}$ für $k \in \mathbb{N} \setminus B$. Nun ist $A \cup B$ als Vereinigung endlicher Mengen endlich und für alle $k \in \mathbb{N} \setminus (A \cup B)$ gilt sowohl $\mathcal{A}$ als auch $\mathcal{B}$.

Eindeutigkeit des Grenzwertes. *Konvergiert (x_k) sowohl gegen a als auch gegen b, so ist $a = b$.*
Beweis. Ist U eine Umgebung von a und V eine Umgebung von b, so liegt x_k sowohl in U als auch in V für fast alle k, so daß $U \cap V \neq \emptyset$ ist. Mit dem Identitätssatz für Umgebungsmittelpunkte folgt $a = b$. $\diamond$

Dieser Satz gestattet, von *dem* Grenzwert einer konvergenten Folge zu sprechen und ihn mit dem Term
$$\lim_{k \to \infty} x_k$$
zu bezeichnen.

2. Folgenstetigkeit. Es seien (X, d_X) und (Y, d_Y) metrische Räume. Wir sagen, eine Funktion $f \in \mathcal{F}(X, Y)$ sei *folgenstetig*, wenn für jedes $x \in X$ und jede Folge in X gilt:
$$x_k \to x \quad \Rightarrow \quad f(x_k) \to f(x) \, .$$

Äquivalenz von Stetigkeit und Folgenstetigkeit. *Eine Funktion $f \in \mathcal{F}(X, Y)$ ist genau dann stetig, wenn sie folgenstetig ist.*

„⇒": Sei f stetig und V eine Umgebung von $f(x)$. Es gibt dann eine Umgebung U von x mit $f(U) \subseteq V$. Wegen $x_k \to x$ haben wir $x_k \in U$ für fast alle k. Für diese k ist $f(x_k) \in f(U) \subseteq V$. Damit ist f folgenstetig.

„⇐": Sie f nicht stetig. Dann ist f auch nicht U-V-stetig und es gibt ein $x \in X$ und eine Umgebung V von $f(x)$, so daß für jedes $n \in \mathbb{N}^+$ die Umgebung $U(1/n, x)$ ein x_n enthält mit $f(x_n) \notin V$. Nun konvergiert (x_n) gegen x aber $f(x_n)$ konvergiert nicht gegen $f(x)$, so daß f nicht folgenstetig ist. ◇

Konvergente Folgen in abgeschlossenen Mengen. *Konvergiert (x_k) gegen x und liegt x_k für fast alle k in der abgeschlossenen Menge M, so liegt x ebenfalls in M.*
Beweis. Wäre x kein Element von M, so gäbe es eine Umgebung U von x mit $U \subseteq X \setminus M$. Dies kann nicht sein, denn für fast alle k liegt x_k sowohl in U als auch in M. ◇

3. CAUCHY-Folgen. AUGUSTIN LOUIS BARON CAUCHY benutzte die nach ihm benannte Eigenschaft reeller Folgen als Konvergenzkriterium.

Wir sagen, eine Folge (x_k) sei eine CAUCHY-Folge, wenn es zu jedem $\varepsilon \in \mathbb{R}^+$ ein n gibt, so daß gilt:

Für k, ℓ mit $n \leq k$ und $n \leq \ell$ ist $d(x_k, x_\ell) < \varepsilon$.

Jede konvergente Folge ist eine CAUCHY-Folge.
Beweis. Sei $\lim_{k \to \infty} x_k = x$ und $\varepsilon \in \mathbb{R}^+$. Es gibt ein n, so daß für jedes k mit $n \leq k$ das Folgenglied x_k in $U(\varepsilon/2, x)$ liegt. Für alle k, ℓ mit $n \leq k$ und $n \leq \ell$ erhält man nun:

$$d(x_k, x_l) \leq d(x_k, x) + d(x_\ell, x) < \varepsilon/2 + \varepsilon/2 = \varepsilon.$$ ◇

Die Umkehrung gilt nicht immer. Ein Gegenbeispiel liefert der metrische Raum $\mathbb{Q}$ mit der Betragsmetrik. Da $\mathbb{Q}$ dicht in $\mathbb{R}$ liegt, gibt es zu jedem $k \in \mathbb{N}^+$ ein $r_k \in \mathbb{Q}$ mit $r_k \in U(1/k, \sqrt{2})$. Die Folge (r_k) konvergiert in $\mathbb{R}$ gegen $\sqrt{2}$ und ist damit eine CAUCHY-Folge. Konvergierte nun (r_k) auch in $\mathbb{Q}$, so wäre wegen der Eindeutigkeit des Grenzwertes $\sqrt{2} \in \mathbb{Q}$, was nicht der Fall ist.

Wir sagen, ein metrischer Raum sei *vollständig*, wenn in ihm jede CAUCHY-Folge konvergiert.

Jede CAUCHY-Folge ist beschränkt. *Ist (x_k) eine CAUCHY-Folge, so ist $M = \{\, x_k \mid k \in \mathbb{N} \,\}$ beschränkt.*
Beweis. Da (x_k) eine CAUCHY-Folge ist, gibt es ein n, so daß $d(x_k, x_l) \leq 1$ für jedes k, ℓ mit $n \leq k$ und $n \leq \ell$ ist. Demnach ist $\{\, x_k \mid n \leq k \,\}$ beschränkt. Nun ist auch $\{\, x_k \mid k \leq n \,\}$ als endliche Menge beschränkt, und M ist als Vereinigung beschränkter Mengen ebenfalls beschränkt. $\diamond$

Nach den letzten beiden Sätzen sind konvergente Folgen beschränkt.

Aufgaben

1. Welche Funktionen in $\mathcal{F}(X,Y)$ sind stetig, wenn die Metrik d_X diskret ist?
2. Und welche, wenn die Metrik d_Y diskret ist?
3. Und welche, wenn d_X und d_Y diskret sind?

§ 3. Konvergenz von Zahlenfolgen

1. Konvergenzsätze.

Grenzwertabschätzung. *Aus $\alpha_k \leq \beta_k$ für fast alle k und $\alpha_k \to \alpha$, $\beta_k \to \beta$ folgt $\alpha \leq \beta$.*
Beweis. Wäre $\beta < \alpha$, so gäbe es nach dem Trennpostulat von Hausdorff disjunkte Umgebungen U von α und V von β. Für fast alle k hätten wir dann $\alpha_k \in U$ und $\beta_k \in V$ damit im Widerspruch zur Vorraussetzung für diese k auch $\beta_k < \alpha_k$. $\diamond$

Sandwichsatz. *Aus $\alpha_k \to \alpha$, $\gamma_k \to \alpha$ und $\alpha_k \leq \beta_k \leq \gamma_k$ für fast alle k folgt $\beta_k \to \alpha$.*
Beweis. Sei $\varepsilon \in \mathbb{R}^+$. Für fast alle k ist

$$\alpha - \varepsilon < \alpha_k \leq \beta_k \leq \gamma_k < \alpha + \varepsilon,$$

und für diese k folgt $\beta_k \in U(\varepsilon, \alpha)$. $\diamond$

§ 3. Konvergenz von Zahlenfolgen

Konvergenz der Betragsfolge. *Aus $z_k \to z$ folgt $|z_k| \to |z|$.*

Beweis. Sei $\varepsilon \in \mathbb{R}^+$. Für fast alle k ist $|z - z_k| < \varepsilon$. Mit (B7) folgt für diese k:
$$||z_k| - |z|| \leq |z_k - z| < \varepsilon \,. \quad \diamond$$

Verträglichkeit von Addition und Konvergenz (VAK). *Es gilt:*
$$u_k \to u \quad \text{und} \quad v_k \to v \quad \Rightarrow \quad u_k + v_k \to u + v \,.$$

Beweis. Sei $\varepsilon \in \mathbb{R}^+$. Für fast alle k ist $|u_k - u| < \varepsilon/2$ und $|v_k - v| < \varepsilon/2$. Für diese k folgt mit (B6):
$$|(u + v) - (u_k + v_k)| = |(u - u_k) + (v - v_k)|$$
$$\leq |u - u_k| + |v - v_k| < \varepsilon/2 + \varepsilon/2 = \varepsilon \,. \quad \diamond$$

Produkt von Nullfolge und beschränkter Folge (PNB). *Ist (α_k) eine beschränkte Folge, so gilt:*
$$u_k \to 0 \quad \Rightarrow \quad \alpha_k \cdot u_k \to 0 \,.$$

Beweis. Sei $\varepsilon \in \mathbb{R}^+$. Da (α_k) beschränkt ist, gibt es eine obere positive Schranke σ von $\{\,|\alpha_k| \mid k \in \mathbb{N}\,\}$. Für fast alle k ist
$$|u_k| < \frac{\varepsilon}{\sigma} \,,$$
und für diese k folgt
$$|\alpha_k \cdot u_k| = |\alpha_k| \cdot |u_k| < \sigma \cdot \frac{\varepsilon}{\sigma} = \varepsilon \,. \quad \diamond$$

Verträglichkeit von Multiplikation und Konvergenz (VMK). *Es gilt:*
$$u_k \to u \quad \text{und} \quad v_k \to v \quad \Rightarrow \quad u_k \cdot v_k \to u \cdot v \,.$$

Beweis. Die Folgen $k \mapsto |u - u_k|$ und $k \mapsto |v - v_k|$ sind Nullfolgen, und mit (v_k) ist die Betragsfolge $(|v_k|)$ als konvergente Folge beschränkt, so daß wir für die Produkte von Nullfolgen und beschränkter Folge
$$|u| \cdot |v - v_k| \to 0 \quad \text{und} \quad |v_k| \cdot |u - u_k| \to 0$$
erhalten. Mit der Verträglichkeit von Addition und Konvergenz folgt:
$$|u| \cdot |v - v_k| + |v_k| \cdot |u - u_k| \to 0 \,.$$
Mit dem Sandwichsatz folgt aus
$$0 \leq |u \cdot v - u_k \cdot v_k| \leq |u \cdot v - u \cdot v_k| + |u \cdot v_k - u_k \cdot v_k| \tag{B6}$$
$$= |u| \cdot |v - v_k| + |v_k| \cdot |u - u_k| \tag{B5}$$
$|u \cdot v - u_k \cdot v_k| \to 0$ und hieraus $u_k \cdot v_k \to u \cdot v$. $\quad \diamond$

Konvergenz der Gegenzahlfolge. *Es gilt:*
$$z_k \to z \quad \Rightarrow \quad -z_k \to -z\,.$$
Beweis. Dies folgt aus $\left|(-z_k) - (-z)\right| = |z - z_k| \to 0$. $\diamond$

Konvergenz der Kehrwertfolge. *Ist $z \neq 0$, so gilt:*
$$z_k \to z \quad \Rightarrow \quad 1/z_k \to 1/z\,.$$
Beweis. Sei $\varepsilon \in \mathbb{R}^+$ gegeben. Wegen $z_k \cdot z \to z^2 \neq 0$ gibt es ein $\sigma \in \mathbb{R}^+$, so daß $\sigma \leq |z \cdot z_k|$ für fast alle k ist. Für fast alle k ist dann auch $|z - z_k| < \varepsilon \cdot \sigma$ und $\sigma \leq |z \cdot z_k|$. Für diese k ist $z_k \neq 0$ und es ergibt sich
$$\left|\frac{1}{z_k} - \frac{1}{z}\right| = \left|\frac{z}{z_k \cdot z} - \frac{z_k}{z_k \cdot z}\right| = \frac{|z - z_k|}{|z_k \cdot z|} < \frac{\varepsilon \cdot \sigma}{\sigma} = \varepsilon\,. \quad \diamond$$

Äquivalenzsatz der komplexen Konvergenz. *Ein Folge komplexer Zahlen konvergiert genau dann, wenn die Folgen der Real- und Imaginärteile konvergieren. Es gilt:*
$$z_k \to z \quad \Leftrightarrow \quad \operatorname{Re} z_k \to \operatorname{Re} z \quad \text{und} \quad \operatorname{Im} z_k \to \operatorname{Im} z\,.$$
„$\Rightarrow$": Mit (REA) und (B5) folgt:
$$0 \leq |\operatorname{Re} z - \operatorname{Re} z_k| = |\operatorname{Re}(z - z_k)| \leq |z - z_k| \to 0\,.$$
Nach dem Sandwichsatz konvergiert die Folge $k \mapsto |\operatorname{Re} z - \operatorname{Re} z_k|$ gegen Null. Hieraus folgt $\operatorname{Re} z_k \to \operatorname{Re} z$. Ebenso folgt aus (IMA) und (B5) $\operatorname{Im} z_k \to \operatorname{Im} z$.

„$\Leftarrow$": Wegen der Verträglichkeit von Addition und Multiplikation mit der Konvergenz ergibt sich
$$z_k = \operatorname{Re} z_k + \mathrm{i} \cdot \operatorname{Im} z_k \to \operatorname{Re} z + \mathrm{i} \cdot \operatorname{Im} z = z\,. \quad \diamond$$

Konvergenz der Konjugiertenfolge. *Es gilt:*
$$z_k \to z \quad \Rightarrow \quad \overline{z_k} \to \overline{z}\,.$$
Beweis. Aus $z_k \to z$ folgt mit dem Äquivalenzsatz
$$\operatorname{Re} z_k \to \operatorname{Re} z \quad \text{und} \quad \operatorname{Im} z_k \to \operatorname{Im} z$$
und hieraus mit den Verträglichkeitssätzen
$$\overline{z}_k = \operatorname{Re} z_k - \mathrm{i} \cdot \operatorname{Im} z_k \to \operatorname{Re} z - \mathrm{i} \cdot \operatorname{Im} z = \overline{z}\,. \quad \diamond$$

§ 3. Konvergenz von Zahlenfolgen 169

2. Konvergenz und Stetigkeit. Die Äquivalenz von Stetigkeit und Folgenstetigkeit liefert zu jedem der Konvergenzsätze des letzten Abschnitts einen entsprechenden Stetigkeitssatz.

Die Betrags- und Komponentenfunktionen sind stetig. *Die auf $\mathbb{C}$ definierten Funktionen $z \mapsto |z|$, $z \mapsto \operatorname{Re} z$ und $z \mapsto \operatorname{Im} z$ sind stetig.*
Beweis. Sei $u \in \mathbb{C}$ und u_k eine Folge mit $u_k \to u$. Mit den entsprechenden Konvergenzsätzen folgt $|u_k| \to |u|$, $\operatorname{Re} u_k \to \operatorname{Re} u$ und $\operatorname{Im} u_k \to \operatorname{Im} u$, und die drei Funktionen sind als folgenstetige Funktionen stetig. ◇

Die Konjugation, die Gegenzahl- und die Kehrwertfunktion sind stetig. *Die Funktionen*

$$\mathbb{C} \to \mathbb{C},\ z \mapsto \overline{z}, \quad \mathbb{C} \to \mathbb{C},\ z \mapsto -z \quad und \quad \mathbb{C}^\times \to \mathbb{C},\ z \mapsto \frac{1}{z}$$

sind stetig.
Beweis. Sei $z \in \mathbb{C}$ und (z_k) eine Folge in $\mathbb{C}$ mit $z_k \to z$. Dann konvergiert die Konjugationsfolge $(\overline{z_k})$ gegen $\overline{z}$. Damit erweist sich die Konjugation als folgenstetig.

Ebenso folgt aus der Konvergenz der Gegenzahl- und der Kehrwertfolge die Stetigkeit der beiden anderen Funktionen. ◇

Auf $\mathcal{F}(X, \mathbb{C}) \times \mathcal{F}(X, \mathbb{C})$ definieren wir die *punktweise Addition* und die *punktweise Multiplikation* durch

$$f + g \colon X \to \mathbb{C},\ x \mapsto f(x) + g(x) \quad \text{und}$$
$$f \cdot g \colon X \to \mathbb{C},\ x \mapsto f(x) \cdot g(x)\,.$$

Die punktweise Summe und das punktweise Produkt stetiger Funktionen sind stetig. *Sei X ein metrischer Raum und seien f, g stetige Funktionen von X nach $\mathbb{C}$. Dann sind auch die Funktionen $f + g$ und $f \cdot g$ stetig.*
Beweis. Sei $x \in X$ und (x_k) eine Folge in X mit $x_k \to x$. Da f und g folgenstetig sind, erhalten wir $f(x_k) \to f(x)$ bzw. $g(x_k) \to g(x)$. Mit der Verträglichkeit von Addition bzw. Multiplikation und Konvergenz ergibt sich

$$f(x_k) + g(x_k) \to f(x) + g(x) \quad \text{und} \quad f(x_k) \cdot g(x_k) \to f(x) \cdot g(x)\,.$$

Damit erweisen sich $f + g$ und $f \cdot g$ als folgenstetig. ◇

7. Komplexe Zahlen

3. Symmetrie der Ordnung reeller Zahlen.

Gegenmengensatz für das Supremum. *Eine Menge M reeller Zahlen hat ein Supremum genau dann, wenn ihre Gegenmenge ein Infimum hat. Gegebenfalls gilt:*
$$\inf(-M) = -\sup(M) \ .$$

Beweis. Existiert $\sigma = \sup(M)$ und ist S die Menge der oberen Schranken von M, so ist $\sigma = \min(S)$ und nach dem Gegenmengensatz für das Maximum existiert $\max(-S) = -\sigma$. Nach dem Gegenschrankensatz ist $-S$ die Menge der unteren Schranken von $-M$ und wir erhalten
$$\inf(-M) = \max(-S) = -\sigma = -\sup(M) \ .$$

Existiert $\sigma = \inf(-M)$ und ist S die Menge der unteren Schranken von $-M$, so ist $\sigma = \max(S)$ und nach dem Gegenmengensatz für das Maximum existiert $\min(-S) = -\sigma$. Nach dem Gegenschrankensatz ist $-S$ die Menge der oberen Schranken von $-M$ und wir erhalten
$$\sup(M) = \min(-S) = -\sigma = -\inf(-M) \ . \qquad \diamond$$

Supremumsatz. *Hat die abgeschlossene Menge $K \subseteq \mathbb{R}$ ein Supremum σ, so liegt σ in K, es gilt also:*
$$\sup K = \max K \ .$$

Beweis. Angenommen, σ läge in $L = \mathbb{R} \setminus K$. Da K abgeschlossen ist, ist L offen und enthielte eine Umgebung U von σ. Nach dem Dichtesatz gäbe es ein α in U mit $\alpha < \sigma$. Da σ die kleinste obere Schranke von K ist, gäbe es ein $\beta \in K$ mit $\alpha < \beta$. Da σ obere Schranke von K ist, wäre $\beta \leq \sigma$, so daß wir $\beta \in U \subseteq \mathbb{R} \setminus K$ erhielten. Dies widerspricht aber $\beta \in K$. $\qquad \diamond$

Infimumsatz. *Hat die abgeschlossene Menge $K \subseteq \mathbb{R}$ ein Infimum σ, so liegt σ in K, es gilt also:*
$$\inf K = \min K \ .$$

Beweis. Die Menge $-K$ ist als Gegenmenge der abgeschlossenen Menge K auch abgeschlossen und hat nach dem Gegenmengensatz ein Supremum $-\sigma$, das nach dem Supremumsatz in $-K$ liegt. Demnach liegt σ in K. $\qquad \diamond$

§ 3. Konvergenz von Zahlenfolgen

Symmetrisches Vollständigkeitspostulat. *Jede nichtleere, nach unten beschränkte Menge M reeller Zahlen hat ein Infimum.*
Beweis. Nach dem Vollständigkeitspostulat hat $-M$ ein Supremum und nach dem Gegenmengensatz für das Supremum hat $M = -(-M)$ ein Infimum.
◊

Monotone, beschränkte Folgen. *Monoton steigende, oben beschränkte und monoton fallende, unten beschränkte reelle Folgen konvergieren. Dabei gilt für $M = \{\,\alpha_k \mid k \in \mathbb{N}\,\}$:*

$$\alpha_k \to \sup M \quad \text{bzw.}$$
$$\alpha_k \to \inf M\,.$$

Beweis. Sei (α_k) monoton steigend und M oben beschränkt. Da $M \neq \emptyset$ ist, gibt es nach dem Vollständigkeitspostulat $\sigma = \sup M$. Sei $\varepsilon \in \mathbb{R}^+$ gegeben. Da σ kleinste obere Schranke von M ist, gibt es ein $n \in \mathbb{N}$ mit $\sigma - \varepsilon < \alpha_n$. Für alle k mit $n \leq k$ folgt aus der Monotonie $\alpha_n \leq \alpha_k$. Weil σ eine obere Schranke von M ist, folgt für $n \leq k$:

$$\sigma - \varepsilon < \alpha_n \leq \alpha_k \leq \sigma < \sigma + \varepsilon\,,$$

so daß α_k in $U(\varepsilon, \sigma)$ liegt.

Sei (α_k) monoton fallend und M unten beschränkt. Dann existiert $\sigma = \inf M$. Nach dem Gegenmengensatz ist $-\sigma = \sup(-M)$ und nach dem eben Gezeigten konvergiert $(-\alpha_k)$ gegen $-\sigma$ und als Gegenzahlfolge von $(-\alpha_k)$ konvergiert (α_k) gegen $-(-\sigma) = \sigma$. ◊

4. Vollständigkeit der reellen und komplexen Zahlen.

Die reellen Zahlen sind vollständig. *Jede CAUCHY-Folge $(\alpha_k \mid k \in \mathbb{N})$ reeller Zahlen konvergiert gegen eine reelle Zahl.*
Beweis. Für $n \in \mathbb{N}$ sei $M_n = \{\,\alpha_k \mid n \leq k\,\}$. Da (α_k) als CAUCHY-Folge beschränkt ist, ist M_n für jedes $n \in \mathbb{N}$ beschränkt, so daß nach dem symmetrischen Vollständigkeitspostulat $\inf M_n$ und $\sup M_n$ existieren. Die Folge $(\inf M_n)$ ist monoton wachsend, die Folge $(\sup M_n)$ ist monoton fallend und wir erhalten $\inf M_n \leq \sup M_n \leq \sup M_0$, so daß $(\inf M_n)$ als monoton wachsende, oben beschränkte Folge gegen einen Grenzwert σ konvergiert.

172   7. Komplexe Zahlen

Wir zeigen nun $\alpha_n \to \sigma$. Sei hierzu $\varepsilon \in \mathbb{R}^+$ gegeben. Wegen inf $M_n \to \sigma$ gibt es ein $A \in \mathbb{N}$, so daß für alle k mit $A \leq k$

(i) $$\sigma - \varepsilon/2 < \inf M_k$$

gilt. Da (α_n) eine CAUCHY-Folge ist, gibt es ein $B \in \mathbb{N}$, so daß für alle k, ℓ mit $B \leq k$ und $B \leq \ell$
$$|\alpha_k - \alpha_\ell| < \varepsilon/2$$
gilt. Sei nun $n \in \mathbb{N}$ mit $\max\{A, B\} \leq n$. Da inf M_n größte untere Schranke von M_n ist, gibt es ein β in M_n mit

(ii) $$\beta < \inf M_n + \varepsilon/2 \,.$$

Da inf M_n untere Schranke von M_n ist, ist

(iii) $$\inf M_n \leq \beta \,.$$

Aus (i), (ii) und (iii) folgt:
$$\sigma - \varepsilon/2 < \inf M_n \leq \beta < \sigma + \varepsilon/2 \quad \Rightarrow \quad |\beta - \sigma| < \varepsilon/2 \,.$$

Da $\beta \in M_n$ ist, gibt es ein k mit $n \leq k$ und $\beta = \alpha_k$, und wir erhalten
$$|\alpha_n - \sigma| \leq |\alpha_n - \alpha_k| + |\alpha_k - \sigma| < \varepsilon/2 + \varepsilon/2 = \varepsilon \,. \quad \diamond$$

Die komplexen Zahlen sind vollständig. *Jede* CAUCHY-*Folge* $(z_n \mid n \in \mathbb{N})$ *komplexer Zahlen konvergiert gegen eine komplexe Zahl.*
Beweis. Wegen (B5) sind $(\operatorname{Re} z_n)$ und $(\operatorname{Im} z_n)$ reelle CAUCHY-Folgen, die als solche konvergieren. Hieraus folgt mit dem Äquivalenzsatz für komplexe Konvergenz, daß (z_n) konvergiert. $\quad \diamond$

5. Reihen. Für eine komplexe Folge (u_k) definieren wir die *Reihe* als die Folge
$$\left(\sum_{k=0}^{n} u_k \,\bigg|\, n \in \mathbb{N} \right) \,.$$

Diese Folge schreiben wir als
$$\sum_{k=0}^{\infty} u_k \,.$$

Konvergiert diese Reihe, so bezeichnen wir den Grenzwert mit demselben Term – und verletzen wieder einmal die Regel, mit einem Namen nur ein Ding zu bezeichnen.

Wenn wir sagen, die Reihe $\sum\limits_{k=0}^{\infty} u_k$ konvergiere, meinen wir die Folge, in der Gleichung $z = \sum\limits_{k=0}^{\infty} u_k$ dagegen den Grenzwert der Folge und in der Gleichung

$$\sum_{k=0}^{\infty} u_k = \Big(\sum_{k=0}^{n} u_k \;\Big|\; n \in \mathbb{N} \Big)$$

wieder die Folge. Insbesondere können wir aus den letzten beiden Gleichungen nicht auf

$$z = \Big(\sum_{k=0}^{n} u_k \;\Big|\; n \in \mathbb{N} \Big)$$

schließen. Links steht eine Zahl, rechts eine Zahlenfolge, die man auch *Teilsummenfolge der Reihe* nennt. Die Summanden u_k heißen *Reihenglieder*.

Man muß wieder einmal aus dem Zusammenhang schließen, ob eine Folge oder der Grenzwert einer Folge gemeint ist, aber dies sind wir ja schon gewöhnt.

Konvergenzsatz für stetige A-Homomorphismen. *Ist $f \in \mathcal{F}(\mathbb{C})$ ein stetiger A-Homomorphismus und konvergiert die Reihe*

$$\sum_{k=0}^{\infty} u_k \;,$$

so gilt:

$$\sum_{k=0}^{n} f(u_k) \to f\Big(\sum_{k=0}^{\infty} u_k \Big) \quad (n \to \infty) \;.$$

Beweis. Da f ein A-Homomorphismus ist, ist nach dem Verteilungsgesetz für jedes $n \in \mathbb{N}$

$$\sum_{k=0}^{n} f(u_k) = f\Big(\sum_{k=0}^{n} u_k \Big) \;,$$

und da f folgenstetig ist, konvergiert für $n \to \infty$

$$f\Big(\sum_{k=0}^{n} u_k \Big) \quad \text{gegen} \quad f\Big(\sum_{k=0}^{\infty} u_k \Big) \;. \quad \diamond$$

Das CAUCHY-Kriterium liest sich für unsere Reihe als: Zu jedem $\varepsilon \in \mathbb{R}^\times$ gibt es ein n, so daß für alle $k \in \mathbb{N}$

$$\left|\sum_{\ell=n}^{n+k} u_\ell\right| < \varepsilon$$

gilt.

Wir sagen, die Reihe *konvergiere absolut*, wenn die Betragsreihe

$$\sum_{k=0}^{\infty} |u_k|$$

konvergiert. Jede absolut konvergente Reihe konvergiert. Zur Begründung sei $\varepsilon \in \mathbb{R}^+$ gegeben. Da die Betragsreihe konvergiert, ist sie eine CAUCHY-Reihe, und wir erhalten für fast alle n und alle k

$$\left|\sum_{\ell=n}^{n+k} u_\ell\right| \leq \sum_{\ell=n}^{n+k} |u_\ell| = \left|\sum_{\ell=n}^{n+k} |u_\ell|\right| < \varepsilon \,,$$

so daß $\sum_{k=0}^{\infty} u_k$ als CAUCHY-Reihe konvergiert.

Wir sagen, die Reihe $\sum_{k=0}^{\infty} \alpha_k$ mit reellen Gliedern α_k *alterniere*, wenn für jedes $k \in \mathbb{N}$

$$\alpha_{2 \cdot k+1} \leq 0 \leq \alpha_{2 \cdot k}$$

ist.

Konvergenzsatz für alternierende Reihen. *Alterniert die Reihe $\sum_{k=0}^{\infty} \alpha_k$ und konvergiert die Folge $(|\alpha_k|)$ monoton gegen Null, so konvergiert die Reihe, und für die Teilsummen ergeben sich die Abschätzungen:*

$$\sum_{k=0}^{2 \cdot n+1} \alpha_k \leq \sum_{k=0}^{\infty} \alpha_k \leq \sum_{k=0}^{2 \cdot n} \alpha_k \,.$$

Beweis. Sei $\sigma_n = \sum_{k=0}^{n} \alpha_k$ die n-te Teilsumme unserer Reihe. Da die Reihe alterniert, ist $\alpha_{2 \cdot n} = |\alpha_{2 \cdot n}|$ und $-\alpha_{2 \cdot n+1} = |\alpha_{2 \cdot n+1}|$. Damit ist

$$\sigma_{2 \cdot n+2} - \sigma_{2 \cdot n} = \alpha_{2 \cdot n+2} + \alpha_{2 \cdot n+1} = |\alpha_{2 \cdot n+2}| - |\alpha_{2 \cdot n+1}| \,.$$

Mit der Monotonie von $(|\alpha_n|)$ folgt $0 \leq |\alpha_{2 \cdot n+2}| - |\alpha_{2 \cdot n+1}|$ und hieraus

$$\sigma_{2 \cdot n+2} \leq \sigma_{2 \cdot n} \,,$$

so daß die Folge $(\sigma_{2 \cdot n})$ monoton fällt.

Ähnlich ergibt sich, daß $(\sigma_{2 \cdot n+1})$ monoton steigt.

Nun ist für jedes $k \in \mathbb{N}$

$$\sigma_{2 \cdot k+1} - \sigma_0 = \sigma_{2 \cdot k+1} - \sigma_{2 \cdot k} + \sigma_{2 \cdot k} - \sigma_0 = \alpha_{2 \cdot k+1} + (\sigma_{2 \cdot k} - \sigma_0) \leq 0 + 0 \,,$$

denn es ist $\alpha_{2 \cdot k+1} \leq 0$, weil die Reihe alterniert und $\sigma_{2 \cdot k} - \sigma_0 \leq 0$, weil $(\sigma_{2 \cdot n})$ monoton fällt.

Damit ist $(\sigma_{2 \cdot n+1})$ monoton steigend und nach oben durch σ_0 beschränkt, so daß sie gegen ein σ konvergiert.

Wir haben

$$|\sigma_{2 \cdot n+1} - \sigma_{2 \cdot n}| = |\alpha_{2 \cdot n+1}| \to 0 \,,$$

so daß die Folge $(\sigma_{2 \cdot n})$ ebenfalls gegen σ konvergiert.

Hieraus folgt, daß auch (σ_n) und damit unsere Reihe gegen σ konvergiert.

Die Abschätzungen ergeben sich aus der Monotonie von $(\sigma_{2 \cdot n})$ bzw. $(\sigma_{2 \cdot n+1})$.
$\Diamond$

Potenzfolgensatz. *Ist* $\alpha \in [0, 1)$, *so gilt* $\alpha^n \to 0$.
Beweis. Sei $\varepsilon \in \mathbb{R}^+$ gegeben. Es ist $1/\alpha \in (1, +\infty)$ und nach dem Schrankensatz für die Exponentialfunktion gibt es ein $n \in \mathbb{N}$ mit

$$1/\varepsilon < (1/a)^n \quad \Rightarrow \quad \alpha^n < \varepsilon \,.$$

Da die Exponentialfunktion monoton fallend ist, ist für alle k mit $n \leq k$

$$\alpha^k \leq \alpha^n < \varepsilon \quad \Rightarrow \quad |\alpha^k - 0| < \varepsilon \,. \qquad \Diamond$$

Die geometrische Reihe. *Für* $\alpha \in [0, 1)$ *gilt:*

$$\sum_{k=0}^{\infty} \alpha^k = \frac{1}{1-\alpha} \,.$$

Beweis. Mit der Formel für die geometrische Summe, den Verträglichkeitssätzen und dem Potenzfolgensatz folgt

$$\sum_{k=0}^{n} \alpha^k = \frac{1-\alpha^{n+1}}{1-\alpha} \to \frac{1}{1-\alpha} \,. \qquad \Diamond$$

Das Quotientenkriterium. *Sei (α_n) eine reelle Folge. Ist für fast alle n und ein $\beta \in [0,1)$*
$$0 \leq \alpha_{n+1} \leq \beta \cdot \alpha_n \, ,$$
so konvergiert die Reihe $\sum_{n=0}^{\infty} \alpha_k$.

Beweis. Es gibt ein $A \in \mathbb{N}$, so daß $\alpha_{n+1} \leq \beta \cdot \alpha_n$ gilt, wenn $A \leq n$ ist. Eine Induktion nach ℓ liefert für diese n und alle $\ell \in \mathbb{N}$:
$$\alpha_{n+\ell} \leq \beta^\ell \cdot \alpha_n \, .$$

Da die geometrische Reihe monoton wachsend ist und konvergiert, folgt:
$$\left| \sum_{\ell=n}^{n+k} \alpha_\ell \right| = \sum_{\ell=0}^{k} \alpha_{n+\ell} \leq \sum_{\ell=0}^{k} \beta^\ell \cdot \alpha_n = \alpha_n \cdot \sum_{\ell=0}^{k} \beta^\ell \leq \alpha_n \cdot \frac{1}{1-\beta} \, .$$

Wegen $0 \leq \alpha_n = \alpha_{A+n-A} \leq \alpha_A \cdot \beta^{n-A}$ liefern Potenzfolgen- und Sandwichsatz
$$\alpha_n / (1-\beta) \to 0 \quad (n \to \infty) \, .$$

Für jedes $\varepsilon \in \mathbb{R}^+$, fast alle n und jedes $k \in \mathbb{N}$ ergibt sich hieraus
$$\left| \sum_{\ell=n}^{n+k} \alpha_\ell \right| < \varepsilon \, ,$$
so daß sich unsere Reihe als CAUCHY-Reihe erweist. $\diamond$

CAUCHY-Produkt. *Konvergieren die Reihen $\sum_{k=0}^{\infty} u_k$ und $\sum_{k=0}^{\infty} v_k$ absolut, dann konvergiert ihr CAUCHY-Produkt*
$$\sum_{k=0}^{\infty} \sum_{\ell=0}^{k} u_\ell \cdot v_{k-\ell} \quad gegen \quad \left(\sum_{k=0}^{\infty} u_k \right) \cdot \left(\sum_{k=0}^{\infty} v_k \right) .$$

Beweis. Für $n \in \mathbb{N}$ sei
$$Q_n = \{ (k, \ell) \mid 0 \leq k \leq n, \, 0 \leq \ell \leq n \}$$
$$L_n = \{ (k, \ell) \in Q_n \mid k + \ell \leq n \}$$
$$R_n = \{ (k, \ell) \in Q_n \mid n < k + \ell \} \, ,$$
und für k mit $0 \leq k \leq n$ sei
$$D_k = \{ (\ell, m) \in L_n \mid \ell + m = k \} \, .$$

Das „Quadrat" Q_n ist die disjunkte Vereinigung des „linken" und des „rechten Dreiecks" L_n bzw. R_n und L_n die disjunkte Vereinigung der „Diagonalen"

§ 3. Konvergenz von Zahlenfolgen   177

D_k, und wir erhalten für die $n-te$ Teilsumme des CAUCHY-Produkts wegen $\ell + m = k \iff m = k - \ell$:

$$\sum_{k=0}^{n} \sum_{\ell=0}^{k} u_\ell \cdot v_{k-\ell} = \sum_{k=0}^{n} \sum_{(\ell,m) \in D_k} u_\ell \cdot v_m = \sum_{(k,\ell) \in L_n} u_k \cdot v_\ell .$$

Wegen $L_n \subseteq Q_n$ erhalten wir für die Beträge:

$$\sum_{(k,\ell) \in L_n} |u_k \cdot v_\ell| \leq \sum_{(k,\ell) \in Q_n} |u_k \cdot v_\ell|$$
$$= \left(\sum_{k=0}^{n} |u_k|\right) \cdot \left(\sum_{k=0}^{n} |v_k|\right) \leq \left(\sum_{k=0}^{\infty} |u_k|\right) \cdot \left(\sum_{k=0}^{\infty} |v_k|\right) .$$

Die Folge $n \mapsto \sum_{(k,\ell) \in L_n} |u_k \cdot v_\ell|$ ist damit oben beschränkt, und da sie monoton wächst, konvergiert sie.

Sei $\varepsilon \in \mathbb{R}^+$ gegeben. Für fast alle $n \in \mathbb{N}$ und alle m mit $n \leq m$ haben wir die CAUCHY-Bedingung:

$$\sum_{k=n}^{m} \sum_{\ell=0}^{k} |u_\ell \cdot v_{k-\ell}| < \varepsilon .$$

Ist $2 \cdot n = m$, so ist $Q_n \subseteq L_m$ und wegen $R_n \subseteq L_m \setminus L_n$ folgt für fast alle n:

$$\sum_{(k,\ell) \in R_n} |u_k \cdot v_\ell| \leq \sum_{(k,\ell) \in L_m \setminus L_n} |u_k \cdot v_\ell|$$
$$= \sum_{k=n+1}^{m} \sum_{\ell=0}^{k} |u_\ell \cdot v_{k-\ell}| < \varepsilon .$$

Damit haben wir

$$\sum_{(k,\ell) \in R_n} |u_k \cdot v_\ell| \to 0 \quad (n \to \infty) ,$$

und hieraus folgt

$$\left| \sum_{(k,\ell) \in Q_n} u_k \cdot v_\ell - \sum_{(k,\ell) \in L_n} u_k \cdot v_\ell \right| = \left| \sum_{(k,\ell) \in R_n} u_k \cdot v_\ell \right|$$
$$\leq \sum_{(k,\ell) \in R_n} |u_k \cdot v_\ell| \to 0 \quad (n \to \infty) ,$$

so daß die beiden Folgen $n \mapsto \sum_{(k,\ell) \in Q_n} u_k \cdot v_\ell$ und $n \mapsto \sum_{(k,\ell) \in L_n} u_k \cdot v_\ell$ gegen denselben Grenzwert konvergieren, sobald eine von ihnen konvergiert. Dies ist aber der Fall, denn es gilt:

$$\sum_{(k,\ell) \in Q_n} u_k \cdot v_\ell = \sum_{k=0}^{n} \sum_{\ell=0}^{n} u_k \cdot v_\ell$$
$$= \left(\sum_{k=0}^{n} u_k\right) \cdot \left(\sum_{k=0}^{n} v_k\right)$$
$$\to \left(\sum_{k=0}^{\infty} u_k\right) \cdot \left(\sum_{k=0}^{\infty} v_k\right) \quad (n \to \infty) . \quad \diamond$$

178   7. Komplexe Zahlen

§ 4. Kompakte Mengen in metrischen Räumen

1. Totalbeschränkte Mengen. Wir sagen, $M \subseteq X$ sei *totalbeschränkt*, wenn es zu jedem $\varepsilon \in \mathbb{R}^+$ endlich viele Umgebungen U mit $\oslash(U) < \varepsilon$ gibt, deren Vereinigung M enthält.

Totalbeschränkte Mengen sind beschränkt.
Beweis. Sei M totalbeschränkt. Dann gibt es $n \in \mathbb{N}^+$, so daß es für jedes k mit $1 \leq k \leq n$ Umgebungen U_k von x_k gibt mit $\oslash(U_k) < 1$ und $M \subseteq \bigcup_{k=1}^{n} U_k$. Sei $A = \{\, d(x_k, x_\ell) \mid 1 \leq k \leq n;\ 1 \leq \ell \leq n \,\}$. Die Funktion

$$\{\, k \mid 1 \leq k \leq n \,\} \times \{\, \ell \mid 1 \leq \ell \leq n \,\} \to A,\ (k,\ell) \mapsto d(x_k, x_\ell)$$

ist surjektiv und ihre Definitionsmenge ist als kartesisches Produkt endlicher Mengen endlich, so daß sich nach der Größenabschätzung endlicher Mengen A ebenfalls als endlich erweist. Nun hat A als endliche Menge reeller Zahlen ein Maximum m. Zu x, y in M gibt es k und ℓ mit $x \in U_k$ und $y \in U_\ell$, und es folgt

$$\begin{aligned} d(x,y) &\leq d(x,x_k) + d(x_k,y) \\ &\leq d(x,x_k) + d(x_k,x_\ell) + d(x_\ell,y) \\ &< 1 + m + 1\,. \qquad \Diamond \end{aligned}$$

2. Kompakte Mengen.

Eine Menge $\mathcal{O} \subseteq \mathcal{P}(X)$ offener Mengen ist eine *Überdeckung* von K, wenn $K \subseteq \bigcup \mathcal{O}$ ist. Wird K von $\mathcal{M} \subseteq \mathcal{O}$ überdeckt, so nennen wir $\mathcal{M}$ *Teilüberdeckung* von K.

Oft sagt man auch *offene* Überdeckung. Dies darf man nicht zu wörtlich nehmen, denn es sind die Elemente einer Überdeckung, die offen sind, nicht die Überdeckung selbst.

§ 4. Kompakte Mengen in metrischen Räumen 179

Wir sagen $K \subseteq X$ sei *kompakt*, wenn jede Überdeckung von K eine endliche Teilüberdeckung von K enthält. Demnach sind endliche Mengen, der Durchschnitt kompakter Mengen und die Vereinigung endlich vieler kompakter Mengen kompakt.

Kompakte Mengen sind totalbeschränkt. *Ist M eine kompakte Teilmenge des metrischen Raumes X, so gibt es zu $\varepsilon \in \mathbb{R}^+$ endlich viele Umgebungen U mit $\oslash(U) \leq \varepsilon$, in deren Vereinigung M enthalten ist.*
Beweis. Für $\varepsilon \in \mathbb{R}^+$ ist $\mathcal{U} = \{\, U(\varepsilon/2, x) \mid x \in M \,\}$ eine Überdeckung von M, die nach Voraussetzung eine endliche Teilüberdeckung von M enthält. Die Durchmesser der Elemente von $\mathcal{U}$ sind höchstens ε. ◇

Kompakte Mengen sind abgeschlossen.
Beweis. Sei $K \subseteq X$ kompakt und $x \in X \setminus K$. Nach dem Trennsatz für den Abschluß von Umgebungen hat jedes $y \in K$ eine Umgebung $U(y)$ mit $x \notin \overline{U(y)}$. Nun ist $\mathcal{U} = \{\, U(y) \mid y \in K \,\}$ eine Überdeckung von K. Da K kompakt ist, gibt es eine endliche Teilmenge $\mathcal{V}$ von $\mathcal{U}$, die K überdeckt. Sei $\mathcal{W} = \{\, \overline{U} \mid U \in \mathcal{V} \,\}$. Dann ist $K \subseteq \bigcup \mathcal{U} \subseteq \bigcup \mathcal{W}$, und es ist $x \in X \setminus \bigcup \mathcal{W}$. Da die Elemente von $\mathcal{W}$ abgeschlossen sind, ist $\bigcup \mathcal{W}$ als endliche Vereinigung abgeschlossener Mengen abgeschlossen und $X \setminus \bigcup \mathcal{W}$ erweist sich als offen, so daß es eine Umgebung U von x gibt mit $U \subseteq X \setminus \bigcup \mathcal{W} \subseteq X \setminus K$. Damit ist $X \setminus K$ offen und K selbst abgeschlossen. ◇

Für vollständige metrische Räume gilt auch die Umkehrung der letzten beiden Sätze, die – in einer etwas spezielleren Variante – EDUARD HEINE und ÉMILE BOREL zugesprochend wird.

Satz von HEINE-BOREL. *Jede totalbeschränkte, abgeschlossene Teilmenge M eines vollständigen metrischen Raumes X ist kompakt.*
Beweis. Wir führen einen Widerspruchsbeweis. Sei hierzu $\mathcal{O}$ eine Überdeckung von M, derart, daß $\mathcal{O}$ keine endliche Teilüberdeckung von M enthält.

Wir definieren rekursiv eine monoton fallende Folge nichtleerer, abgeschlossener Mengen $(M_n \subseteq M \mid n \in \mathbb{N}^+)$ mit den Eigenschaften

(i) $\quad\quad\quad\mathcal{O}$ enthält keine endliche Teilüberdeckung von M_n
(ii) $\quad\quad\quad\oslash(M_n) \leq \dfrac{1}{n} \cdot \oslash(M)$.

„Monoton fallend" ist hier bezüglich der linearen Ordnung auf $\mathbb{N}$ und der durch $\subseteq$ definierten Ordnung auf $\mathcal{P}(M)$ gemeint, das heißt, aus $m \leq n$ folgt $M_n \subseteq M_m$. Dies wiederum folgt per Induktion aus $M_{n+1} \subseteq M_n$.

Die Menge M ist unendlich und damit nichleer, denn sonst enthielte $\mathcal{O}$ eine endliche Teilüberdeckung von M. Somit treffen (i) und (ii) auf $M_1 = M$ zu.

Sei nun M_n abgeschlossen mit den Eigenschaften (i) und (ii). Da M totalbeschränkt ist, gibt es eine endliche Menge $\mathcal{U}$ von Umgebungen U mit $\oslash(U) < \dfrac{1}{n+1} \cdot \oslash(M)$ für jedes $U \in \mathcal{U}$, so daß $M_n \subseteq \bigcup \mathcal{U}$ ist. Dann ist

$$\mathcal{L} = \{ \overline{U} \cap M_n \mid U \in \mathcal{U} \}$$

eine endliche Menge abgeschlossener Mengen mit $M_n \subseteq \bigcup \mathcal{L}$, und mindestens eine der Mengen in $\mathcal{L}$ läßt sich nicht mit einer endlichen Teilmenge von $\mathcal{O}$ überdecken. Diese sei M_{n+1}, so daß (i) schon mal auf M_{n+1} zutrifft. Nach unserer Durchmesserabschätzung ist mit $\oslash(U)$ auch $\oslash(\overline{U}) \leq \dfrac{1}{n+1} \cdot \oslash(M)$, so daß (ii) auf M_{n+1} zutrifft. Schließlich ist M_{n+1} als Durchschnitt abgeschlossener Mengen abgeschlossen. Nach dem Rekursionsatz ist damit die Folge (M_n) definiert.

Für jedes $n \in \mathbb{N}^+$ gibt es ein $x_n \in M_n$. Wir zeigen, daß die Folge $(x_k \mid k \in \mathbb{N}^+)$ eine CAUCHY-Folge ist. Sei hierzu $\varepsilon \in \mathbb{R}^+$. Nach ARCHIMEDES gibt es ein $n \in \mathbb{N}^+$ mit $\oslash(M) < \varepsilon \cdot n$. Für jedes k, ℓ mit $n \leq k$ und $n \leq \ell$ liegen x_k und x_ℓ in M_n. Hieraus ergibt sich wegen (ii)

$$d(x_k, x_\ell) \leq \oslash(M_n) \leq \frac{1}{n} \cdot \oslash(M) < \varepsilon \ .$$

Da X vollständig ist, konvergiert (x_n) gegen ein x. Da M abgeschlossen ist und die Folgenglieder x_n in M liegen, liegt auch x in M. Da $\mathcal{O}$ eine Überdeckung von M ist, gibt es ein $N \in \mathcal{O}$ mit $x \in N$. Da N offen ist, gibt es ein $\varrho \in \mathbb{R}^+$ mit $U(\varrho, x) \subseteq N$ und nach ARCHIMEDES ein n mit $\oslash(M) < \varrho \cdot n$. Wir erhalten

$$\oslash(M_n) \leq \frac{1}{n} \cdot \oslash(M) < \varrho \ .$$

Da M_n abgeschlossen ist und für jedes $\ell \in \mathbb{N}$ die Glieder der Folge

$$(x_{n+\ell} \mid \ell \in \mathbb{N})$$

in M_n liegen, liegt auch der Grenzwert x dieser Folge in M_n, und für jedes $z \in M_n$ erhalten wir $d(x, z) < \varrho$, woraus sich $M_n \subseteq U(\varrho, x) \subseteq N$ ergibt. M_n wird demnach von der endlichen Teilmenge $\{N\}$ von $\mathcal{O}$ überdeckt. Dies widerspricht der Eigenschaft (i) von M_n.   ◊

§ 4. Kompakte Mengen in metrischen Räumen 181

Die letzten drei Sätze fassen wir zusammen als eine

Charakterisierung kompakter Mengen in vollständigen metrischen Räumen. *Jede Teilmenge eines vollständigen Raums ist genau dann kompakt, wenn sie totalbeschränkt und abgeschlossen ist.*

3. Stetigkeit und kompakte Mengen. Im folgenden seien (X, d_X) und (Y, d_Y) metrische Räume.

Der folgende Satz ist der Grund, sich überhaupt mit kompakten Mengen zu beschäftigen.

Stetige Bilder kompakter Mengen sind kompakt. *Ist $f \in \mathcal{F}(X, Y)$ stetig und $D \subseteq X$ kompakt, so ist auch $f(D)$ kompakt.*
Beweis. Sei $\mathcal{M}$ eine Überdeckung von $f(D)$. Dann ist $\{f^{-1}(M) \mid M \in \mathcal{M}\}$ eine Menge offener Mengen, deren Vereinigung D enthält. Da D kompakt ist, gibt es eine endliche Teilmenge $\mathcal{N}$ von $\mathcal{M}$, so daß

$$D \subseteq \bigcup \{f^{-1}(M) \mid M \in \mathcal{N}\}$$

ist. Damit ist $f(D) \subseteq \bigcup \mathcal{N}$. ◇

4. Gleichmäßige Stetigkeit. Wir sagen, $f \in \mathcal{F}(X, Y)$ sei *gleichmäßig stetig*, wenn es zu jedem $\varepsilon \in \mathbb{R}^+$ ein $\delta \in \mathbb{R}^+$ gibt, so daß für x, y in X gilt:

$$d_X(x, y) < \delta \quad \Rightarrow \quad d_Y\bigl(f(x), f(y)\bigr) < \varepsilon \,.$$

Jede gleichmäßig stetige Funktion ist U-V-stetig und damit stetig. Für kompaktes X gilt auch die Umkehrung:

Gleichmäßig stetig vs. stetig. *Ist X kompakt und $f \in \mathcal{F}(X, Y)$ stetig, so ist f gleichmäßig stetig.*
Beweis. Sei $\varepsilon \in \mathbb{R}^+$ gegeben. Zu jedem x in X sei V_x eine Umgebung von $f(x)$ mit Radius $\varepsilon/2$. Da f U-V-stetig ist, gibt es zu jedem x auch eine Umgebung U_x von x mit $f(U_x) \subseteq V_x$. Sei W_x die Umgebung von x mit dem halben Radius von U_x. Die Menge

$$\mathcal{U} = \{W_x \mid x \in X\}$$

ist eine Überdeckung von X. Da X kompakt ist, enthält $\mathcal{U}$ eine endliche Teilüberdeckung $\mathcal{W}$ von X. Nun ist

$$R = \{\varrho \mid \varrho \text{ ist Radius einer Umgebung in } \mathcal{W}\}$$

eine endliche Menge positiver reeller Zahlen und besitzt als solche ein positives Minimum δ. Sei p, q in X mit $d_X(p,q) < \delta$. Es gibt ein W_x in $\mathcal{W}$ mit $p \in W_x$. Sei ϱ der Radius von W_x. Dann ist

$$d_X(q,x) \leq d_X(q,p) + d_X(p,x) < \delta + \varrho \leq 2 \cdot \varrho \,.$$

Damit liegt q in U_x. Da auch p in U_x liegt, liegen $f(p)$ und $f(q)$ in V_x und wir erhalten

$$d_Y\big(f(p),\, f(q)\big) \leq d_Y\big(f(p),\, f(x)\big) + d_Y\big(f(x),\, f(p)\big) < \varepsilon/2 + \varepsilon/2 = \varepsilon \,. \qquad \diamond$$

Haben wir die Stetigkeit einer Funktion mit kompakter Definitionsmenge nachgewiesen, so fällt einem mit diesem Satz die gleichmäßige Stetigkeit in den Schoß.

§ 5. Kompakte Zahlenmengen

1. Charakterisierung kompakter Zahlenmengen.

Jede beschränkte Menge M reeller Zahlen ist totalbeschränkt.
Beweis. Sei α untere und β obere Schranke von M mit $\alpha < \beta$. Wegen $M \subseteq [\alpha, \beta]$ genügt es zu zeigen, daß $[\alpha, \beta]$ totalbeschränkt ist. Sei hierzu $\varepsilon \in \mathbb{R}^+$ gegeben. Nach ARCHIMEDES gibt es ein $n \in \mathbb{N}^+$ mit

$$\frac{\beta - \alpha}{\varepsilon} < n \,.$$

Für k mit $0 \leq k \leq n$ sei $x_k = \alpha + \dfrac{\beta - \alpha}{n} \cdot k$ und $U_k = U(\varepsilon, x_k)$. Dann ist $x_0 = \alpha$, $x_n = \beta$ und für $0 \leq k < n$ ist $x_{k+1} = x_k + \dfrac{\beta - \alpha}{n}$.

Sei nun $x \in [\alpha, \beta)$. Die Menge

$$K = \{\, k \in \mathbb{Z} \mid 0 \leq k < n \quad \text{und} \quad x_k \leq x \,\}$$

ist wegen $x_0 = \alpha \leq x$ nichtleer und nach oben durch n beschränkt und hat daher nach dem Maximumatz ganzer Zahlen ein Maximum m. Es ist $x < x_{m+1}$, denn für $m+1 = n$ folgt dies aus $x_{m+1} = \beta$ und für $m+1 \neq n$ wäre andernfalls $m+1 \in K$, also $m+1 \leq m$. Somit erhalten wir

$$x_m - \varepsilon < x_m \leq x < x_{m+1} = x_m + \frac{\beta - \alpha}{n} < x_m + \varepsilon \,,$$

Demnach liegt x in U_m. Da β in U_n liegt, folgt $[\alpha, \beta] \subseteq \bigcup\limits_{k=0}^{n} U_k$. $\qquad \diamond$

§ 5. Kompakte Zahlenmengen

Jede beschränkte Menge M komplexer Zahlen ist totalbeschränkt.
Beweis. Sei $\varepsilon \in \mathbb{R}^+$ gegeben. Sei

$$X = \{\operatorname{Re} z \mid z \in M\} \quad \text{und} \quad Y = \{\operatorname{Im} z \mid z \in M\}.$$

Nach (B5) sind mit M auch X und Y beschränkt und nach dem letzten Satz als beschränkte Mengen reeller Zahlen totalbeschränkt. Es gibt daher m Umgebungen U_k und n Umgebungen V_ℓ, jeweils mit Radius $\varepsilon/\sqrt{2}$, so daß

$$X \subseteq \bigcup_{k=1}^{m} U_k \quad \text{und} \quad Y \subseteq \bigcup_{\ell=1}^{n} V_\ell$$

gilt. Zu den Mittelpunkten x_k von U_k und y_ℓ von V_ℓ sei

$$z_{k,\ell} = x_k + \mathrm{i} \cdot y_\ell.$$

Hiermit definieren wir die Menge von Umgebungen:

$$\mathcal{W} = \{U(\varepsilon, z_{k,\ell}) \mid 1 \leq k \leq m, 1 \leq \ell \leq n\}.$$

Wir zeigen $M \subseteq \bigcup \mathcal{W}$. Sei hierzu $z = \alpha + \mathrm{i} \cdot \beta \in M$. Dann ist $\alpha \in X$ und $\beta \in Y$, so daß es k, ℓ mit $\alpha \in U_k$ und $\beta \in V_\ell$ gibt. Wir erhalten:

$$\begin{aligned}|z - z_{k,\ell}| &= \sqrt{(\alpha - x_k)^2 + (\beta - y_\ell)^2} \\ &< \sqrt{\left(\varepsilon/\sqrt{2}\right)^2 + \left(\varepsilon/\sqrt{2}\right)^2} \\ &= \sqrt{\varepsilon^2/2 + \varepsilon^2/2} = \sqrt{\varepsilon^2} = \varepsilon.\end{aligned}$$

Es folgt $z \in U(\varepsilon, z_{k,\ell})$, so daß z in $\bigcup \mathcal{W}$ liegt.

Nun ist $D = \{k \mid 1 \leq k \leq m\} \times \{\ell \mid 1 \leq \ell \leq n\}$ als kartesisches Produkt endlicher Mengen endlich, so daß nach der Größenabschätzung endlicher Mengen die Zielmenge der surjektiven Funktion $D \to \mathcal{W}$, $(k, \ell) \mapsto U(\varepsilon, z_{k,\ell})$ ebenfalls endlich ist. ◇

Nach den letzten beiden Sätzen können wir für die vollständigen metrischen Räume $\mathbb{R}$ und $\mathbb{C}$ – jeweils mit der Betragsmetrik – in unserer Charakterisierung kompakter Teilmengen „totalbeschränkt" durch „beschränkt" ersetzen:

Charakterisierung kompakter Zahlenmengen. *Jede Zahlenmenge ist genau dann kompakt, wenn sie beschränkt und abgeschlossen ist.*

Stetige Funktionen sind auf einem Kompaktum beschränkt. *Ist D eine kompakte Zahlenmenge und $f \in \mathcal{F}(D, \mathbb{C})$ stetig, so ist f beschränkt.*
Beweis. Da D kompakt ist und f stetig ist, ist $f(D)$ kompakt und damit beschränkt. ◇

2. Gleichmäßige und punktweise Konvergenz von Funktionenfolgen.
Sei X eine Menge und (f_n) eine Folge von Funktionen in $\mathcal{F}(X,\mathbb{C})$. Wir sagen, (f_n) konvergiere *punktweise* gegen $f \in \mathcal{F}(X,\mathbb{C})$, wenn für jedes x in X die Zahlenfolge $(f_n(x))$ gegen $f(x)$ konvergiert.

Wir sagen, (f_n) konvergiere *gleichmäßig* gegen f, wenn für jedes $\varepsilon \in \mathbb{R}^+$, fast alle n und alle $x \in X$
$$|f(x) - f_n(x)| < \varepsilon$$
ist.

Aus gleichmäßiger Konvergenz folgt punktweise Konvergenz, aber nicht umgekehrt – selbst wenn X kompakt und (f_n) eine Folge stetiger Funktionen ist. So ein Beispiel liefert die Folge der Wurzelfunktionen $(\sqrt[n]{\alpha})$ mit der kompakten Definitionsmenge $[0,1]$. Diese konvergiert punktweise gegen 1 für $\alpha \in (0,1]$ und gegen 0 für $\alpha = 0$. Angenommen, $(\sqrt[n]{\alpha})$ konvergierte gleichmäßig. Dann wäre $1/2 < \sqrt[k]{\alpha}$ für fast alle k und alle $\alpha \in (0,1]$ und es gäbe ein n mit
$$1/2 < \sqrt[n]{\alpha}$$
für alle $\alpha \in (0,1]$. Da die Wurzelfunktion stetig ist, gibt es ein $\delta \in (0,1]$, so daß für jedes $\alpha \in (0,\delta)$ im Widerspruch dazu $\sqrt[n]{\alpha} - \sqrt[n]{0} < 1/2$ ist.

Der Raum der beschränkten Funktionen. Für die nichtleere Menge X sei $\mathcal{B}(X,\mathbb{C})$ die Menge der auf X definierten beschränkten Funktionen. Für $f \in \mathcal{B}(X,\mathbb{C})$ definieren wir die *Norm* von f als
$$\|f\| = \sup\{\,|f(x)| \mid x \in X\,\}.$$
Liegen f und g in $\mathcal{B}(X,\mathbb{C})$, gilt dies auch für $f+g$, denn wir erhalten für jedes x in X wegen (B6) die Abschätzung
$$|(f+g)(x)| = |f(x) + g(x)| \leq |f(x)| + |g(x)| \leq \|f\| + \|g\|$$
und hieraus

(N1) $$\|f+g\| \leq \|f\| + \|g\|.$$

Sei $M = \{\,|f(x)| \mid x \in X\,\}$. Wegen (B4) ist
$$|z| \cdot M = \{\,|z| \cdot |f(x)| \mid x \in X\,\} = \{\,|(z \cdot f)(x)| \mid x \in X\,\}.$$

Da die Multiplikation mit $|z|$ auf $\mathbb{R}$ stetig und monoton steigend ist, erhalten wir mit dem Vertauschungssatz für das Supremum

(N2) $$\|z \cdot f\| = \sup |z| \cdot M = |z| \cdot \sup M = |z| \cdot \|f\|.$$

Sei $\mathcal{O} \in \mathcal{B}(X, \mathbb{C})$ die Nullfunktion. Damit gilt:

(N3) $$\|f\| = 0 \quad \Rightarrow \quad f = \mathcal{O},$$

denn wäre $f \neq \mathcal{O}$, so gäbe es ein $x \in X$ mit $f(x) \neq 0$ und es wäre $0 < |f(x)|$ im Widerspruch zu $|f(x)| \leq 0$ für jedes $x \in X$.

Liegen f und g in $\mathcal{B}(X, \mathbb{C})$, so ist wegen (N2) auch $-g = (-1) \cdot g$ beschränkt und daher wegen (N1) auch $f - g$. Dies nutzen wir, um mit der Norm eine Metrik zu definieren.

Der metrische Raum der beschränkten Funktionen. *Für $X \neq \emptyset$ ist*

$$d \colon \mathcal{B}(X, \mathbb{C}) \times \mathcal{B}(X, \mathbb{C}) \to \mathbb{R}, \ (f, g) \mapsto \|f - g\|$$

eine Metrik.

Beweis. (M1): Aus $\|f - g\| = 0$ folgt mit (N3) $f = g$ und umgekehrt folgt aus $f = g$ auch $\|f - g\| = 0$.

(M2): Mit (N2) folgt:

$$\|f - g\| = |-1| \cdot \|g - f\| = \|g - f\|.$$

(M3):
$$\|f - g\| = \|f - h + h - g\| \leq \|f - h\| + \|h - g\|. \qquad \diamondsuit$$

Die Funktion d nennen wir *Supremumsmetrik*.

Gleichmäßige Konvergenz einer Folge (f_n), deren Glieder in $\mathcal{B}(X, \mathbb{C})$ liegen, bedeutet dasselbe wie Konvergenz im metrischen Raum $\mathcal{B}(X, \mathbb{C})$ mit der Supremumsmetrik.

Vollständigkeit der beschränkten Funktionen. *Der Raum $\mathcal{B}(X, \mathbb{C})$ ist vollständig.*

Beweis. Sei (f_n) eine CAUCHY-Folge in $\mathcal{B}(X, \mathbb{C})$ und $\varepsilon \in \mathbb{R}^+$ gegeben. Dann gibt es ein $A \in \mathbb{N}$, so daß für k, ℓ mit $A \leq k, A \leq \ell$

$$\|f_k - f_\ell\| < \varepsilon/2$$

ist. Für jedes $x \in X$ folgt $|f_k(x) - f_\ell(x)| < \varepsilon/2$, so daß sich die Folge $(f_n(x))$ als CAUCHY-Folge in $\mathbb{C}$ erweist, und weil $\mathbb{C}$ vollständig ist, konvergiert diese Folge. Es gibt damit eine Funktion $f \in \mathcal{F}(X, \mathbb{C})$ mit

$$f(x) = \lim_{n \to \infty} f_n(x) \ .$$

Definiere für jedes $x \in X$ und ℓ mit $A \leq \ell$ die reelle Folge

$$\bigl(|f_\ell(x) - f_k(x)| \bigm| A \leq k\bigr) \ ,$$

die wegen $f_k(x) \to f(x)$ und der Stetigkeit der Betragsfunktion gegen

$$|f_\ell(x) - f(x)|$$

konvergiert. Da die Folgenglieder alle kleiner als $\varepsilon/2$ sind, erhalten wir die Grenzwertabschätzung

$$|f_\ell(x) - f(x)| \leq \varepsilon/2 \ .$$

Diese Ungleichung gilt für jedes x und fast alle ℓ. Mit $f_\ell \in \mathcal{B}(X, \mathbb{C})$ folgt hieraus $f \in \mathcal{B}(X, \mathbb{C})$ und weiter

$$\|f_\ell - f\| \leq \varepsilon/2 < \varepsilon$$

für fast alle ℓ. $\diamondsuit$

Die gleichmäßige Konvergenz haben wir wegen des folgenden Stetigkeitskriterium eingeführt:

Gleichmäßige Konvergenz auf einer kompakten Menge. *Ist X kompakt und gibt es eine Folge (f_n) stetiger Funktionen, die auf X gleichmäßig gegen eine Funktion f konvergiert, so ist f stetig.*
Beweis. Sei $\varepsilon \in \mathbb{R}^+$ gegeben. Da (f_n) gleichmäßig gegen f konvergiert, gibt es ein k mit

$$\bigl|f(x) - f_k(x)\bigr| < \varepsilon/3$$

für alle $x \in X$. Da X kompakt ist, ist f_k als stetige Funktion sogar gleichmäßig stetig, und es gibt ein $\delta \in \mathbb{R}^+$, so daß für x, y in D mit $|x - y| < \delta$

$$f_k(x) - f_k(y) < \varepsilon/3$$

folgt. Ist nun $|x - y| < \delta$, so ergibt sich:

$$|f(x) - f(y)| \leq |f(x) - f_k(x)| + |f_k(x) - f_k(y)| + |f_k(y) - f(y)|$$
$$< \varepsilon/3 + \varepsilon/3 + \varepsilon/3 = \varepsilon \ .$$

Damit erweist sich f als gleichmäßig stetig. $\diamondsuit$

Aufgaben

1. Gibt es eine Folge stetiger beschränkter Funktionen, die gleichmäßig gegen eine nichtstetige Funktion konvergiert?
2. $\mathbb{R}^n$ und $\mathbb{C}^n$ bilden mit der Supremumsmetrik einen vollständigen metrischen Raum.
3. Jede beschränkte Teilmenge von $\mathbb{C}^n$ ist totalbeschränkt.
4. Jede abgeschlossene und beschränkte Teilmenge von $\mathbb{C}^n$ ist kompakt.

§ 6. Potenzen mit komplexen Exponenten

Wir untersuchen die *Exponentialreihe*

$$\sum_{k=0}^{\infty} \frac{z^k}{k!} \quad (z \in \mathbb{C}) .$$

Sie konvergiert für jedes $z \in \mathbb{C}$: Für $z = 0$ konvergiert sie als konstante Folge gegen 1, und für $z \neq 0$ ergibt sich

$$\frac{\left|z^{k+1}/(k+1)!\right|}{\left|z^k/k!\right|} = \frac{|z|}{k+1} \to 0 \quad (k \to \infty) ,$$

so daß wir für fast alle k

$$\frac{\left|z^{k+1}/(k+1)!\right|}{\left|z^k/k!\right|} \leq \frac{1}{2}$$

erhalten und die Reihe nach dem Quotientenkriterium absolut konvergiert. Damit können wir die *komplexe Exponentialfunktion*

$$\exp \colon \mathbb{C} \to \mathbb{C}, \ z \mapsto \sum_{k=0}^{\infty} \frac{z^k}{k!}$$

definieren.

Die Funktionenfolge (f_n) mit

$$f_n \colon \mathbb{C} \to \mathbb{C}, \ z \mapsto \sum_{k=0}^{n} \frac{z^k}{k!}$$

konvergiert damit punktweise gegen exp.

1. Stetigkeit der Exponentialfunktion.

Gleichmäßige Konvergenz. *Für jedes $\varrho \in \mathbb{R}^+$ konvergiert die Funktionenfolge (f_n) gleichmäßig auf der Menge $K = \{\, z \mid |z| \leq \varrho \,\}$.*
Beweis. Für jedes n ist die Funktion f_n stetig. Da K als beschränkte und abgeschlossene Menge kompakt ist, ist f_n auf K beschränkt, das heißt, wir haben $f_n{\downarrow}K \in \mathcal{B}(K, \mathbb{C})$.

Sei $\varepsilon \in \mathbb{R}^+$. Als konvergente Reihe ist $\sum\limits_{k=0}^{\infty} \varrho^k/k!$ eine CAUCHY-Reihe, so daß für fast alle n und alle k

$$\sum_{\ell=n}^{n+k} \frac{\varrho^\ell}{\ell!} < \varepsilon$$

gilt. Für diese n, alle k und alle $z \in K$ ergibt sich

$$\left| f_{n+k}(z) - f_n(z) \right| = \left| \sum_{\ell=n}^{n+k} \frac{z^\ell}{\ell!} \right| \leq \sum_{\ell=n}^{n+k} \frac{|z|^\ell}{\ell!} \leq \sum_{\ell=n}^{n+k} \frac{\varrho^\ell}{\ell!} < \varepsilon,$$

und wir erhalten $\|f_{n+k}{\downarrow}K - f_n{\downarrow}K\| < \varepsilon$. Damit ist $(f_n{\downarrow}K)$ eine CAUCHY-Folge in dem vollständigen normierten Raum $\mathcal{B}(K, \mathbb{C})$, so daß in ihm die Funktionenfolge konvergiert. ◇

Satz. *Die Einschränkung der Exponentialfunktion auf die kompakte Menge K ist gleichmäßig stetig.*

Beweis. Da K kompakt ist und die Exponentialfunktion gleichmäßiger Grenzwert der stetigen Funktionen $f_n{\downarrow}K$ ist, ist $\exp{\downarrow}K$ stetig und damit auch gleichmäßig stetig. ◇

Die Exponentialfunktion ist stetig.
Beweis. Sei $z \in \mathbb{C}$, V eine Umgebung von $\exp z$ und $K = \{\, u \mid |u| \leq |z| + 1 \,\}$. Da $\exp{\downarrow}K$ stetig ist, gibt es eine Umgebung W von z mit $\exp(W \cap K) \subseteq V$. Die Menge $U = U(1, z) \cap W$ ist eine Umgebung von z, die in K enthalten ist, denn für $u \in U$ erhält man

$$|u| = |u - z + z| \leq |u - z| + |z| < 1 + |z|.$$

Nun ist $\exp(U) \subseteq \exp(W \cap K) \subseteq V$ und $\exp$ erweist sich als U-V-stetig. ◇

2. Potenzformeln.

Die erste Potenzformel (POT1). *Es gilt:*

$$\exp(u + v) = \exp u \cdot \exp v \ .$$

Beweis. Da die Reihen absolut konvergieren, ergibt sich mit ihrem CAUCHY-Produkt und der Binomischen Formel:

$$\begin{aligned}
\exp u \cdot \exp v &= \sum_{k=0}^{\infty} \sum_{\ell=0}^{k} \frac{u^{\ell}}{\ell!} \cdot \frac{v^{k-\ell}}{(k-\ell)!} \\
&= \sum_{k=0}^{\infty} \frac{1}{k!} \cdot \sum_{\ell=0}^{k} \frac{k!}{\ell! \cdot (k-\ell)!} \cdot u^{\ell} \cdot v^{k-\ell} \\
&= \sum_{k=0}^{\infty} \frac{1}{k!} \cdot \sum_{\ell=0}^{k} \binom{k}{\ell} \cdot u^{\ell} \cdot v^{k-\ell} \\
&= \sum_{k=0}^{\infty} \frac{1}{k!} \cdot (u+v)^{k} \\
&= \exp(u+v) \ .
\end{aligned}$$

Demnach ist exp wie jede Exponentialfunktion ein A-M-Homomorphismus, so daß

$$\begin{aligned}
&\exp(\mathbb{C}) \subseteq \mathbb{C}^{\times} \\
&\exp 0 = 1 \\
&\exp(u-v) = \frac{\exp u}{\exp v} \\
&\exp \sum_{k=0}^{n} u_k = \prod_{k=0}^{n} \exp u_k
\end{aligned}$$

folgt.

Die eingeschränkte zweite Potenzformel (EPOT2). *Für $z \in \mathbb{C}$ und $n \in \mathbb{Z}$ gilt:*

$$\exp(z \cdot n) = (\exp z)^n \ .$$

Beweis. Für $n \in \mathbb{N}$ ist

$$\begin{aligned}
\exp(z \cdot n) &= \exp\Big(\sum_{k=0}^{n} z\Big) \\
&= \prod_{k=0}^{n} \exp z \\
&= (\exp z)^n \ ,
\end{aligned}$$

190   7. Komplexe Zahlen

und für $n \in \mathbb{Z}^-$ folgt hieraus

$$\begin{aligned}\exp(z \cdot n) &= \frac{1}{\exp(-z \cdot n)} \\ &= \frac{1}{\exp(z \cdot (-n))} \\ &= \frac{1}{(\exp z)^{-n}} \\ &= (\exp z)^n \, . \quad \diamond\end{aligned}$$

Vertauschungsformel für Exponentialfunktion und Konjugation. *Es gilt:*

$$\overline{\exp z} = \exp \overline{z} \, .$$

Beweis. Für die Konjugation als stetigem A-Homomorphismus folgt:

$$\overline{\sum_{k=0}^{\infty} \frac{z^k}{k!}} = \sum_{k=0}^{\infty} \overline{\frac{z^k}{k!}} \, .$$

Da die Konjugation ein M-Homomorphismus ist, folgt:

$$\sum_{k=0}^{\infty} \overline{\frac{z^k}{k!}} = \sum_{k=0}^{\infty} \frac{\overline{z}^k}{k!} \, . \quad \diamond$$

3. Die EULERsche Zahl. Wir definieren die nach LEONHARD EULER benannte Zahl e durch

$$\mathrm{e} = \exp 1 \, .$$

Da die Glieder der Reihe $\sum_{k=0}^{\infty} \frac{\alpha^k}{k!}$ für positives α positiv sind, ergibt sich für ihren Grenzwert

$$0 < \exp \alpha \, .$$

Somit ist $0 < \mathrm{e}$ und für $p \in \mathbb{N}^+$ ist $0 < \exp(1/p)$. Mit der zweiten Potenzformel erhält man

$$\left(\exp \frac{1}{p}\right)^p = \exp\left(\frac{1}{p} \cdot p\right) = \exp 1 = \mathrm{e} \quad \Rightarrow \quad \exp \frac{1}{p} = \sqrt[p]{\mathrm{e}}$$

und hieraus für $n \in \mathbb{Z}$, wieder mit der zweiten Potenzformel,

$$\exp \frac{n}{p} = \left(\exp \frac{1}{p}\right)^n = \left(\sqrt[p]{\mathrm{e}}\right)^n = \mathrm{e}^{n/p} \, .$$

Damit gilt

$$\exp r = \mathrm{e}^r$$

für jedes $r \in \mathbb{Q}$.

§ 6. Potenzen mit komplexen Exponenten

Da die beiden auf $\mathbb{R}$ definierten Funktionen $\alpha \mapsto e^\alpha$ und $\alpha \mapsto \exp \alpha$ stetig sind und auf der in $\mathbb{R}$ dichten Menge $\mathbb{Q}$ übereinstimmen, stimmen sie nach dem Identitätssatz für stetige Funktionen auf ganz $\mathbb{R}$ überein, wir haben also

$$\exp \alpha = e^\alpha$$

für jedes $\alpha \in \mathbb{R}$.

Dies und die erste Potenzformel rechtfertigen die Definition

$$e^z = \exp z$$

für jedes $z \in \mathbb{C}$.

Wir müssen mit dieser Schreibweise ein bißchen aufpassen. Im Gegensatz zu Potenzen mit reellen Exponenten gilt die zweite Potenzformel nur eingeschränkt, dies schon deswegen, weil wir $(\exp z)^{1/p}$ nur für $z \in \mathbb{R}$ definiert haben, denn nur dann können wir sicher sein, daß e^z eine positive reelle Zahl ist, für die wir die p-te Wurzel definieren können. Formeln wie

$$e^{z/p} = \sqrt[p]{e^z} \quad \text{oder} \quad e^{z \cdot \alpha} = (e^z)^\alpha$$

sind demnach sinnlos.

Da wir Potenzen mit komplexen Exponenten ausschließlich für die Basis e definiert haben, wird aus der dritte Potenzformel

$$\alpha^\varrho \cdot \beta^\varrho = (\alpha \cdot \beta)^\varrho \qquad (\alpha, \beta \in \mathbb{R}^+,\ \varrho \in \mathbb{R})$$

bestenfalls

$$e^z \cdot e^z = (e \cdot e)^z \qquad (z \in \mathbb{C})\ .$$

Aber selbst dies können wir nicht zeigen, denn dazu müßte $(e \cdot e)^z$ definiert sein, was ja nicht der Fall ist.

Dafür gibt es andere, viel nützlichere Formeln mit komplexen Potenzen von e.

4. Die Kreisfunktionen.

Die Betragsformel. *Für* $\alpha \in \mathbb{R}$ *gilt:*

$$\bigl|\exp(\mathrm{i} \cdot \alpha)\bigr| = 1\ .$$

Beweis. Mit Vertauschungs- und erster Potenzformel ergibt sich:

$$\begin{aligned}|\exp(i\cdot\alpha)| &= \sqrt{\overline{\exp(i\cdot\alpha)}\cdot\exp(i\cdot\alpha)} \\ &= \sqrt{\exp(-i\cdot\alpha)\cdot\exp(i\cdot\alpha)} \\ &= \sqrt{\exp(-i\cdot\alpha + i\cdot\alpha)} \\ &= \sqrt{\exp 0} = \sqrt{1} = 1\,. \quad \diamond\end{aligned}$$

Die Komponenten von $\exp(i\cdot\alpha)$ treten in so vielen Formeln auf, daß sich eigene Namen für sie eingebürgert haben:

$$\sin\alpha = \mathrm{Im}\bigl(e^{i\cdot\alpha}\bigr) \quad \text{und} \quad \cos\alpha = \mathrm{Re}\bigl(e^{i\cdot\alpha}\bigr)\,.$$

Der *Sinus* und der *Cosinus* sind auf ganz $\mathbb{R}$ definiert und als Verkettungen stetiger Funktionen stetig. Wegen $\exp 0 = 1$ erhalten wir als erste Formel

$$\cos 0 = 1 \quad \text{und} \quad \sin 0 = 0\,.$$

Man schreibt $\cos^n \alpha$ bzw. $\sin^n \alpha$ für $(\cos\alpha)^n$ bzw. $(\sin\alpha)^n$. Die Funktion $\cos^2$ ist also nicht die Verkettung des Cosinus mit sich selbst, sondern die Verkettung der Quadratfunktion nach dem Cosinus. Ebenso bezeichnet $\exp^n$ die Verkettung von $u \mapsto u^n$ nach der Exponentialfunktion.

Zerlegt man die Betragsformel in die Komponenten, erhält man den

Satz des PHYTAGORAS.

$$\sin^2\alpha + \cos^2\alpha = 1\,. \quad \diamond$$

Zerlegt man die erste Potenzformel in die Komponenten, erhält man die beiden

Additionstheoreme.

$$\begin{aligned}\cos(\alpha+\beta) &= \cos\alpha\cdot\cos\beta - \sin\alpha\cdot\sin\beta \\ \sin(\alpha+\beta) &= \sin\alpha\cdot\cos\beta + \cos\alpha\cdot\sin\beta\,. \quad \diamond\end{aligned}$$

Und zerlegt man die zweite Potenzformel in die Komponenten, erhält man den

Satz von MOIVRE. *Für jedes n in $\mathbb{Z}$ und jedes α in $\mathbb{R}$ gilt:*

$$\cos(n\cdot\alpha) + i\cdot\sin(n\cdot\alpha) = (\cos\alpha + i\cdot\sin\alpha)^n\,. \quad \diamond$$

§ 6. Potenzen mit komplexen Exponenten

Da die Realteilfunktion ein stetiger A-Homomorphismus ist, folgt mit dem Konvergenzsatz solcher Funktionen:

$$\begin{aligned}\cos\alpha &= \operatorname{Re}\Big(\sum_{k=0}^{\infty}\frac{(\mathrm{i}\cdot\alpha)^k}{k!}\Big) \\ &= \sum_{k=0}^{\infty}\operatorname{Re}\Big(\mathrm{i}^k\cdot\frac{\alpha^k}{k!}\Big) \\ &= \sum_{k=0}^{\infty}\operatorname{Re}(\mathrm{i}^k)\cdot\frac{\alpha^k}{k!}.\end{aligned}$$

Mit (POT1), (POT2) und dem Postulat (C2) erhalten wir

$$\operatorname{Re}(\mathrm{i}^{2\cdot k+1}) = \operatorname{Re}(\mathrm{i}\cdot\mathrm{i}^{2\cdot k}) = \operatorname{Re}(\mathrm{i}\cdot(\mathrm{i}^2)^k) = \operatorname{Re}(\mathrm{i}\cdot(-1)^k) = \operatorname{Re}(\mathrm{i}) = 0$$

und

$$\operatorname{Re}(\mathrm{i}^{2\cdot k}) = \operatorname{Re}((\mathrm{i}^2)^k) = \operatorname{Re}((-1)^k) = (-1)^k,$$

so daß die Reihenglieder für ungerade k wegfallen und sich die *Cosinusreihe*

(COS) $$\cos\alpha = \sum_{k=0}^{\infty}(-1)^k\cdot\frac{\alpha^{2\cdot k}}{(2\cdot k)!}$$

ergibt.

5. Die Zahl π. Wir wollen $\cos 2 < 0$ zeigen. Der Quotient von Beträgen aufeinanderfolgender Glieder der Cosinusreihe für $\cos 2$ ergibt sich zu:

$$\frac{2^{2\cdot k}}{(2\cdot k)!}\bigg/\frac{2^{2\cdot k+2}}{(2\cdot k+2)!} = \frac{(2\cdot k+1)\cdot(2\cdot k+2)}{4}.$$

Für $1 \leq k$ ist dieser Quotient größer als 1, so daß die Beträge der Reihenglieder ab $k = 1$ eine monoton fallende Folge bilden. Mit der Abschätzung der Teilsummen alternierender Reihen ergibt sich:

$$\cos 2 \leq \sum_{k=0}^{2}(-1)^k\cdot\frac{2^{2\cdot k}}{(2\cdot k)!} = 1 - \frac{2^2}{2} + \frac{2^4}{24} = \frac{24-48+16}{24} = -\frac{1}{3}.$$

Damit ist $\cos 2 < 0 < 1 = \cos 0$, und mit der Stetigkeit des Cosinus liefert uns der Zwischenwertsatz ein $\sigma \in [0, 2]$ mit $\cos \sigma = 0$. Die unten beschränkte Menge $M = \{\, \sigma \in \mathbb{R}_0 \mid \cos \sigma = 0 \,\}$ ist nichtleer und hat nach dem symmetrischen Vollständigkeitspostulat ein Infimum mit dem wir die Zahl

$$\pi = 2 \cdot \inf\{\, \sigma \in \mathbb{R}_0 \mid \cos \sigma = 0 \,\}$$

definieren. Die Menge M ist als stetiges Urbild der abgeschlossenen Menge $\{0\}$ abgeschlossen, so daß nach dem Infimumsatz $\inf M$ in M liegt. Wir fassen zusammen

$$0 < \pi < 4$$
$$0 < \cos \alpha \quad \text{für } \alpha \in [0, \pi/2)$$
$$0 = \cos \frac{\pi}{2} \ .$$

Mit Sätzen der Differentialrechnung leitet man elegant andere Eigenschaften der Kreisfunktionen ab, so zum Beispiel

$$\sin \frac{\pi}{2} = 1 \ ,$$

aber ohne weitere Theorie ist mir ein Beweis zu aufwendig. Wir wissen immerhin, daß $\sin^2 \frac{\pi}{2} = 1$ gilt, und folgern:

$$\begin{aligned}
\exp(\pi \cdot \mathrm{i}) &= \exp^2\left(\frac{\pi}{2} \cdot \mathrm{i}\right) \\
&= \left(\cos \frac{\pi}{2} + \mathrm{i} \cdot \sin \frac{\pi}{2}\right)^2 \\
&= \mathrm{i}^2 \cdot \sin^2 \frac{\pi}{2} \\
&= -\sin^2 \frac{\pi}{2} = -1 \ .
\end{aligned}$$

Die schöne Formel

$$\mathrm{e}^{\pi \cdot \mathrm{i}} + 1 = 0$$

mit den fünf wichtigsten Zahlen beendet unseren logischen Einstieg in die Analysis.

Aufgaben

1. Die EULERsche Zahl scheint die einzige Basis zu sein, für die wir Potenzen mit reellen Exponenten auf Potenzen mit komplexen Exponenten so erweitern können, daß die erste Potenzformel und die eingeschränkte zweite Potenzformel erhalten bleiben. Stimmt das?

Literatur

> *Die Philosophen, von denen ich*
> *was lernen kann, sind seit 100 Jahren tot*
> ERNST BLOCH

[DED1872] DEDEKIND, R.: „Stetigkeit und irrationale Zahlen", Vieweg, Braunschweig 1872, ^{7}1965, repr. 1969

[DED1887] DEDEKIND, R.: „Was sind und was sollen die Zahlen?", Vieweg, Braunschweig 1887, ^{10}1965, repr. 1969

[DIJ1990] DIJKSTRA, E. W.: *Why Numbering Should Start at Zero*, chapt. 17, sect. 0 in „Formal Development of Programs and Proofs", Addison-Wesley, Reading, Massachusetts, 1990

[ELEM] EUKLID: „Die Elemente, Bücher I-XIII", übersetzt und herausgegeben von THAER, C., Harri Deutsch, Frankfurt/Main, ^{4}2003

[HIL1956] HILBERT, D.: „Grundlagen der Geometrie", Teubner, Stuttgart, ^{8}1956

[LAN1930] LANDAU, E.: „Grundlagen der Analysis", 1930, Hrsg. DALKOWSKI, H., Heldermann, Lemgo ^{2}2008

[MAI1992] MAINZER, K.: *Natürliche, ganze und rationale Zahlen*, Kap. 1 in EBBINGHAUS, H. D. u.a.: „Zahlen, Grundwissen Mathematik", Springer, Berlin/Heidelberg/New York, 1983, ^{3}1992

[RUS2005] RUSSO, L.: *Die ersten Definitionen in den Elementen*, Kap. 10, Abschn. 15 in „Die verlorene Revolution", Springer, Berlin/Heidelberg, 2005

[TAS2009] TASCHNER, R.: „Rechnen mit Gott und der Welt", Ecowin, Salzburg, 2009

***ibidem*-Verlag**

Melchiorstr. 15

D-70439 Stuttgart

info@ibidem-verlag.de

www.ibidem-verlag.de
www.ibidem.eu
www.edition-noema.de
www.autorenbetreuung.de